29 MOIS
ET QUELQUES JOURS

JEAN-PIERRE ELKABBACH

29 MOIS
ET QUELQUES JOURS

BERNARD GRASSET
PARIS

Pour Nicole Avril.

Je connais les caprices de l'infortune. Les titres et les fonctions ne sont pas des biens durables. Je ne m'en suis jamais senti propriétaire. Ma vanité n'a donc pas eu à souffrir qu'on me les retirât. Les succès ou les faveurs que j'ai obtenus ne m'enivrent pas plus que l'adversité ne m'abat. Question d'habitude ou de caractère. Mais, deux fois en quinze ans, presque jour pour jour, subir un sort équivalent, se voir à deux reprises arracher les responsabilités, dont on reconnaissait jusque-là qu'elles étaient bien exercées, n'est-ce qu'une coïncidence? Ou est-ce une fatalité?

En 1981, la gauche arrivait au pouvoir. L'alternance lui offrait ce dont elle était privée depuis vingt-trois ans. Elle imposa dans le désordre, une forme d'exaltation et de brutalité, sa loi et ses hommes. C'est-à-dire qu'elle chassa les vaincus, et tous ceux qu'elle associait à leur action. Quelques-uns d'entre nous furent évincés, sous les couleurs de la défaite politique, mais retrouvèrent peu à peu leur place dans un métier si exposé.

En 1996, tout était différent. Le précédent des erreurs socialistes et l'habitude de l'alternance atté-nuaient la violence et les convoitises. Quant à la poli-tique, elle s'avérait plus nuancée, sournoise, subreptice, contradictoire. Certes, elle a une bonne part dans mon histoire, je ne la rends pas seule responsable. Alors ma faute ? Ma seule faute ? Additionnant toutes les erreurs, serais-je la victime de moi-même, selon une formule commode qui fut utilisée ?

L'histoire est moins simple. Elle ne dépend pas des vertus d'un seul homme, ou d'un homme seul. Elle révèle à un moment donné des réseaux de l'ombre, familiers de la menace et de la déstabilisation, des faisceaux d'intérêts, de raisons, d'ambitions, de perfidies, de rancunes personnelles. Toutes les passions humaines se nouent autour du pouvoir. Y compris la générosité, le courage, et l'imagination.

La télévision est au cœur des cupidités, des mirages et des délires. A une société repliée sur son individualisme et ses doutes, elle offre à profusion des tragédies, des peurs, une gaieté artificielle, et un narcissisme sans nuance. Les gens s'y perdent et ne le savent pas.

Pour diriger une télévision ou un journal, il faut la rencontre de l'ambition d'un homme et des circonstances. C'est cet alliage ou cette magie qui rendent possibles des situations qui sinon ne pourraient pas être imaginées. Au moment où j'y pensais le moins, la cohabitation fit de moi, au terme d'une compétition semée d'obstacles, et de chausse-trappes, « l'homme de la situation ». L'unanimité du CSA conférait au nouveau promu plus qu'une autorité, « un prestige ». Longtemps, cela me surprendra moi-même.

Après la période Mitterrand/Balladur, l'ère Chirac/Juppé rendait inadapté, pour beaucoup, sinon pour le Président de la République, mon maintien à la tête de la télévision publique, quelles que soient ma valeur, et mon « équation personnelle ». Fruit acide de la cohabitation, je me trouvais deux fois orphelin, après la mort de Mitterrand et l'éclipse politique d'Edouard Balladur. Pour ce milieu, l'avenir ne dépendrait que du parrain ou du protecteur, et cela ne date pas d'hier.

Pendant près de deux ans et demi, on m'a reconnu capable de décider et de gouverner, d'agir, et d'incarner un service public rénové et audacieux. On approuvait style et performance. Aussitôt nommé, le journaliste s'était effacé. J'essayais d'adapter mes inclinations aux exigences de ma nouvelle fonction, pour m'y conformer et pour la renforcer. Je m'estimais chargé d'une mission, qui donnait sa cohérence et son sens à une vie de travail. La défense de la télévision publique devenait pour moi une magnifique idée comme pour d'autres celle de la République, de la Patrie, de la Nation.

Oui, je ne crains pas les grands mots, les emballements ! Oui, il y avait un enthousiasme authentique ! Oui, il y avait de l'orgueil ! Faut-il les condamner, alors qu'ils rendent plus libre et plus vivante la société ? Oui, il y avait dans mon équipe et chez moi une touche de loufoquerie qui laissait peu de chances à la routine et à l'ennui. J'en avais appelé moi-même à l'audace d'un mot qui fit une mode : « Osons ! » Les personnels en riaient, mais ils en avaient besoin pour retrouver la parole et reprendre l'initiative. Oui, il y a eu des instants de désordre (peut-être aussi d'émerveillement) et des sensations fugitives de plénitude. Nous dérangions. Trop d'idées. Trop de promesses souvent annoncées, le plus souvent tenues. Trop de secousses. Trop d'intrigues dénoncées, et trop d'intérêts bousculés, par nous qui ne voulions pas jouer le jeu de la passivité. Jamais là où nous étions attendus, nous prenions l'avantage grâce à la surprise et à l'initiative. Il suffisait d'imaginer pour réaliser. Dans l'euphorie de l'action, et d'une certaine réussite, nous devenions, sans nous en rendre compte, « imprévisibles », donc incontrôlables, et dangereux. Pour les uns, il convenait de nous apprivoiser ou de nous flatter. Pour les autres, il fallait nous éliminer à tout prix, le plus vite possible. Nous étions transformés en rivaux et en cibles.

Partir fut une blessure. Dans une telle bourrasque, six mois avant la fin prévue. Et engagés comme nous l'étions dans une action exaltante et qui promettait. En fait, le vrai miracle fut que l'aventure durât deux ans et demi.

Décembre 1996 marquait la fin de mon mandat de trois ans, et la perspective de mon éventuelle réélection, si j'avais décidé de solliciter du CSA mon renouvellement. J'étais jusque-là peu contesté, fort de performances reconnues : équilibre de gestion, montée de l'audience, bons choix stratégiques, bonne image de la télévision publique. « C'est un sans-faute », écrivait-on. Je me souciais de consolider France Télévision. J'avançais, je bâtissais. La plupart des observateurs étaient convaincus de ma victoire. Je ne m'estimais ni protégé, ni assuré de continuer, encore moins invincible.

Quelques-uns suggéraient qu'un mandat de trois ans était déjà trop long. Six ans leur paraissaient inconcevables, pour attendre leur revanche, reprendre en main France 2 et France 3, ou se partager les postes. Ils ne patienteraient pas trois ans de plus. Nous avions bien prévu qu'une campagne de dénigrement commencerait à l'automne : octobre serait un mois difficile. Elle fut déclenchée beaucoup plus tôt, avec son cortège de haines, sa hargne, ses mensonges. Tous y prêtèrent la main à tour de rôle, y compris ceux qui savaient bien qu'ils mentaient. Soudain, la compétence et le charisme qui m'étaient généreusement prêtés la veille se changèrent en naïveté.

Nous avions entrepris de mettre fin aux errements des années-fric. Depuis dix ans, l'argent régnait, triomphant avec insolence : la gauche avait attribué la 5 à Silvio Berlusconi, et la droite avait privatisé TF1, première chaîne française. Contrairement aux reproches qui nous furent faits, nous avions choisi la rigueur. On nous traitait régulièrement d' « harpagons » dans les journaux. Et ce titre nous convenait bien. Les « cassettes » de France Télévision étaient pleines. Elles débordaient même, et l'Etat récupérait le trop-plein. Non seulement France Télévision ne réclama plus rien à l'Etat, mais l'Etat put lui reprendre en 1995 près de 300 millions, et autant en 1996.

Les finances de France 2 et France 3 étaient parfaitement ordonnées. Le public n'entendait jamais évoquer à propos de France Télévision un déséquilibre budgétaire ou une crise financière, des déficits, des rallonges demandées. La mendicité annuelle du président des chaînes publiques avait disparu. Le citoyen retrouvait goût et confiance en sa télévision publique. Elle ne lui demandait pas un sou de plus, et elle lui préparait les programmes du futur.

Diriger la télévision publique est un honneur et un casse-tête. Surtout si on la veut dynamique, exemplaire, inventive. Si l'on entend favoriser son adaptation. Il faut la virtuosité et l'assurance d'un funambule. Elle a un statut ambigu, qui porte le poids de toutes les hypocrisies et de toutes les négligences des autorités publiques et de la collectivité. Multipliant les chaînes ou les services pour soigner leur image, ne se décidant à aucun effort de cohérence, les gouvernements ont accumulé depuis des années les charges et les perversions d'un système usé. Qui aura assez de courage pour refuser la sclérose, pour remettre sur pied ces maisons, éviter l'inéluctable et préparer l'avenir ? Gouverner France Télévision est donc une mission impossible : « Il faut être fou », m'avait prévenu Philippe Gildas. Certains se contentent d'une télévision publique terne, effacée, administrée, marchant en sens inverse de la société. Qui, en fin de compte, quémande des deniers publics. Ce n'était ni notre ambition ni notre rêve. Une entreprise publique en secteur de compétition nationale et mondiale peut promouvoir ses propres valeurs, et en même temps rapporter de l'argent, ou en tout cas contribuer elle-même à son financement, sans peser trop sur le contribuable. En France, quelquefois, le succès est plus sanctionné que l'échec.

En 1996, il n'y eut ni fatalité, ni malédiction. Il n'y eut ni complot, ni cabale. Ces mots me déplaisent et sont déplacés. Mais des conspirateurs tacites existaient, animés par des motifs très différents, au-dedans comme au-dehors, isolés ou cachés, souvent complices. Chacun tissait sa toile, préparant son mauvais coup, distillant son venin, s'apprêtant à frapper dès que l'occasion se présenterait.

Cette occasion, nous la leur avons offerte, sans le vouloir évidemment. Ils eurent le prétexte, le moment, l'endroit où enfoncer la dague. Alain Duhamel a raison dans la peinture qu'il fit de cette crise [1] : « Ce n'est pas le temple des beaux sentiments, voici comme une volupté de l'hallali, avec meute surexcitée, piqueurs sonnant de la trompe à pleins poumons, cavaliers empourprés, et vocations multiples pour porter le coup final. »

Ce n'était pas moi qui étais jugé et condamné. Je ne me reconnaissais pas. La presse avait une idée stéréotypée de certains d'entre nous, et elle y allait de ses caricatures, jusqu'au délire. Ce « bon petit juif d'Oran » avait juré sur la tombe de son père de se venger de la misère et de l'anonymat. Ainsi expliquait-on mon « arrivisme ». J'étais devenu le Rubempré ou l'Eugène Rougon des pieds-noirs. Prêt à tout pour arracher sa place à Paris, et son morceau de gloire. Une sorte de Julien Sorel en plus médiocre et plus sombre. Un Buonaparte descendu des Aurès, métèque, hâbleur et mafieux. On me réservait ce sort. Tant d'autres provinciaux étaient montés à Paris pour essayer d'inventer et d'écrire leur destin, parce qu'ils ne croyaient pas à celui que leur

---

1. *Libération*, 7 juin 1996.

ville, leur milieu, ou leur pays d'origine leur proposait. L'ambition est-elle condamnable ? Je revendique le droit de construire mon existence selon mon gré, je revendique mon ambition, les songes et les gestes qu'elle inspire. Personne n'indique que tel promu est protestant ou catholique. Pourquoi utiliser l'argument de ma confession ? J'aurais trouvé de la bassesse ou de l'indignité à me servir de mes origines géographiques ou de ma religion, qui n'appartiennent qu'à mon univers privé. Ai-je sollicité une fonction en tant que juif ou pour respecter des quotas cachés ? Ai-je expliqué mes déboires de 68, 74, 81 ou 96 par ma judéité ? Même si chaque fois certains y allaient de leur caricature, associée à l'argent, ou se demandaient si j'avais la tête et le nom de l'emploi. Au demeurant, pour cette judéité, l'agnostique que je suis éprouve fierté et gratitude. J'ai le droit d'en parler en toute liberté. Quelques amis me reprocheront d'évoquer ces choses, « est-ce convenable ? » Pourquoi ne pas dévoiler le non-dit ?

Les peintres ont-ils seuls le droit à l'autoportrait ? Mes proches me prennent pour un prince de l'auto-insatisfaction : je pécherais à mon égard moins par excès d'éloges que de doutes. Les critiques, je n'ai besoin de personne pour me les adresser. Je me les sers moi-même avec assez de constance et de verve. A la manière de Saint-Simon, « je suis infiniment en garde contre mes affections et mes aversions », je me défie de moi, comme d'un ennemi.

Aurais-je pris pour autant la couleur de pouvoirs successifs comme le répètent mes détracteurs ? Caméléon en quelque sorte ? C'est l'idée inconsciente, inexprimée, que chacun doit choisir un camp, une majorité, une écurie, s'y tenir et en porter jusqu'à la fin la casaque. Mon métier, je l'ai choisi parce qu'il permet de traverser son temps et de rester soi-même. Alors, inclassable ? Insaisissable, atypique, personnage qui intrigue ? Et si c'était tout simplement indépendant ? Oh, l'indépendance n'existe nulle part et pour personne. Nous sommes tous pris dans des réseaux, des pouvoirs et des contre-pouvoirs, des amitiés, des concessions plus ou moins légitimes, des interdépendances. Choisissons la modestie : en quête d'autonomie, oui, irréductible à quelque clan ou camp que ce soit, insoumis, sinon à ses propres convictions, et indocile. Loin de moi la prétention d'être le seul.

Suis-je fasciné par le pouvoir ? Je ne crois pas. Je sais et j'aime mobiliser, entraîner des équipes, offrir à chacun le sens de la libre créativité. « Vous nous avez réveillés », ai-je quelquefois entendu. Je déteste pour autant l'autoritarisme anonyme et condescendant : il brime, dessèche, frustre, ampute qui le subit, dans un couple, une famille, une entreprise, une société ou un pays. Le pouvoir a du bon, pourquoi le nier ? Pas pour l'apparence, mais pour les forces et l'énergie qu'il libère, la confiance qu'il rend à beaucoup et la créativité qu'il stimule.

Alors, suis-je subjugué par le pouvoir ? Oui et non. Le journalisme reste la fidélité d'une vie. Il pousse à comprendre le choc des groupes sociaux et culturels, le jeu de l'économie, la mécanique de l'Etat, à apprécier la part humaine dans l'exercice des responsabilités. L'Histoire ! En être le témoin est une chance et une forme d'engagement pour ceux qui n'ont pas voulu ou pu choisir l'action politique elle-même. Régis Debray cite la juste expression des Japonais : le « détachement combatif ». Expliquer sans dénigrer, encourager l'enthousiasme plutôt que le malheur ou le mensonge (fût-il d'Etat). Convaincre que la réforme entraîne plus de satisfaction et de paix civile que l'immobilisme. Sans illusions, marquer sa confiance dans l'action humaine et le dire ou le faire dire en toute circonstance.

Impatient, oui. Impulsif et colérique, non. Personne

ne peut prétendre, sans mentir, m'avoir surpris en flagrant délit de colère. Un de mes défauts est peut-être d'aller vite, d'exiger de mes proches qu'ils agissent au même rythme. Mais la colère n'est pas mon arme. Inutile, elle détruit, elle humilie, elle ne traduit que la peur, et sa propre agitation. Elle n'est qu'un comportement d'échec. C'est le recours incontrôlé de qui n'a plus d'autre remède. « Ne te fie pas aux paroles des gens irrités, disait Sénèque à Lucilius. Ils font un tapage menaçant, au fond ils ont une mentalité de poltrons, il n'y a de vraiment grand que ce qui est en même temps calme. »

Solitaire ? Ce n'est pas au milieu de la multitude ou de l'activisme mondain que je me sens ou m'exprime le mieux. En revanche, la réflexion, l'action en groupe me stimulent. Mais je ne crains pas la solitude, elle me convient. Qu'aurais-je fait après la crise ? Comment aurais-je vécu les années 80 si je ne supportais pas cette douce compagne ?

Intuitif ? Oui. Passionné ? Oui. Comme s'il s'agissait de faiblesses ! L'intuition et la passion ne sont-elles pas nécessaires pour diriger une entreprise ou une nation ? Pour diriger sa propre vie ? En quoi excluraient-elles le sens de l'éthique, la raison ?

Peut-être l'habitude tanne-t-elle la peau. Pourquoi le cacher, j'ai souffert. J'ai guéri. En fait, la presse m'a préféré victime, des pouvoirs, de notre petit monde, de la gauche, de moi-même, victime surtout, alors que ce rôle me déplaît et ne me convient pas. En mai 1996, elle a franchi toutes les bornes. Comme si elle ne tolérait pas qu'un des siens casse le moule et réussisse à la tête d'une entreprise. J'en connaissais le risque et le caractère exceptionnel. Nous étions quatre ou cinq journalistes à diriger des entreprises de médias, Jean-Marie Colombani *Le Monde*, Pierre Lescure Canal Plus, Serge July *Libération*, Franz-Olivier Giesbert *Le Figaro*... Je n'en ressentais que plus fortement le devoir de réussir et de convaincre par des résultats.

Le « psychodrame bien français » de mai 1996 s'est terminé par ma disgrâce. Etaient exaucées l'envie et l'agitation de ceux qui voulaient se débarrasser d'un groupe encombrant et indépendant, jugé peu sûr pour les prochaines échéances politiques.

Je refuse que les deux ans et demi de succès et de passion à la tête de ce groupe d'entreprises publiques soient défigurés ou gommés comme s'ils n'avaient pas existé. Une période à oublier dans l'histoire de la télévision. Un temps mort. Notre épopée, même si elle n'a pas touché son terme, avait atteint les objectifs que nous nous étions assignés. Elle eut sa valeur, et son espérance, malgré ses imperfections. Il faut lui donner sa place, et restituer à ses acteurs leur dignité arrachée.

En 1993, la France changea de majorité. Les urnes assuraient aux élections législatives une victoire massive au RPR associé à l'UDF. Le Président François Mitterrand fit appel à Edouard Balladur comme Premier ministre. Une nouvelle cohabitation s'engagea. La reconduction d'Hervé Bourges à la tête des chaînes publiques apparaissait de moins en moins probable. Il avait été l'élu d'une majorité de gauche. Il était considéré, à tort ou à raison, par le ministre de la Communication, Alain Carignon, comme l'incarnation d'un certain socialisme, auquel la cohabitation devait mettre un terme. Les réserves qu'il suscitait dans les rangs du RPR et de l'UDF faisaient de lui un chef d'entreprise publique en sursis. La préparation du budget de France Télévision pour 1994 donna lieu à d'âpres marchandages. Il prit toute la mesure de l'hostilité de Bercy à son égard. La télévision publique dépend en effet étroitement du ministère des Finances. Jacques Rigaud l'a montré plus nettement qu'aucun autre [1] : « La véritable tutelle sur l'audiovisuel public est celle du minis-

---

[1]. Jacques Rigaud, *Pour une refondation de la politique culturelle,* rapport de la commission d'études de la politique culturelle de l'Etat, octobre 1996.

tère des Finances. » A mon tour, j'aurai maintes fois à le constater.

L'évaluation du fonctionnement et de l'efficacité des chaînes publiques fut confiée en juin 1993 à une commission placée sous la présidence de Jacques Campet. Alain Carignon souhaitait que cette commission ait pour vice-président un professionnel : Jean-Marie Cavada. Puis, l'idée vint de nommer deux vice-présidents pour cette commission : je fus également choisi. Peut-être avait-on déjà, en cet été 1993, cherché à nous mettre en lice pour une compétition imminente. Le travail au sein de la commission Campet occupa tout l'été 1993. D'audition en audition, nous écoutions l'ensemble des acteurs de l'audiovisuel, et en particulier de l'audiovisuel public.

Au cours de cette réflexion, j'acquis la conviction que la présidence commune des deux chaînes France 2 et France 3 était un atout pour leur réussite. Auparavant, je n'avais pas caché mon hostilité. Au fil des débats, je m'étais rendu compte que pour assurer l'avenir du service public en France, dans un contexte national et international de plus en plus concurrentiel, il était nécessaire que France Télévision fût gérée de manière cohérente et efficace, comme un véritable groupe de communication. Pour cette raison, je soutins dès août 93 l'idée que le futur président de France Télévision devait être un chef d'entreprise expérimenté. J'étais loin de penser que le CSA me nommerait à ce poste... Jean-Marie Cavada, lui, défendait avec force l'idée que la télévision ne peut pas être mieux dirigée que par un homme de télévision. Il avait raison.

En septembre 1993, lors de la présentation du rapport de la commission Campet, tout ce que Paris comptait de gens bien informés avait compris le secret de ces petites manœuvres. Alain Carignon avait déjà fait son choix : il voulait faire avaliser en décembre par le

CSA la nomination de Jean-Marie Cavada, son protégé, à la tête de France Télévision. Jean-Marie Cavada commença à s'imaginer dans la peau du président des chaînes publiques. Depuis sa forteresse inexpugnable de *La Marche du siècle*, il regardait avec malice son président d'alors, Hervé Bourges, se débattre contre l'agressivité du ministre de la Communication. L'audiovisuel ne déroge pas à la règle : le malheur des uns fait le bonheur des autres.

Le pays a souvent connu des ministres autoritaires et interventionnistes : Alain Carignon n'y faisait pas exception. En donnant à un homme politique la responsabilité exclusive d'un domaine aussi spécialisé que les médias, on s'expose à en faire l'interlocuteur permanent de toutes les chaînes et de toutes les stations de radio. La solution adoptée plus tard par Edouard Balladur, qui confia après le départ d'Alain Carignon la Communication à Nicolas Sarkozy, déjà ministre délégué au Budget, fut meilleure. Celui-ci garantissait une plus large autonomie des dirigeants de l'audiovisuel. Nicolas Sarkozy posa tout de suite les règles : « Pas de perte de temps, conservez votre énergie pour l'action, faites en sorte de réussir, pas de déficit. N'en référez à moi que pour l'essentiel. »

Alain Carignon m'invita à déjeuner, pour me prévenir : « Préparez-vous. En décembre, vous serez directeur général de France 2. Réfléchissez à vos équipes. » Je lui demandai avec quel président je devrais travailler. La réponse tomba tout net : « Avec Cavada. » Cette conversation me parut alors insensée. Nous vivions les premiers jours de septembre. Le mandat d'Hervé Bourges ne se terminait qu'en décembre. Il pouvait en demander le renouvellement. Il n'avait pas démérité, même s'il ne convenait plus au pouvoir. Il appartenait au CSA, et non au ministre de la Communication, de nommer le président. Pourquoi le CSA ne confirmerait-il pas Hervé Bourges dans sa fonction, « qu'il n'assurait pas si mal, après tout » ? La réponse du ministre fut péremptoire : « Hervé Bourges ne se représentera pas. »

La conversation me laissa perplexe. Comment le ministre de la Communication pouvait-il si longtemps à l'avance décider de placer tel ou tel, à la tête de France 2 ou France 3, alors que la nomination ne dépendait pas de lui ? Certes, ces méthodes avaient eu cours si souvent ! Mais n'étaient-elles pas révolues ? Je n'étais plus candide. J'avais perdu toute illusion sur les relations entre médias et politiques. Pourtant un lien aussi direct, affirmé avec insolence, entre la télévision publique et le pouvoir du moment paraissait insupportable.

Quelques jours plus tard, je rencontrai Xavier Gouyou Beauchamps, que j'avais connu en Algérie. Nos itinéraires s'étaient souvent croisés. Il se préparait au même moment à être candidat pour la présidence de France Télévision. Il consultait et hésitait. Je lui racontai ma visite à Alain Carignon, ce qu'il m'avait proposé et ce qu'il m'avait affirmé concernant Jean-Marie Cavada. Il resta dubitatif. Je lui conseillai de se présenter. « Si j'étais candidat et si j'étais élu, me dit-il, accepterais-tu de travailler avec moi, comme directeur général d'une des deux chaînes ? » J'avais déjà eu le temps de m'accoutumer à ce type d'offre. Je ne fus pas long à lui répondre : « Bien sûr ! » J'étais encore convaincu, à ce moment-là, qu'il serait préférable de nommer un gestionnaire, un administrateur, à la tête du groupe France Télévision, quitte ensuite à placer à la tête de chaque chaîne un homme de télévision.

Je n'avais jamais jusque-là songé pour moi à la présidence des chaînes publiques. Cela n'aurait été qu'une hypothèse d'école, gratuite, séduisante. Et pourtant, cette perspective plus que lointaine se précisa soudain. J'étais encouragé dans cette ambition.

La demi-proposition d'Alain Carignon pèsera fortement sur ma décision de me mettre progressivement en campagne pour la présidence de France Télévision. Quelques semaines auparavant, Jean-Luc Lagardère m'avait déjà sermonné : « Le bruit court dans Paris que vous serez directeur général de France 2 en décembre ! – Paris est traversé de tellement de rumeurs et de fausses confidences, répondis-je. – C'est nul, insensé, impossible. Dans cinq ans, dans trois ans, dans un an, il ne restera plus rien de vous, si vous êtes directeur général. La présidence de France Télévision, ça, oui, vous la méritez. Préparez-vous à viser plus haut que l'objectif que l'on vous assigne ! »

Je connaîtrai un moment de découragement, devant la détermination d'Alain Carignon, et le triomphalisme de plus en plus évident de son candidat préféré. Jean-Marie Cavada s'estimait tellement assuré de sa victoire qu'en novembre il sélectionna discrètement ses collaborateurs futurs avec l'aide de quelques proches du ministre, et même du ministère des Finances. Les courtisans tournaient déjà autour de lui et rêvaient des postes. Jean-Luc Lagardère jouera un rôle essentiel à cette occasion en me donnant de l'allant : « N'oubliez jamais, Jean-Pierre, un cavalier se bat, il ne descend pas de cheval avant la charge. Il y a moins de honte à perdre, qu'à ne pas aller jusqu'au bout de son engagement. C'est la constance et le courage qui décident du sort des batailles. La faiblesse jamais. » De tels avis me redonnaient de l'énergie. J'allais les suivre et ne jamais le regretter.

Quelques jours plus tard, je dînai avec Charles Millon, qui présidait le groupe UDF à l'Assemblée nationale. Président de la Région Rhône-Alpes, il n'avait pas accepté le portefeuille de l'Agriculture dans un ministère de cohabitation. Il s'estimait en réserve de la République.

Je connaissais depuis longtemps cet homme politique sincère et réaliste, doté de fortes convictions qu'il met en œuvre depuis longtemps dans sa Région. Il avait fait partie des « quadras » qui prônaient la rénovation de la vie politique, et le renouvellement du débat public. Il connaissait Alain Carignon, maire de Grenoble, son conseil serait doublement éclairé. Ambitieux, il n'était ni candide, ni cynique. Je lui exposai toutes les hypothèses, j'avais confiance en son exigence et son pragmatisme.

La première réaction de Millon fut prudente. Il me recommanda de ne rien accepter de Carignon et de ne rien lui devoir. « S'il veut que tu sois directeur général, débrouille-toi pour être président. Sinon il croira t'influencer. » Et d'ajouter : « Lagardère a raison : il faut foncer ! » Avant de préciser : « Si Carignon te propose France 2, c'est parce qu'il redoute que tu ne sois dangereux pour l'élection de son favori. Et s'il le redoute, c'est que la chose n'est pas impossible. Il faut donc tenter l'aventure. C'est probablement le sens de ton destin, saisis-le ! »

Ce soir-là, je décidai de présenter ma candidature au poste de président de France Télévision. La vie est faite de ces instants décisifs où un choix, lentement mûri, s'impose d'un coup. Mais je n'avais pas envie d'être un candidat porté par sa chance. Je voulais défendre un véritable projet pour la télévision. Grâce à la réflexion de fond menée à l'intérieur de la commission Campet, j'avais une idée plus précise de la place de la télévision publique, de son rôle, des réformes qu'il convenait d'apporter à ses structures pour améliorer son fonctionnement. Je pris la décision de mettre en place une cellule de réflexion afin de préparer mon « programme », ainsi que les principales orientations que je souhaitais donner à France 2 et à France 3.

J'appelai Dominique Wolton. Il restera, de plus ou

moins loin, un de mes conseillers les plus avisés et les plus libres. Je pourrai toujours compter sur lui pour l'associer à une réflexion sur la télévision, son rôle social et son évolution.

J'ai connu Dominique Wolton en 1977. Jeune universitaire, il m'avait demandé à venir, avec son complice l'économiste Jean-Louis Missika, aujourd'hui directeur général de BVA, étudier la rédaction d'Antenne 2. Je leur ouvris largement les portes. Ils purent circuler entre conférences de rédaction, journaux, interviews, reportages, en analysant les habitudes et les comportements de la faune particulière que constituent les journalistes. Ces enquêtes débouchèrent sur un livre [1], *La Folle du logis*, qui reste une des études les plus rigoureuses du rapport de la télévision à son public et de son utilité sociale. Wolton s'est rapidement imposé comme l'un des meilleurs sociologues de sa génération, en se plaçant au cœur des mécanismes sociaux les plus caractéristiques de notre temps : les médias, et leur relation avec le jeu démocratique. Il est aujourd'hui directeur de recherches au CNRS, où il dirige la revue *Hermès*, bible des étudiants en communication.

Notre conversation fut très longue. Il attaqua le premier, comme d'habitude, bille en tête : « Toi, tu fais de la télé, es-tu prêt à la diriger ? » Je ne me laissai pas démonter : « Parce qu'il faudrait que la télévision soit conduite par quelqu'un qui n'en aurait jamais fait ? C'est arrivé si souvent ! La télévision par Monsieur Jourdain, ou par un grand commis de l'Etat ? – D'accord. Mais il est très différent d'organiser une rédaction et de gérer un groupe de deux chaînes, avec sa régie publicitaire, ses filiales, ses 5 000 salariés... Ce n'est plus de l'événementiel et des réactions rapides à

---

1. Jean-Louis Missika, Dominique Wolton, *La Folle du logis : la télévision dans les sociétés démocratiques*, Gallimard, 1983.

l'actualité : c'est de la stratégie, du long terme, des alliances en Europe, de la cohérence et de la volonté. Est-ce que tu t'en sens capable ? Vas-tu aimer ce type de responsabilité ? »

En effet, il n'aurait servi à rien de devenir président de France Télévision et de découvrir au bout d'un mois que ce travail m'ennuyait, que je préférais une forme d'action plus personnelle. Une fonction est autre chose qu'un titre. Etre président, ce n'est pas une décoration, ni une foucade. C'est un programme, une ambition, une volonté. Et une forme de sacrifice !

Cette discussion avec Wolton me permit de mieux mesurer ma propre résolution. Au terme de cet échange, Wolton me dit : « Je pense que tu ferais un bon président pour la télévision publique, si tu étais élu... A condition de réaliser ce que tu viens de me dire et de rester en accord avec tes convictions. »

Je préparais ma candidature, notamment avec Louis Bériot et Patrick Clément. A l'origine, il était difficile d'être plus différents : leurs milieux, leurs centres d'intérêts, leur carrière. Seule ressemblance : leur tempérament explosif qui les avait durement opposés entre 77 et 81. En commun, ils avaient pourtant su traverser l'adversité, ils avaient la générosité, le goût du dévouement et du partage, des soirées longues et chaudes de l'amitié. Louis Bériot invitait dans ses maisons de Normandie et de Corse qu'il avait fait construire selon ses propres plans, en bois, par fidélité écologique. Patrick Clément accueillait dans cet ancien hôtel familial de La Baule qui gardait sa réception d'autrefois et ses chambres dont la nostalgie n'avait pas effacé les numéros. Il était un de ceux qui croyaient le plus à mes chances. Et depuis longtemps. En octobre 1992, nous nous étions rencontrés par hasard à l'aéroport Marco Polo de Venise. Venise d'automne, Venise des hautes eaux, Venise étrange. Les avions tardaient, nous pouvions parler. Nous nous connaissions depuis la fin des années 1970. « Le prochain président de France Télévision, ce pourrait être toi », lança-t-il. Je crus à une boutade de sa part car j'étais un journaliste heureux. Il précisa : « Tu as des atouts ! Professionnel reconnu, ton passé à la télévision, tes activités à Europe 1 te donnent une certaine expérience de l'organisation et de l'administration. »

A l'automne 1993, je débattais longuement de manière informelle et personnelle avec d'autres amis, Alain Duhamel surtout, Jacques Attali, Jacques Pilhan Jean-Claude Lemaignen, de tout ce qui enrichirait et renforcerait la télévision publique. Là encore, ce portrait de solitaire que l'on s'est plu à tracer de moi n'a rien à voir avec la réalité. J'ai toujours conçu mon action comme un travail collectif. Il est plus fructueux de s'appuyer sur des contributions et des apports divers, et d'en réussir ensuite une synthèse personnelle.

Cette phase de fermentation des idées dura deux mois, de septembre à novembre 1993. Les conclusions rejoignaient celles que j'avais défendues dans le cadre du rapport Campet. Je m'engageais, dans mon projet, à restaurer l'autonomie de chaque chaîne, pour tout ce qui concernait l'information. Plus France 2 et France 3 seraient différentes l'une de l'autre, plus elles seraient utiles, et mieux elles répondraient à la multiplicité des attentes du public. Je proposai de séparer à nouveau les équipes de programmes des deux chaînes, tout en maintenant une harmonisation entre elles pour éviter leur concurrence.

Entre octobre et novembre 1993, ma candidature prit peu à peu tournure. Je me présentai, porteur d'un projet fidèle aux orientations de la commission Campet et appuyé par un plan d'action précis. Il s'agissait pour moi, en rénovant en profondeur les chaînes et les structures du groupe France Télévision, de donner à la télévision publique une nouvelle ambition.

Le 11 novembre 1993, le Premier ministre m'invita à venir le voir à Matignon. Edouard Balladur glissa une question, rapide, insidieuse : « Et pour France Télévision, le siège commun envisagé par Bourges, le feriez-vous, si vous étiez élu ? » Je répondis sans hésiter : « Bien sûr : pour incarner l'unité du groupe, d'abord, pour rationaliser l'organisation des chaînes ensuite, et pour en finir avec les seize loyers que France 2 et France 3 paient à travers Paris. » Avait-il voulu me tester ? S'inquiétait-il réellement pour le siège commun ? Sa question valait-elle soutien ? Il me laissa dans l'incertitude.

Au cours des semaines suivantes, je continuai à fourbir mes arguments, attendant de les défendre devant le CSA. J'appris que d'autres candidats avaient été découragés de se présenter. Ce fut le cas de Xavier Gouyou Beauchamps. Gouyou se souviendra longtemps de son entrevue à Matignon avec Pierre Louette. Ce jeune collaborateur d'Edouard Balladur, tout frais émoulu de l'ENA, lui avait dit : « Je crains que vous ne puissiez pas vous présenter... contre la volonté de votre administration ! Vous devez faire une croix sur France Télévision. » Les recommandations d'un Premier ministre ne sont pas discutées par un préfet. Xavier Gouyou Beauchamps, la mort dans l'âme, dut se retirer de la course.

Quelques jours plus tard, je lui téléphonai. Il était effondré. Il lui fallait renoncer alors qu'il y avait tellement cru. Je lui proposai de travailler avec moi : « Si je suis élu, je te proposerai la direction générale de France 3. D'accord pour travailler à mes côtés ? » L'ironie de la situation ne pouvait pas manquer de lui apparaître, c'était l'offre qu'il m'avait faite, lui-même, deux mois auparavant. Il y eut un silence, puis Gouyou Beauchamps répondit : « Bien sûr ! Mais tu ne pourras pas me choisir, et m'imposer contre eux. L'hostilité politique et personnelle à mon égard est trop forte. Ils ne me veulent pas ! – On verra bien... »

J'eus encore une hésitation au cours du mois de novembre. J'avais obtenu, en tant que journaliste d'Europe 1, l'exclusivité d'une interview d'Edouard Balladur. J'avais donc rendez-vous à Matignon. A ma grande surprise, je rencontrai, dans l'antichambre du Premier ministre, Hervé Bourges. Comme je l'interrogeai sur cette coïncidence, celui qui était le président de France Télévision me détrompa tout de suite : « Vous, vous rencontrez le Premier ministre. Moi, je suis convoqué par Nicolas Bazire... » Simple journaliste, j'avais la possibilité de questionner librement les hommes d'Etat et les ministres. Président de France Télévision, il était obligé de déférer aux convocations de leur directeur de cabinet. Celui que l'on a nommé un jour, on peut l'écarter le lendemain. Hervé Bourges le savait. Bien que condamné, il dut à la paix armée de la cohabitation plus qu'à ses seuls mérites de mener à terme son mandat.

Le 1ᵉʳ décembre 1993, je soutins devant le CSA mon projet pour France Télévision. Je m'étais minutieusement préparé à cet « oral » dont tout dépendait. Je tenais à faire passer au CSA la flamme qui brûlait en moi : mettre toute mon énergie au service de la télévision publique, en faire la télévision de l'avenir, l'aider à gagner à la fois du public et de l'argent. J'étais sûr que cela serait possible ! La dernière question qui me fut posée était assez révélatrice de l'angoisse générale en 1993 : « Pensez-vous que vous saurez résister à la concurrence de TF1 ? » J'eus beau répondre que mon action aurait pour but de renverser ou d'équilibrer le rapport de forces entre le privé et le public, les « sages » insistèrent encore : « Vous croyez-vous capable de mettre fin à la prédominance de TF1 ?! »

Aussitôt après l'oral devant le CSA, je retrouvai le

groupe de collaborateurs avec lesquels j'avais préparé mes dossiers. Je leur fis un point rapide du déroulement de la séance. Puis je pris l'avion pour participer à Londres à un débat. Dans la nuit, je reçus un appel d'André Gauron, membre du CSA et ancien collaborateur de Pierre Bérégovoy : « Pour le moment, vous êtes le meilleur, me dit-il, mais personne ne peut répondre du résultat final... » Les événements et les rumeurs se précipitaient : l'exposé de Cavada n'avait pas été bon. Le CSA remettait sa décision au 13 décembre. Ce matin-là, j'appris que Jérôme Clément tentait une ultime intervention auprès de Laurent Fabius, pour qu'il soutienne Daniel Toscan du Plantier contre moi. Mais Laurent Fabius m'expliqua qu'il n'avait pas donné de conseil en ce sens à ses proches. Roland Faure, membre du CSA, m'assura qu'il voterait pour moi, et Philippe-Olivier Rousseau me prévint le 13 décembre vers 13 heures qu'il me soutiendrait. En revanche Alain Carignon continua jusqu'au dernier instant à intervenir en faveur de son candidat. Je rentrai chez moi. Et puis plus rien. Le calme précéda le vote des neuf sages.

J'attendis avec Nicole Avril, Louis Bériot, Jean-Luc Mano, Patrick Clément, et Dominique Wolton qui arriva, à son habitude, en retard. A 15 h 55, je reçus un appel du président du CSA, Jacques Boutet : « Vous êtes élu, à l'unanimité... » D'un coup ma vie changeait. J'avais tout fait pour en arriver là, mais je prenais soudain conscience du sens de cet instant unique. L'émotion fondit sur moi, et me figea un long moment. L'enthousiasme et la peur. Chaque jour, il y aurait tant à entreprendre, à imaginer, à réformer. Sous tant de menaces ! Je répétai autour de moi pour modérer les joies : « Nous avons gagné. Mais la victoire de l'aube ne garantit pas l'avenir. Nous voici confrontés à nos ambitions et à tous les risques. »

J'appelai Jean-Marie Cavada pour le remercier de la loyauté de la compétition et pour le rassurer. Les défaites ne doivent pas laisser trop d'amertume et de rancœur. *La Marche du siècle* continuerait avec les moyens nécessaires. Si Cavada l'avait emporté, la Cinquième n'aurait pas existé. Elle est née comme une promesse tenue et un cadeau. Il ne serait venu à l'idée de personne de créer pour moi une télévision à titre de compensation. Le gouvernement Balladur, à l'instigation d'Alain Carignon, inventa une chaîne éducative pour l'attribuer à Jean-Marie Cavada. Les socialistes avaient installé Canal Plus et surtout Arte, il convenait que, dans la campagne présidentielle de 1995, le candidat Balladur pût ajouter à son palmarès une télévision aux missions nobles, que Georges Kiejman avait proposée sans écho à François Mitterrand. Elle plairait au monde enseignant et à *Télérama*. Ainsi Cavada put-il simultanément – exemple exceptionnel – animer une émission et présider une chaîne fabriquée sur mesure, offerte sans concurrence. On le nommait directement sans passer par le CSA, dépossédé et muet. On finançait les 835 millions de la Cinquième sur des parts de redevance retirées à d'autres télévisions. On réglait une dette et une difficulté en en créant une autre.

Enfin, j'appelai Xavier Gouyou Beauchamps. Il était à Porquerolles : « Il va falloir te préparer. » Il n'y croyait pas : « C'est gagné ? Félicitations. J'aimerais tant te rejoindre. Mais ils ne te laisseront pas me prendre dans ton équipe. » Il n'avait pas tort. Le refus était politique et ne se discutait pas. J'allais devoir l'imposer !

PREMIÈRE PARTIE

De l'audace tous les jours

Bien plus que deux chaînes...

J'arrivais avec une certitude : la télévision publique devait reprendre l'offensive. Et une volonté : mettre tous les moyens dont le groupe France Télévision disposait au service de la reconquête du public.

Je passai donc les premières semaines de mon mandat à prendre la mesure exacte du groupe. J'évaluai les forces et les faiblesses des différentes sociétés qui le constituent.

France Télévision n'est pas seulement un couple de chaînes différentes, chacune porteuse de son histoire, de ses valeurs, de sa personnalité. C'est aussi une série de filiales qui, en amont ou en aval de la simple activité de diffusion, s'occupent d'assurer des financements complémentaires s'ajoutant au produit de la redevance. Elles ont mission de produire ou de coproduire des programmes, par exemple des films, et d'exploiter les droits de la chaîne sur tout ce qu'elle créé. France Espace, régie publicitaire de France Télévision, se charge de commercialiser les plages de publicité de France 2 et France 3. France 2 et France 3 Cinéma sont les deux filiales qui répartissent les investissements de France Télévision pour le cinéma. Télétel 3 est la filiale télématique de France 3. France Télévision Distribution, qui n'existait pas en 1993, regroupe et vend les droits des programmes de France 2 et de France 3.

L'empire était en désordre. L'histoire du groupe était trop récente pour que mon prédécesseur ait eu le temps de rationaliser l'ensemble de ses activités. Je souhaitais pour France Télévision une structure claire, simplifiée. Dès décembre 1993, je compris que mes qualités de chef d'entreprise seraient jugées, *in fine*, à mes résultats. L'expérience malheureuse de quelques prédécesseurs, Philippe Guilhaume en particulier, était là pour m'alerter. Il fut chassé par un pouvoir qui ne voulait pas de lui, et qui, après l'avoir privé de moyens, utilisa contre lui un déficit accumulé en seize mois de présidence. Je savais qu'il me faudrait équilibrer les comptes et donc convaincre le public.

Je voulais que le président de France Télévision ne se comportât plus comme tant d'administrateurs de l'Etat qui réclamaient une rallonge au ministère des Finances en fin d'année, parce qu'ils avaient trop dépensé. Cette image d'un service public sans cesse plus dispendieux et quémandeur avait fait trop de mal à France 2 et à France 3, des chaînes sans élan et sans ambition, suspendues pour survivre à la générosité hypothétique du politique. Je décidai immédiatement de conduire l'activité du groupe de manière plus conquérante, en regroupant les différentes filiales et en fixant des objectifs budgétaires plus serrés que ceux qu'imposait l'Etat.

France Télévision serait dirigée comme une entreprise performante et non plus comme une administration obèse et vieillissante. Ce principe inspira les nominations de mes principaux collaborateurs à la tête des différentes sociétés du groupe et auprès de moi à la présidence. Les plus importantes seront soumises, selon la règle, à la tutelle, à l'Etat, qui les approuvera, parfois après des discussions sans concessions.

Depuis des lustres, la télévision publique fabrique des

déficits. Il s'agissait de remettre debout ses finances, d'obtenir que les entreprises engrangent des bénéfices, qu'elles les réinvestissent ensuite dans les programmes et s'adaptent aux nouvelles technologies. Diriger un groupe, c'est d'abord assurer sa pérennité et prévoir son développement. C'était un principe simple. Mon souci était que toutes les composantes de France Télévision fussent en bonne santé, et bien armées pour construire leur avenir et leur indépendance.

Etait-ce une erreur de vouloir conduire le service public au succès malgré la concurrence, et de le moderniser avec les règles de gestion d'une entreprise privée? Tout autre choix l'aurait mené à la banque-route et à la crise sociale. Tel est le sort des entreprises publiques cahotantes. Quand elles remplissent mal leurs missions, leur financement pèse de plus en plus sur le contribuable. Je ne voulais pas me résigner à l'échec.

Dans les premières semaines, je réunis les responsables des deux chaînes et des filiales. Je leur demandai de me brosser le tableau de la situation, dans leur secteur. Les uns et les autres me détaillèrent leurs résultats : « TF1 a fait ceci... TF1 a obtenu cela... TF1 a tel projet... TF1 a pris tel risque... » J'étais effaré : à France 2 et à France 3, tout le monde n'avait que TF1 à la bouche. Personne n'imaginait de se situer autrement que par rapport à la référence privée, qui imposait son hégémonie sur l'audience et sur les esprits.

Cette situation psychologique d'un service public qui se sentait en permanence sur la défensive vis-à-vis de ses concurrents me paraissait intolérable. La première condition de la réussite est une confiance en soi suffisante pour prendre des risques, ne pas hésiter à inventer. Il fallait cesser de se regarder à travers le prisme réducteur de l'adversaire, celui de la défaite.

Pour moi, la meilleure manière de rendre au service public son rayonnement était de le définir par rapport à ses missions, à son histoire, à sa vocation. De ne pas le considérer comme le complément des chaînes privées, en le limitant à des programmes sans public. Par principe, les chaînes publiques ont une action d'incitation à la création et à l'innovation, dans tous les genres, information, documentaire, films, séries, magazines, divertissement. Il y a une manière mineure et déplorable de traiter tous les genres mais il n'y a pas de genre mineur, ou méprisable. La loi même le stipule. Il ne s'agit pas non plus d'une bataille autour de l'audience, mais d'un combat pour gagner des publics, d'une émulation pour que la télévision soit sans cesse meilleure.

Son rôle social et civique est de plus en plus important. Or elle ne peut le jouer en se contentant de réagir à l'évolution sociale. Il lui faut accompagner les transformations et les réformes. C'est plus dynamique et plus exigeant. Y renoncer serait rendre les armes avant de combattre.

Il fallait redonner le moral aux personnels du groupe en leur offrant l'exemple de l'enthousiasme et de l'audace. Un mot presque improvisé fut le symbole de cette ambition nouvelle : « Osons ! » J'ignorais quelle fortune il aurait, et de quelle manière il serait détourné. Le pays – les jeunes surtout – rejetait les conformismes qui l'étouffaient. Je savais seulement que France 2 et France 3 n'avaient besoin pour reprendre l'offensive que de croire en elles-mêmes, et d'adopter un moral de vainqueur. « Ayez désormais une mentalité de premiers ! Et nous serons en tête ! »

L'audace porte à l'effort et au dépassement de soi, en acceptant un risque calculé pour le bien de tous. Le personnel de France Télévision allait cesser de déterminer ses choix en fonction de TF1. Je voulais qu'il garde sa propre couleur, qu'il redouble d'initiatives. Et le privé, désarçonné, se déterminerait à son tour par rapport à son concurrent public.

Ce nouvel élan, cette assurance que j'espérais faire partager, passaient en premier lieu par le rétablissement des finances du groupe. Pour cela, il fallait quelques animateurs, jeunes ou renommés, qui incarneraient cette nouvelle dynamique. On ne répète pas les recettes du passé, indéfiniment, sans susciter l'ennui. Dès l'annonce de la venue des nouveaux animateurs, et la promesse de ce souffle inédit, les recettes publicitaires commencèrent à augmenter, l'audience frémit à la hausse. L'intérêt des observateurs se concentra sur les innovations.

En quelques semaines, cet esprit de reconquête avait déjà des effets dans les chaînes et dans l'ensemble de l'audiovisuel. Je n'oublierai jamais mon plaisir à voir réapparaître la combativité et la fierté. On sortait d'une forme d'engourdissement. On s'ébrouait. On grognait quelquefois. Et on y allait. Les dix milliards des budgets cumulés de France 2 et de France 3 devenaient une puissance. Les finances du groupe s'orientaient vers l'équilibre « positif », selon la formule consacrée à laquelle Nathalie Coppinger tenait. Je m'en amusais, pendant que cette inspecteur des finances imaginative esquissait la perspective d'excédents et de bénéfices. Une année ne s'était pas écoulée, et déjà nos choix portaient leurs premiers fruits.

Jean-Michel Bloch-Lainé, dans le rapport que lui a demandé le gouvernement sur le service public de l'audiovisuel, a raison de reconnaître que le président de France Télévision doit être tout à la fois « un capitaine d'industrie dans un secteur particulièrement concurrentiel, changeant et capricieux, un entrepreneur de spectacles, un mandataire d'obligations de service public, attentif (...) aux préoccupations de l'ensemble du monde institutionnel et politique, et exposé en per-

manence, comme dans un pugilat, aux regards scruta-
teurs de l'opinion et de la presse [1] ».

Je ne porte pas seul, évidemment, la responsabilité de
cette réussite. J'avais choisi pour diriger les chaînes et
les filiales des hommes et des femmes qui mettaient leur
foi et leur énergie au service d'ambitions légitimes.
J'avais également décidé de leur déléguer un maximum
de pouvoirs. On ne peut pas obtenir le meilleur des
hommes et de leurs compétences sans les faire participer à l'aventure que l'on entend vivre avec eux. Une
télévision gérée et gouvernée comme une administration trouve sa traduction dans ses programmes, dans
son style. Je rêvais d'une télévision de liberté, et d'initiative. J'ai donc délégué, très largement, mon pouvoir de
président, en choisissant avec le plus grand soin des
personnalités fortes qui seraient chargées de l'exercer.
Tout le contraire d'un « loup solitaire » ou d'un auto-
crate, je voulus être un « chef d'orchestre ».

Ce furent en premier lieu les deux directeurs généraux de France 2 et de France3 : Raphaël Hadas-Lebel,
Xavier Gouyou Beauchamps, puis le directeur général
de France Espace, Marc Lavédrine.

Raphaël Hadas-Lebel était indéniablement le plus
cultivé d'entre nous. Il se comportait comme s'il savait
tout sur tout. Ce n'était pas loin d'être vrai. Il se trouvait de plain-pied dans n'importe quel milieu, à l'aise en
particulier dans les milieux de l'administration
publique, dont il maniait spontanément la langue.
Esprit brillant, major de sa promotion à l'ENA, il fut
conseiller à Matignon de Jacques Chirac pour le social,
et de Raymond Barre pour la justice. Et conseiller
d'Etat respecté par ses pairs.

D'une curiosité insatiable, Raphaël Hadas-Lebel ne
tenait pas en place, au point de trop se disperser. Sa

---

1. Rapport Bloch-Lainé, *Mission d'audit du secteur public audiovisuel.*
31 mai 1996.

compétence ne se limitait pas à sa spécialité, le droit. Le juriste se montrait intarissable aussi bien sur le rugby que sur le Talmud, sur Sadourny du XV de France que sur Levinas. Mais la musique et l'opéra avaient – me semble-t-il – sa préférence. Au concert, à la Bastille ou à Salzbourg, il accompagnait l'orchestre, le doigt sur sa propre partition, parfois en fredonnant ou en marquant la mesure. Il était habile à parler et à improviser longtemps, à condition de définir au préalable la ligne directrice et la trame de son discours. Il écrivait encore mieux, sa plume et sa parole n'hésitant jamais.

Le choix de Raphaël Hadas-Lebel m'apparut comme une évidence. Il avait démontré ses qualités et forgé son expérience des relations sociales dans une entreprise publique, Elf Aquitaine. Il était connu de tous comme un juriste exceptionnel, capable de mener France 2 avec rigueur et intégrité. Je savais aussi pouvoir lui faire confiance. J'allai le voir chez lui le soir du 31 décembre 1993, qu'il passait en famille. Je lui proposai en quelques mots la direction générale de France 2. J'étais certain qu'il apprendrait très vite à connaître le monde de la télévision, et qu'il deviendrait un excellent dirigeant de chaîne publique. Il eut du mal à maîtriser l'émotion sincère qu'il ressentait. Il ne prit même pas la peine de réfléchir. Le défi que ce poste représentait le séduisit instantanément.

Le 7 janvier 1994, j'annonçai le nom des directeurs généraux aux conseils d'administration des deux chaînes. C'est donc le 7 janvier que Xavier Gouyou Beauchamps eut la preuve que je tenais parole. Malgré l'opposition politique exprimée par le ministre de la Communication de l'époque, je lui confiai cette responsabilité promise.

Je connaissais Xavier Gouyou Beauchamps depuis longtemps. Haut fonctionnaire patient et minutieux, il avait l'expérience de l'audiovisuel, il avait exercé ses talents à des postes de responsabilité par le passé, en particulier au sein de Télédiffusion de France. Au cabinet de François Léotard, il avait préparé la loi de 1986 privatisant TF1. Bon connaisseur du monde institutionnel, il avait servi à l'Elysée, à l'époque de Valéry Giscard d'Estaing. Il était ravi de m'épauler en prenant la direction générale de France 3. « C'est un vrai bonheur, me confia-t-il plus tard. C'est le plus beau moment de ma vie professionnelle... Et ma meilleure chance ! »

Xavier Gouyou Beauchamps n'était pas mon ami. Il ne l'est jamais devenu. Mais je ne me suis jamais montré avare d'estime à son égard. Et même d'affection. Longtemps, il m'a rendu l'une et l'autre. Son passé pesait sur lui. Préfet giscardien, la gauche l'avait écarté à cause des fonctions qu'il avait exercées aux côtés de l'ancien Président, et de la proximité, réelle ou supposée, qu'il avait conservée avec lui. La droite lui reprochait de ne pas être RPR, de la bonne tendance, celle du pouvoir. Il pensait qu'on lui interdisait de donner sa vraie mesure. Il le vivait comme une injustice, même s'il ne s'en plaignait pas à d'autres qu'à lui-même.

Il me fut d'abord reconnaissant d'avoir imposé sa nomination et surmonté les stéréotypes politiques. Je ne retenais que les capacités des officiers et des marins que j'embarquais à mon bord, pour cette navigation au grand large où ne manqueraient ni la tempête, ni la houle, ni les écueils. Or j'avais le sentiment qu'il était équipé pour la haute mer. Assez vite, il s'attela à organiser et à mettre de l'ordre. J'approuvais les nominations qu'il me suggérait. Il travaillait à accroître l'efficacité des stations régionales et le climat de confiance au sein de l'entreprise. Ce fut le cas. La discipline régnait en effet. Les ordres circulaient, de haut en bas, et leur retour passait, de bas en haut, par le « mandataire social », qui possédait un sens aigu du respect des hiérarchies. Très vite, je compris sa méthode, plutôt administrative. Il reproduisait ce qu'il avait appris aux côtés de Valéry Giscard d'Estaing. Il me racontait avec nostalgie cette époque où seul le collaborateur le plus élevé, le secrétaire général de l'Elysée, Claude Pierre-Brossolette ou Jean François-Poncet, avait accès au Président et lui transmettait ou non, selon son jugement, les informations dont il avait besoin. Succession de filtres au service d'un pouvoir centralisé à l'extrême. Ses pratiques me furent utiles pour France 3. Il centralisait pour simplifier. Il donna ainsi parfois l'impression d'être lui-même seul maître à bord de France 3. Je ne saurais le lui reprocher : c'est ce que j'avais souhaité. Pour autant, je crois qu'il ne prit jamais une décision sans m'en avoir auparavant référé. France 3, c'était moi, tout autant que France 2.

Xavier est multiple et insaisissable. Il avait ce qui me manquait : le goût de la procédure. Oui, la procédure. Je n'ai jamais entendu aussi souvent prononcer devant moi le mot « procédure ». Le mot le résume. Lacan l'aurait décortiqué, l'aurait analysé.

Il est plutôt bon négociateur : mélange de calme et d'impatience, de mesure et d'agressivité, de sérénité affichée, de méfiance, d'angoisses et de colères subites. Longtemps impassible, presque inexpressif, et soudain bouleversé par un orage inattendu. En fait, il déteste et il craint les conflits, au point de céder pour les éviter. Ses collaborateurs les plus proches se tiennent devant lui, terrorisés. De nous deux, l'autoritaire, le tout-rouge, l'impulsif, c'était lui, capable d'enrager quand il avait le sentiment qu'on lui avait volé une prérogative. Emotif, affectif, il donnait envie de se fier à lui. Secret, il n'était jamais aussi heureux que quand il pouvait prendre la parole et la garder longuement. Maniant avec délices une langue administrativement soignée, devant un auditoire hiérarchiquement muselé.

Avais-je besoin d'une indication, ou d'un chiffre, je les demandais au directeur général, qui aussitôt éveillait les services compétents, et me répondait seul. Souhaitais-je adresser une remontrance ou un encouragement à tel ou tel, je passais par lui, qui transmettait instantanément « de la part du président ». Chaque jour, nos rencontres et nos appels téléphoniques étaient multiples.

Xavier Gouyou Beauchamps normalisa France 3. Peut-être trop. Il ne supportait pas d'être contredit, ou même interrompu par une remarque ou une question. Vite agacé, il faisait taire toute indépendance d'esprit et d'expression. A chaque réunion, nos deux caractères apparaissaient dans leur différence : il réduisait au silence, je rendais et j'activais la parole. Il disciplinait. Je désarticulais et j'ouvrais les débats, avant de les reprendre en main. Nous étions complémentaires, comme l'ordre et l'initiative.

Je n'y voyais que des avantages. La stratégie du président de France Télévision était appliquée et expliquée aux personnels de France 3. Je savais que je serais obéi, et je pouvais, sans perdre de temps, réfléchir et agir ailleurs, autrement, au service du groupe. J'eus pourtant une attention particulière pour les stations régionales, où je fis de fréquents déplacements, pour mobiliser les journalistes et pour leur insuffler davantage de confiance et de liberté.

Certains me reprochent d'avoir désigné et traité comme un vice-président celui qui est aujourd'hui mon successeur. Certes, il sut subtilement démarquer sa fonction de directeur général de France 3 de mon action à la tête de cette chaîne. Je connaissais l'homme et les risques que je prenais en lui confiant ce poste. Mais son habileté, dont je fis les frais, était justement la raison de mon choix. On ne se grandit et ne s'élève jamais à gouverner des collaborateurs médiocres. Ils rassurent peut-être. Ils abaissent et fragilisent toujours. J'aurais pu, évidemment, préférer faire accéder aux postes de directeurs généraux, sur France 2 et sur France 3, de jeunes énarques ou normaliens qui m'en auraient été redevables, un moment. Ils n'auraient jamais pris une décision, ni prononcé une parole, sans m'en rendre compte. Ils auraient répété la mienne. J'ai préféré appeler, pour les deux chaînes, des hommes d'expérience et de qualité, capables d'exercer eux-mêmes des responsabilités, et de « tenir leurs maisons » respectives avec autorité. Je ne me suis jamais vu et apprécié en maître de perroquets ni en ventriloque. L'autonomie vaut mieux que l'obséquiosité.

A la tête de la régie publicitaire, France Espace, je confirmai Marc Lavédrine. Le pouvoir lui était hostile, pour des raisons qui ne m'échappaient pas. Il avait été nommé par Hervé Bourges. Le poste était alléchant pour des amis politiques et orthodoxes. Je le chargeai de réorganiser avec ambition la régie, source de moyens essentielle dans le système économique ambigu de la télévision publique. Le groupe avait besoin de trouver des financements plus importants du côté de la publicité et du parrainage, parce que la redevance ne progresserait pas. Marc Lavédrine, subtil, loyal au patron du moment, et précis dans son expression comme dans sa gestion, attentif aux ressources humaines comme aux fluctuations des marchés, veillait à protéger un climat d'émulation sereine au sein de ses équipes. Il me paraissait l'homme d'expérience sur lequel je pouvais m'appuyer pour remobiliser la régie publicitaire et lui faire atteindre de nouveaux objectifs de rentabilité. Il y parvint, grâce à Marie-Laure Sauty de Chalon, dont la redoutable efficacité fit de la régie un outil performant au service de la télévision publique.

Celle-ci doit beaucoup à la publicité, et affecte de la mépriser. Dangereuse schizophrénie ! Elle apprit peu à peu à la considérer comme une ressource légitime, utile, immédiatement profitable à la qualité de ses programmes. L'industrie audiovisuelle française aura de plus en plus besoin, pour traverser la crise et l'ouverture des marchés, des commandes de la télévision publique. Et pour en augmenter le volume, France 2 et France 3 ne devaient pas compter sur l'argent public, ni sur une hausse de la redevance. Les recettes publicitaires devenaient un des ressorts essentiels de notre politique.

Agir en chef d'entreprise responsable m'imposait donc de réhabiliter les revenus publicitaires et de faire disparaître l'ignorance ou la mauvaise foi avec laquelle, trop souvent, les politiques ou les gouvernants les traitent. Ils les refusent tout haut, comme une maladie honteuse, et réclament tout bas à la régie publicitaire de récolter de plus en plus d'argent. Ils l'y obligent même, en votant dans les budgets une part croissante de recettes publicitaires !

Le financement de la télévision publique est un drame récurrent. Il a été obscurci par des années d'hypocrisie. Personne n'ose en poser clairement les enjeux. Chaque saison, depuis des décennies, les politiques s'exclament qu'il y a trop de publicité à l'écran et que France 2 et France 3 subissent « une dérive commerciale ». Pourtant chaque année à l'automne ces mêmes politiques votent comme un seul homme le budget de chaque chaîne. Il est déterminé par le gouvernement qui refuse d'augmenter la redevance. Même en 1996, quelques mois à peine après la crise de mai et les engagements solennels qui furent prononcés, la part de la publicité s'est encore effrontément accrue.

Je veux lever une ambiguïté. Le président de France Télévision ne décide pas de son budget. Ce n'est pas lui qui détermine le niveau des recettes, pas plus que le niveau des dépenses. Les budgets de chaque chaîne sont votés, chaque année, par l'Assemblée nationale et le Sénat. Et le Parlement surveille, tout au long de l'année, à travers ses représentants aux conseils d'administration des chaînes, et à travers ses commissions compétentes, leur exécution. Sans négliger le rôle des conseillers qui prospèrent à l'ombre des cabinets. Ah ! Ces conseillers ! La veille, ignorant tout, ils deviennent par le miracle de tel ministre aujourd'hui, de tel autre demain, des puits de science, des Messieurs Je-sais-tout ! Ils peuvent sans émoi découper dans le vif, trancher des têtes sur ordre, pour grimper. En attendant la prochaine récompense, ils abreuvent de paroles doucereuses auxquelles ils ne croient pas, proclament l'œil complice, des loyautés qu'ils n'auront jamais, et obséquieux, vous perdent, si vous les croyez un instant. En tout cas, quand ils me susurraient, la bouche en cœur, des « oui, monsieur le Président », « bien sûr, monsieur le Président », « à votre aise, monsieur le Président », je leur marquais au moins de l'indifférence et de la distance. A travers eux, dévots et sournois, passent le fil de l'administration et, si on n'y prend garde, la main glacée de l'Etat. Leurs contradictions, leurs fautes, les erreurs qu'ils inspirent sont protégées par l'anonymat et la complicité discrète de leur corps.

Si j'ai dû, sans perdre de temps, insuffler fraîcheur et jeunesse aux grilles de programmes de France 2 et de France 3, ce n'est pas par précipitation. Je trouvais les chaînes dans une situation financière difficile.

Le gouvernement peut, à sa guise, mettre une chaîne en déficit, ou l'y maintenir, en lui imposant des objectifs publicitaires irréalistes. Il lui est facile de l'empêcher d'utiliser elle-même d'éventuels excédents, et même de l'en priver pour la pénaliser, ou pour soigner quelque canard boiteux de l'audiovisuel. Ce sera le cas en 95 et 96. Il suffit pour cela au ministre des Finances de décider (unilatéralement) une « annulation de crédits » sur le budget voté par le Parlement. C'est une arme politique, secrète, souvent utilisée avec une habileté assassine.

Lorsque je suis arrivé à mon poste, tous les experts étaient d'accord : les montants publicitaires imposés ne pourraient pas être atteints. France 2 comme France 3 se trouveraient en déficit à la fin de l'année. Hervé Bourges l'avait justement dénoncé, en décembre 93, avant de me laisser son fauteuil et son héritage.

La régie avait donc à relever ce défi, si nous ne voulions pas, dès la fin de 1994, nous retrouver avec des budgets défaillants, et en butte aux critiques, tellement faciles, sur l'incompétence des « journalistes » à qui l'on confie des fonctions de « gestionnaires ». Les « saltimbanques » ne sont pas « géomètres », et un bon chroniqueur ne fait pas un bon trésorier... Cette menace tellement prévisible permettrait aux adversaires et aux sceptiques de nous accabler et de dénoncer le « gaspillage » des chaînes publiques « perpétuellement en déficit ». Je refusais cette perspective. Pendant deux ans et demi, personne n'entendit, ni n'utilisa cette distinction classique entre géomètres et saltimbanques. Les budgets furent toujours parfaitement tenus. Le rapport Bloch-Lainé[1] le souligne nettement : « France 2 et France 3 sont des entreprises très sérieusement gérées. »

Je décidai, avec Nathalie Coppinger, brillant inspecteur des finances qui m'avait été recommandée par le dirigeant d'un grand groupe privé, de développer une action en deux temps : d'abord, convaincre les pouvoirs publics de remédier à la sous-capitalisation endémique de France 2, qui pesait chaque année lourdement sur l'exécution de ses budgets en gonflant ses frais financiers. Ensuite, réorganiser et renforcer France Espace, pour qu'elle atteigne une meilleure productivité et lève davantage de recettes.

Par chance, Nicolas Sarkozy, ministre du Budget,

---

1. Déjà cité.

succéda à Alain Carignon dans ses attributions de ministre de la Communication. Or il comprenait les mesures de bonne gestion que nous souhaitions prendre. Recapitaliser France 2, c'était d'une certaine manière remettre les pendules à l'heure, et doter la société d'un équilibre financier qui lui avait toujours fait défaut, puisqu'elle était allée de déficits en déficits depuis sa création. Enfin, assurer une meilleure productivité de France Espace, c'était donner à France 2 et France 3 l'occasion de remplir leurs obligations budgétaires. Les mesures réclamées furent donc acceptées et favorisées par le gouvernement mais il fallut traverser le violent orage déclenché par l'émission sur le CIP. Quatre cents jeunes et quelques chefs d'entreprise s'exprimèrent en toute liberté et s'en prirent au gouvernement Balladur, jugé incapable de comprendre les jeunes. Pendant des semaines s'engagea un bras de fer avec un Premier ministre agacé et décidé à infliger, pour délit d'insolence, une leçon à France 2 qui ne regretta jamais l'émission. Il réduisit le soutien financier que je réclamais à l'Etat. Les rapports d'une entreprise publique avec l'Etat actionnaire sont conflictuels, tendus et de préférence secrets. L'intervention de Nicolas Sarkozy et l'habileté de quelques proches d'Edouard Balladur parvinrent à éviter le pire. Nous n'aurions pas pu, sans cette compréhension mutuelle, mener à bien l'assainissement financier réalisé en 1994.

L'expérience de mes prédécesseurs et la mienne, dès cette première année, démontrent qu'il est impossible pour le président de France Télévision d'accomplir convenablement son travail s'il ne se trouve pas en parfaite intelligence avec sa tutelle gouvernementale, et en particulier avec le ministère des Finances. Pour que la tutelle ait un interlocuteur permanent à la présidence, auprès de moi, capable de suivre et de synthétiser les tableaux de bord financiers de toutes les sociétés du groupe, j'avais fait de Nathalie Coppinger un conseiller permanent, sans cesse à mes côtés. Elle m'a beaucoup appris.

A tout moment, elle avait accès à mon bureau, avenue d'Iéna. Elle ne s'en privait pas. Elle frappait à ma porte, deux coups énergiques, et entrait, souriante, avec une tasse de tisane brûlante aux arômes engageants. Il ne fallait pas s'y tromper : derrière la chevelure blonde, le regard bleu, le sourire aux fossettes, se cachaient un vrai caractère, une poigne de fer, rigoureuse, intègre et entière. Elle ne lâchait rien. A personne. Et si on ne répondait pas à ses suggestions, interrogations, objurgations, elle revenait à la charge, avec obstination, et finissait par obtenir satisfaction.

Ensemble, nous avons conduit la réorganisation des filiales commerciales des deux chaînes, regroupées en une seule société, France Télévision Distribution, chargée de l'exploitation de l'ensemble des droits de nos programmes, que ce soit à travers la vente des droits de diffusion à d'autres télévisions, ou la vente de cassettes vidéo, ou de CD-ROM. TF1 réalise une part non négligeable de ses recettes par la vente de cassettes vidéo ou de produits dérivés de l'antenne. Pourquoi le service public se priverait-il plus longtemps d'une filiale commerciale efficace ? Faut-il qu'il ait honte de l'argent qu'il gagne ? Absurde : c'est autant d'argent qu'il ne réclame pas à l'Etat et au contribuable, autant d'argent qu'il peut investir !

Aussitôt, j'ai voulu que les mensonges cessent autour du financement de la télévision publique. En 1993, la redevance ne couvrait que 62 % du budget de France 2 et 81 % du budget de France 3. Il faut répéter que les augmentations de redevance n'ont pas profité à France 2 et France 3. Elles permettaient surtout de mieux financer Arte, la Cinquième, qui n'ont quasiment pas de recettes propres, et les chaînes tournées vers la Francophonie, RFI, RFO, TV5, que le public français ne connaît guère. La part de la redevance ne cessait pas de baisser dans les budgets de France 2 et de France 3. En 1997, la redevance ne couvrira que 47 % du budget de France 2 et 67 % de celui de France 3 ! La part de la redevance dans le financement du groupe France Télévision s'est donc effondrée, passant de 71 % à 57 % en quatre ans.

Je ne suis pas un farouche défenseur de la publicité. Elle a l'avantage d'obliger le service public à prendre en compte le jugement des téléspectateurs sur leurs programmes, sans être prisonnier des annonceurs. Or France 3 et France 2 ne peuvent jouer pleinement leur rôle social et civique que si elles sont regardées. Avec la Sept-Arte, la Cinquième, RFI, RFO, TV5 qui ne déméritent pas, la France s'est fait une spécialité des chaînes publiques élitistes entretenues à grands frais. L'Etat français, c'est un héritage de la monarchie, aime à se sentir mécène. Même si c'est avec l'argent des contribuables... On ne fait pas une télévision sans téléspectateurs. On ne fait pas de la télévision selon ses propres goûts, pour soi tout seul. Une chaîne comme la BBC, toujours citée en référence, surtout par ceux, en France, qui ne la regardent pas et ne la connaissent pas, ne perd jamais de vue ses résultats d'audience.

J'aurais préféré me contenter chaque année d'un peu moins de publicité. Il est indéniable que la place qu'elle occupe à l'antenne est excessive et qu'elle diminue le plaisir du téléspectateur. Mais il aurait fallu pour y parvenir que le gouvernement et le Parlement votent des budgets différents, et décident d'augmenter la redevance. Etait-ce réaliste ? Etait-ce tellement souhaitable, à l'heure où l'on essayait, par tous les moyens, de baisser les prélèvements obligatoires ? Le confort du président de France Télévision n'était pas prioritaire ! Il ne l'est pas plus aujourd'hui, apparemment.

Pour la télévision publique, le seul prince reste le téléspectateur. L'essentiel tient au service ou à l'offre qu'elle lui propose, à la relation qu'elle parvient à établir avec lui. Il fallait veiller à nommer des hommes, constamment attentifs au public, qui auraient la charge des programmes de France 2 et de France 3 : les directeurs d'antenne et les responsables de l'information. Leur choix fut décisif.

Je rencontrai Louis Bériot en 1975. A la surprise générale et d'abord à la sienne propre, je lui proposai en 1977 de devenir rédacteur en chef du journal d'Antenne 2, c'est-à-dire mon plus proche collaborateur. Curieux, bûcheur, il a l'esprit novateur et sans cesse en éveil, une générosité traversée par des bourrasques et des coups de gueule qui ne laissent pas de traces, en tout cas chez lui. A cause de sa stature, de son physique et quelquefois de son langage, Louis paraît d'un seul bloc, inaltérable, invulnérable. Je le découvris plein de doute, se remettant sans cesse en question, au bord de la démission tous les trois mois. Pendant quatre ans et demi, de 1977 à 1981, je pus apprécier son énergie inventive et sa loyauté.

Ceux qui ne connaissaient de Louis Bériot que ce qu'ils en voyaient me reprochaient la confiance que je plaçais en lui. Mais c'est tout naturellement qu'au cours des derniers mois de 1993, il avait préparé mon élection, et avec la même évidence je proposai à cet enfant du sérail la direction de l'antenne de France 2. La responsabilité était lourde. Elle l'accaparera tout entier. Symboliquement, j'y ajoutai un titre de conseiller spécial à la présidence. Je n'imaginais pas alors que ce titre-là pourrait être critiqué plus tard. On croira y voir une manière de situer Louis Bériot hors de la hiérarchie de France 2, en instituant un rapport direct entre lui et moi. Je n'imaginais pas non plus qu'il accorderait lui-même à cette distinction, largement honorifique, une importance disproportionnée, au point de m'en vouloir terriblement le jour où elle serait supprimée.

Tonitruant et souvent excessif, Louis Bériot fut le principal ressort du dynamisme et du renouvellement de France 2. Il eut un rôle essentiel dans la négociation d'un grand nombre de contrats, de coproductions internationales. Il contribua par ses inspirations à imposer l'image d'une chaîne ouverte, prête à faire une place à la jeunesse et à l'originalité. C'est largement grâce à lui que France 2 est parvenue à imposer un nouveau style de divertissements, une nouvelle qualité de fictions, et une réelle ambition en matière de séries documentaires.

Je connaissais moins bien Jean-Pierre Cottet. C'est sur la proposition de Xavier Gouyou Beauchamps que je fis de lui le directeur d'antenne de France 3. Son passé de producteur indépendant, et son histoire personnelle, lui avaient appris l'intransigeance et l'exigence. Paris n'avait pas altéré son accent marseillais. Paris renforçait son habileté! Ses goûts le portaient à des programmes de qualité sans être ennuyeux, ni élitistes. Il apparaissait comme un homme capable de concevoir le type de programmation dont France 3 avait besoin. Il était précis, méticuleux, discret et passionné au point de devenir arbitraire. La relation de complicité et de confiance qu'il tissa rapidement avec Xavier Gouyou Beauchamps facilita dans la durée, jour après jour, la transformation de la programmation de France 3 qui s'affirma comme une grande chaîne nationale dès sa nomination. Je lui avais explicitement fixé ce but.

Sans doute Louis Bériot et Jean-Pierre Cottet étaient-ils bien différents, le blond et le brun, le Normand et le Méditerranéen, dans leurs méthodes de travail, et léur pratique quotidienne, le plus exubérant n'étant pas le Marseillais. Mais ils étaient chargés, pour France 2 et France 3, d'incarner une volonté éditoriale cohérente et durable, déclinée distinctement, aux différentes heures du jour, sur deux chaînes qui avaient chacune sa personnalité, ses habitudes, et ses habitués. Ils étaient l'expression vivante de cette variété.

France 2 était plus ouverte à des rapprochements ou à des échanges. France 3 bloquait. Dominique Alduy et ses proches avaient déjà donné du fil à retordre à Hervé Bourges. L'entreprise résistait pied à pied à tout ce qui lui paraissait mettre en cause son autonomie. A mon tour, je dus faire face à l'inertie, pour ne pas dire à l'opposition, d'un état-major de France 3 qui peu à peu considérait la chaîne comme un camp retranché, et toute velléité de rapprochement avec France 2 comme une agression caractérisée. Je passai outre et j'avançai.

Pour assurer la nécessaire coordination des équipes et des initiatives, je m'entourai, à la présidence, avenue d'Iéna, de quelques collaborateurs permanents. Ils eurent la charge de mener à bien certains projets où s'affirmait la force du groupe, et de construire en permanence des ponts entre les diverses sociétés.

Mes relations avec Patrick Clément avaient plutôt mal commencé. Habitué à couvrir les malheurs de la planète, n'ayant pas supporté les massacres de Kolwezi en 1978, il était rentré à Paris sans prévenir. C'est le seul journaliste auquel je dus infliger une sanction sévère dans notre métier : un blâme après conseil de discipline. Une amitié est pourtant née de ces conflits. Ses capacités étaient mal utilisées. Il ne s'épanouissait que lors d'interminables palabres. Il savait combiner le sourire et la brutalité, la discussion et l'exécution, mélange de l'Asie et de la Corse auxquelles il restait attaché depuis l'enfance. Grâce à lui les téléspectateurs français découvraient les premières images de Phnom Penh, ville déserte et martyrisée par les Khmers rouges, les premiers directs de Chine par satellite et ce procès fantastique de Mme Mao Tsé Toung et de la Bande des quatre qu'il avait suivi de bout en bout dans des régies de la télévision de Pékin. Le monde fasciné achetait nos exclusivités. En mai 81, il avait protesté – à l'époque ils n'étaient pas nombreux – contre les conditions de mon départ et, depuis, témoignait d'une fidélité discrète et constante. Il aida Silvio Berlusconi dans ses premiers pas à Paris et il joua un rôle dans la création de la 5. On sait moins qu'il dirigea avec beaucoup d'énergie le laboratoire de l'INA, pépinière de journalistes, de réalisateurs, de techniciens qui s'illustrent aujourd'hui et lui marquent une fidélité sans nuance, et parfois intéressée. Il trouvait normal de les promouvoir, alors que ses détracteurs y voyaient des privilèges ou des faveurs. Nommé délégué général auprès du président-directeur général de France 2 et de France 3, Patrick Clément ne cessa de se plaindre d'un titre qui à ses yeux « ne valait rien », car il ne comportait apparemment aucun ressort opérationnel. Avec son tempérament d'entrepreneur, ce perfectionniste s'impatientait des lenteurs et des maladresses, mécontent de ne pouvoir agir lui-même. Il ne rechignait pas à la tâche, mais se jugeait au contraire sous-employé. De jour comme de nuit, il restait à l'écoute des humeurs des uns et des autres et scrutait les écrans, sans hésiter, quand quelque chose lui déplaisait, à intervenir directement. Il passait alors des heures à convaincre tel ou tel de travailler autrement, de s'habiller plus sobrement, d'améliorer la réalisation de telle retransmission. Beaucoup prirent l'habitude de l'appeler en renfort pour imposer des idées qu'ils avaient du mal à faire passer et en faveur desquelles il usait, parfois trop, de son autorité.

Il travailla principalement sur quelques grands dossiers du groupe comme le nouveau siège, le traitement du sport et les droits sportifs, ou le renouvellement de l'information. Avec Jean-Luc Mano pour France 2, Henri Sannier pour France 3 et Carlo Freccero il parvint à donner dans ce domaine quelques impulsions durables. Avec Jean-Claude Killy et Jean Réveillon, il contribua à changer la vision offerte par l'écran d'épreuves comme le Paris-Dakar, le Tour de France, ou l'athlétisme, en utilisant une nouvelle génération de réalisateurs.

Arrivant à France Télévision, j'avais également découvert à la présidence plusieurs conseillers ou proches d'Hervé Bourges qui étaient surtout des techniciens. Leur compétence devait continuer à rendre de grands services au groupe. Ils sont, pour la plupart, toujours à leur poste. Au premier rang d'entre eux, Didier Sapaut, secrétaire général, qui suivait l'ensemble des dossiers liés à l'administration du groupe et des filiales. J'en fis en 1995 le directeur du développement. La connaissance précise que ce normalien, historien et énarque a pu acquérir de la télévision, de ses acteurs et de ses structures, au cours de sa longue carrière, au SJTI, auprès du Premier ministre, et à un poste comme celui de secrétaire général de France Télévision, en fit pour moi un conseiller précieux. J'ai choisi, d'emblée, de lui faire confiance et de prendre ses avis. Nous avons beaucoup, et bien, travaillé ensemble.

Je retrouvais aussi Jean-Claude Morin. Cet ingénieur a fait toute sa carrière au sein d'Antenne 2. Coordinateur de la couverture audiovisuelle des Jeux Olympiques d'Albertville, Jean-Claude Morin avait en particulier été chargé de la création de la télévision palestinienne et de la préparation du nouveau siège par Hervé Bourges. Je le confirmai dans ses fonctions, dès notre première entrevue. Ces deux dossiers étaient complexes. Il fit des prouesses. La télévision palestinienne a été lancée grâce à lui. La maison France Télévision monte dans le ciel de Paris. On la lui doit aussi.

Des programmes pour longtemps...

Le style, la marque, l'identité d'une télévision : ce sont ses programmes. Nous avions une haute idée de ce que la télévision publique devait apporter. Et nous avons immédiatement fait les choix qui le prouvaient.

D'abord, en donnant la priorité aux programmes durables, en produisant films, séries, documentaires, dessins animés aussi, qu'une chaîne peut diffuser et rediffuser, ou vendre à l'étranger, et qui constituent peu à peu son véritable patrimoine. Ensuite, en développant des programmes qui sont l'apanage quasi exclusif des chaînes publiques : des magazines littéraires, des émissions sur le théâtre, la musique, des retransmissions exceptionnelles au moment des grands événements culturels : festivals, commémorations, salons... La télévision peut et doit servir la culture : cette conviction guidait notre action. Mais l'enjeu des programmes, c'était aussi le sport. Il risquait déjà, et risquera de plus en plus, d'être confisqué par des chaînes payantes. Assurer l'avenir des télévisions publiques, c'est protéger leur capacité à retransmettre gratuitement de grands événements sportifs : nous l'avons réussi. Enfin, une télévision publique est évidemment une télévision au service de l'information de tous. Et très vite, je planifiai un renforcement de l'offre d'information : France 2 et France 3 associées, sont désormais la première source d'information des Français. A l'époque, peu contestaient leur impartialité et leur vitalité.

Premier champ d'action : la production. Notre politique arrivait à point nommé. Au début de 1994, la production audiovisuelle traversait une passe dangereuse. Les producteurs indépendants rencontraient des difficultés. Certains firent même faillite. La concurrence internationale, l'étroitesse du marché français compliquaient le financement des films et des documentaires. Il fallait soutenir la création de deux façons : d'abord par un dialogue nourri avec les producteurs, ensuite par une augmentation progressive de nos engagements financiers dans les films et les documentaires.

Le théâtre et les acteurs m'ont toujours intéressé. Dans les fictions de France 2, j'eus le plaisir de retrouver certains de mes anciens complices du cours Dullin au TNP. Bernard Verley, Macha Méril. Récemment encore Jean-Claude Drouot, dans *Les Maîtres de l'orge*. Ils se destinaient à la scène en professionnels, je me contentais d'être un amateur. A la Cité universitaire, il m'arriva de répéter *Andromaque* avec Jean-Claude Drouot qui interprétait un Pyrrhus crédible, moi un Oreste qui l'était moins. J'observai sa présence, ses dons. Chacun cherchait à s'inventer un avenir qui ne s'éloignerait pas de ses goûts. J'ai passé du temps à encourager, en studio, en décors naturels, ceux qui travaillaient ainsi à créer des rêves.

Pourtant, ce n'est pas par goût personnel que j'ai renforcé de manière spectaculaire l'engagement de France Télévision dans l'aide aux créateurs. C'est une ambition et une nécessité. L'atout majeur d'une chaîne de télévision publique, c'est son stock de programmes d'histoires et de documentaires. D'emblée, je demandai de l'enrichir. Dans toutes les enquêtes d'opinion,

France 2 apparaît aujourd'hui comme la chaîne de la fiction télévisée, suivie par France 3. Ce n'est pas un hasard. Depuis 1995, les grandes fictions que notre équipe avait prévues, lancées, réalisées, se succèdent à l'antenne. A chaque fois, avec un succès mérité.

Avec Louis Bériot et Jean-Pierre Cottet, nous souhaitions renouer avec la belle tradition de la télévision française, celle des fresques historiques et des adaptations romanesques. *La Marche de Radetzky, Jalna, Un grand vent de fleurs, Les Allumettes suédoises, Rimbaud l'homme aux semelles de vent, L'Instit, L'Avocate, Le Fils du cordonnier, Docteur Sylvestre, Les Maîtres de l'orge,* ainsi que les films adaptés de la Bible, *Moïse, Abraham, Joseph, Samson et Dalila.* Les téléspectateurs les verront et reverront, comme ils verront aussi, dès ce printemps, *Une femme en blanc,* le courage quotidien d'une femme chirurgien, jouée par Sandrine Bonnaire, *Le Grand Bâtre,* saga d'une lignée camarguaise, ou *Le Grand Banc,* épopée des pêcheurs bretons partant au large de Terre-Neuve... Autant de programmes dont nous avons lancé la production, et qui enrichissent encore les chaînes, des mois après notre départ.

De même pour les documentaires. France Télévision a engagé la production de séries qui renforcent le patrimoine et enrichissent la connaissance et la culture du plus grand nombre. Ce seront *Les Grands Fleuves,* la série *Du côté de chez vous* tournée à Corbeil dans l'Essonne. L'effort devait s'amplifier.

Cette politique a un coût. Elle réclame un bon scénario, un bon réalisateur, d'excellents acteurs, autrement dit de l'argent, des investissements, du temps. Immédiatement nous décidions d'investir un peu plus chaque année dans la production, en élargissant l'assiette financière des chaînes. Pour disposer des sommes nécessaires, il fallait doper l'audience et les recettes publicitaires. Cette méthode allait réussir et favoriser un engagement sans précédent.

Le 28 avril 1994, le coup d'envoi solennel d'un nouveau partenariat avec la profession prit la forme d'un « point de rencontre » organisé à notre initiative. Quatre cents producteurs y participèrent. Chacun exposa franchement son point de vue et les reproches qu'il avait à formuler. Les sujets tabous furent abordés de front, les querelles du passé vidées. Le terrain était déblayé pour une concertation permanente qui se poursuivit.

Six mois plus tard, le 8 octobre 1994, un accord vite qualifié d' « historique » fut conclu avec les principaux syndicats de producteurs. Nous étions parvenus à une nouvelle coopération qui répondait aux deux nécessités de l'heure : consolider l'industrie nationale et l'aider à rayonner au-delà des frontières. TF1 et M6 furent opposées à ces nouvelles dispositions. Le CSA fut sollicité pour arbitrer et fit traîner les choses. C'est grâce à Monique Dagnaud que l'avis du CSA fut enfin rendu. Les producteurs n'ignorent pas leur dette à son égard. En toutes circonstances, elle les a aidés, consolés, défendus, encouragés. Elle n'avait d'yeux et d'angoisses que pour eux, c'est-à-dire pour la création française de qualité. Généreuse, travailleuse, cherchant toujours à bien faire, Monique Dagnaud commençait toutes ses interventions au CSA par une plaidoirie en faveur des artistes, symboles de valeur et d'indépendance culturelle. Elle nous a soutenus au moment de la préparation de l'accord avec les producteurs et avant de le défendre devant d'autres instances.

Un an après l'accord, Philippe Douste-Blazy finit par signer les décrets qui entérinaient ces nouvelles règles du jeu avec le monde de la production. Les chaînes promettaient de renforcer, d'année en année, le total de leurs investissements dans les programmes de patrimoine, films et documentaires. Concrètement, en trois ans, entre 1994 et 1997, le total des sommes investies par les chaînes France 2 et France 3 dans la création devrait passer de 15 à 17 % de leur chiffre d'affaires net de l'année précédente.

Les chiffres parlent d'eux-mêmes : les investissements de France 2 dans la production étaient en 1994 de 597 millions de francs. En 1997, ils devraient atteindre 748 millions. Soit en deux ans une augmentation de 25 %. Pour France 3, la progression est du même ordre, même si elle part de plus bas car, par tradition, France 3 investit moins dans la production. L'objectif de production 1994 était à 406,2 millions. En 1996, il s'élevait à plus de 480 millions.

France Télévision dépassait le milliard de francs d'investissements dans la production, presque le double des sommes consacrées aux animateurs : autant d'œuvres nouvelles créées, autant de créateurs, d'auteurs, d'acteurs au travail... On comprend mieux le désarroi de certains producteurs qui apprennent aujourd'hui qu'au contraire le service public ne pourra plus honorer ses engagements ! Bien organisés, ils ont obtenu en janvier 97 des compensations avantageuses. N'a-t-on pas fait croire que l'argent dépensé pour les animateurs était pris à la production ? Tous découvrent aujourd'hui qu'il fallait nuancer, que les recettes générées par les animateurs venaient renforcer les capacités d'investissements des deux chaînes, et qu'en dénonçant les animateurs, on se met en situation de donner de moins en moins d'argent aux fictions et aux documentaires !

Pour des économies à court terme, l'Administration, trop gourmande et aveugle, obère l'avenir. Ceux-là qui niaient notre engagement culturel obligent désormais le service public à renoncer à ses ambitions. Nous n'en faisions pas assez, disaient-ils. Aujourd'hui, ils condamnent France 2 et France 3 à en faire encore moins en les appauvrissant. Les vrais enjeux sont de mieux en mieux occultés.

L'une des principales contreparties obtenues des producteurs en échange était l'allongement des droits acquis par les chaînes, portés de quatre à cinq ans pour un seul diffuseur, voire à sept ans. Cette disposition prenait tout son sens avec la création de chaînes thématiques, par exemple consacrée à la fiction, Festival, qui vit sa vie au sein de TPS (Télévision Par Satellite). En janvier 1997, par souci d'économies, nos successeurs, placés dans l'incapacité de respecter leurs engagements, rendirent aux producteurs de l'USPA (Union Syndicale de la Production Audiovisuelle) la maîtrise, plus tôt que prévu, de leurs droits. Ils alourdissent leurs prochains achats aux producteurs et ils n'ont plus la force d'encourager les créateurs.

Nous voulions développer des films qui mettent en scène la diversité sur laquelle s'est fondée notre unité, et commence à se construire l'unité européenne. Je tenais à ce que nos régions soient de mieux en mieux montrées à l'écran, et c'est précisément le sens des accords de partenariat avec la Région Aquitaine inaugurés avec *La Rivière Espérance*. C'est aussi à Bordeaux que fut tourné le *Beaumarchais* d'Edouard Molinaro, coproduit avec Charles Gassot et dans lequel France 2 et France 3 investissaient ensemble. Fabrice Luchini y incarne un homme libre dans un siècle qui aspire à le devenir.

Peut-être n'ai-je nulle part mieux compris l'importance d'ancrer nos fictions dans un terreau régional que lors de la projection, en avant-première à Bergerac, de *La Rivière Espérance*. Pari un peu fou d'un scénario tiré d'un roman de Christian Signol qui, dans cette région rurale magnifique, la Dordogne, ressuscitait les affrontements de la révolution industrielle, une profession disparue, le transport fluvial à bord de grandes gabarres, ces embarcations à fond plat auxquelles le chemin de fer fit une concurrence mortelle. Nous avions remis le port de Bergerac dans l'état où il était au siècle dernier et reconstitué les gabarres. Et la population locale avait été directement associée au tournage. Cette expérience partagée était aussi la redécouverte d'une identité. Peut-être est-ce justement la qualité propre des fictions du service public : des *Maîtres du pain* au *Fils du cordonnier*, en passant par *L'Orange de Noël*, et *La Colline aux mille enfants* qui a rapporté à France 2 un Emmy Award, à New York, l'un des plus beaux prix du monde audiovisuel. Nous n'avons pas à rougir de l'effort accompli.

Et comment oublier l'œuvre réalisée par les deux filiales cinéma de France 2 et France 3 : à *Beaumarchais*, il faut ajouter *Le Bonheur est dans le pré, La Cité des enfants perdus, Les Visiteurs I* et *II, Farinelli, Madame Butterfly, Ridicule*, la trilogie *Bleu, Blanc, Rouge, La Cérémonie, Golden boy, Le Hussard sur le toit, Un héros très discret, Les Affinités électives, Microcosmos...* Chaque film mériterait un développement. Anne Fleischl à la tête de France 2 Cinéma, Patrick Lot puis Ronan Girre à la tête de France 3 Cinéma ont géré avec intelligence et exigence les investissements de nos chaînes au service du 7ᵉ art. En vertu d'un principe clair : jouer à plein leur rôle de coproducteurs, devenir des partenaires à part entière tout au long de la préparation, du tournage, du montage, du lancement des films. Avec d'autant moins d'états d'âme qu'ils s'engageaient à chaque fois sur des films dont nous aurions toutes les raisons d'être fiers : jeunes réalisateurs de talent, jeunes auteurs passionnés, aussi bien que cinéastes reconnus acceptant de se remettre en cause et de relever de nouveaux défis. Avec un choix : accompagner les spectateurs vers des films qui les enrichissent, qui les aident à vivre, à penser, à rire et à être heureux. Aussi bien des œuvres retrouvant le souffle d'un passé littéraire et historique que des films emportés par un imaginaire moderne. Notre fierté est d'avoir encouragé Arnaud Desplechin, Jeunet et Caro, Jacques Audiard aussi bien que Jean-

Luc Godard, Antonioni ou Wim Wenders. Au cours de ces dernières années, des artistes français laissaient de côté leur complexe vis-à-vis des Etats-Unis, se tournaient vers leur mémoire vive, pour réaliser un cinéma policier, d'aventure, de comédie, voire d'action. Va-t-on vers un nouvel âge d'or des cinéastes français ? Notre ambition était d'y contribuer.

Il y a aussi une dramaturgie du jeu sportif avec ses comédies, ses revirements, ses passions. La télévision publique a toujours eu une responsabilité particulière en matière de sport et de retransmissions sportives. En premier lieu pour des épreuves symboliques comme le Tour de France, Roland-Garros, le Tournoi des Cinq Nations, le Paris-Dakar ou les Jeux Olympiques.

Pour toutes ces rencontres sportives, France 2 et France 3 disposent d'une expérience reconnue. Cela ne signifie pas qu'à l'heure où les droits sportifs font l'objet de surenchères toujours plus spectaculaires, le service public n'ait pas à négocier chèrement ces diffusions. Il porte une lourde responsabilité : tous les Français suivent gratuitement tous les sports.

Alors que, dans beaucoup de pays du monde et jusqu'en Angleterre, les retransmissions sportives sont souvent réservées à des chaînes payantes qui monnayent les retransmissions en direct, en France, au contraire, le service public est parvenu à conserver les droits de diffusion de tous les sports populaires, sauf le football. Il assure ainsi à chacun la possibilité d'y accéder, d'en profiter sans paiement supplémentaire. Cela doit durer.

En Italie le gouvernement avait interdit à Laetitia Moratti, présidente de la RAI, de dépasser un certain montant pour les droits : un groupe plus puissant arrachait le football à la RAI. Dans un pays où le football est une seconde religion, ce fut un drame national et une affaire d'Etat. En y mettant le prix, Laetitia Moratti finit par récupérer les droits. Mais elle perdit la RAI pour avoir trop écouté ceux qui lui avaient imposé des choix malheureux.

Rupert Murdoch renonça au marché français quand il découvrit que la télévision publique y détenait l'essentiel des droits sportifs. Bâtir pour longtemps, c'est aussi empêcher que les programmes les plus populaires et les plus fédérateurs soient confisqués par des opérateurs privés qui en réserveront l'accès aux payeurs. Les chaînes nationales seraient ainsi privées de quelques-unes de leurs meilleures soirées. Dès l'hiver 1995 Murdoch avait déjà racheté tous les droits du football américain pour son réseau Fox aux Etats-Unis. Il avait acquis les droits de diffusion mondiaux du rugby de Nouvelle-Zélande, d'Australie et d'Afrique du Sud pour une période de dix ans et il venait d'acheter tous les droits du rugby britannique sur cinq ans à partir de la saison 97, ces droits portant à la fois sur l'Angleterre, l'Ecosse, le Pays de Galles et l'Irlande. En vérité, la seule télévision qui empêche Murdoch de s'approprier le Tournoi des Cinq Nations c'est France Télévision. Pour tous les matches de rugby disputés dans le monde, Murdoch possède l'ensemble des droits internationaux sauf la France. Jusqu'à quand?

Dans ces conditions la négociation que nous avons dû mener avec la Fédération Française de Rugby fut âpre et stratégique. D'autant plus que TF1 se mit aussi de la partie en proposant à la Fédération plusieurs millions de plus que ce que nous pouvions raisonnablement envisager de débourser. Je sus très vite par une note confidentielle de Jean Réveillon, directeur de Sport 2/3, que TF1 avait délibérément mis la barre très haut. Renoncer était impensable. Dilemme : soit nous acceptions de surenchérir financièrement, et où trouverions-nous l'argent? Soit nous placions la surenchère sur un autre plan, sur le plan du nombre des retransmissions, et de la qualité de la couverture tout au long de l'année des compétitions françaises. Jean Réveillon devrait se débrouiller pour contrebalancer les millions des autres par la qualité de traitement et le temps d'antenne.

Gagner en offrant ce plus avec lequel personne ne rivaliserait : les régions, nos deux antennes nationales, et toute une diversité d'émissions consacrées au rugby. Midi-Pyrénées et Aquitaine, les deux grandes régions de rugby, offrent des magazines spéciaux fabriqués à Toulouse. Sans compter, sur les antennes nationales, un magazine hebdomadaire, la couverture de tous les matches dans *Stade 2*, émission qui n'a d'équivalent sur aucune chaîne. Et une présence continue dans la seule émission sportive quotidienne sur France 3 : *Tout le Sport*.

L'exposition complémentaire sur les deux chaînes, les ressources incomparables des stations régionales, autant d'arguments très forts dans les négociations de droits. Ils n'étaient pas les seuls : France 2 avec sa volonté d'innovation, de rajeunissement, les commentaires de Pierre Salviac et Pierre Albaladéjo, l'image d'une équipe des sports solidaire, et capable de se mobiliser autour d'un événement national ou international en mettant en commun les talents des journalistes sportifs des deux chaînes.

L'esprit du rugby – solidarité, franchise, esprit de fête – c'est aussi l'esprit qui anime les équipes de Sport 2/3 avec leur goût pour la fronde et pour la liberté, leur dévouement permanent pour réaliser dans des conditions souvent extrêmes des reportages dont les images sont parfois autant d'exploits techniques et humains.

Une nouvelle génération de réalisateurs fut chargée de faire vivre chaque discipline dans son esthétique en plongeant au cœur de l'action, au plus près de l'exploit. Avec des moyens techniques extraordinaires : la loupe qui sur un court de tennis grossit la balle au moment où elle est frappée ou suit l'athlète en compétition. Les nouvelles caméras embarquées à bord d'hélicoptères le long du Tour de France qui obtiennent des images précises et stables, dans toutes les positions.

Lorsque les deux offres concurrentes furent présentées au Comité directeur de la Fédération Française de Rugby, ses membres eurent à choisir entre plus d'argent, proposition TF1, ou plus d'images mieux exposées, France Télévision. Le choix fut facile à ces hommes pour qui le rugby est avant tout une passion qu'ils ont d'abord le désir de faire partager. Le 20 janvier 1996, le Comité directeur trancha pour trois ans, par 23 voix contre 3 pour TF1, en faveur de France Télévision. Le rugby resta sur France Télévision. Les détenteurs de droits ne devraient pas les vendre au plus offrant, mais au meilleur partenaire. C'est la chance du service public.

En janvier 1996, j'ai accompagné quelques jours avec Jean-Claude Killy le Dakar et les journalistes de Sport 2/3 qui le suivaient. Première nuit dans le désert, tempête de sable, effondrement de la tente, impression que tout le camp, hommes et matériel, risque l'ensablement, qu'il n'en restera qu'une grosse dune dans l'immensité du désert. J'ai compris les conditions épouvantables dans lesquelles les équipes travaillent, précédant la course, la poursuivant, passant la nuit au camp, sans sanitaires, sans eau, partageant l'aventure avec le bruit incessant des moteurs, les difficultés imprévues, techniques, physiques, la fatigue croissante, bientôt l'épuisement. Et à chaque étape, la nécessité d'assurer les reportages, les directs, les journaux.

Je rentrai peu après à Paris avec Jean-Claude Killy, l'organisateur de la course, lui-même toujours sur la brèche, veillant à tout, serein, patient, précis. Il décida de modifier le règlement de la course pour une meilleure sécurité des concurrents et des Africains. Jean-

Claude Killy : jeune, il rêvait d'être pilote de chasse et il fut triple champion olympique de ski. Après avoir gagné deux titres de champion du monde à Portillo du Chili en 1966 et la Coupe du monde en 1967 et 68, il réussit le grand chelem lors des Jeux Olympiques de Grenoble, remportant les médailles d'or de descente, slalom géant et slalom spécial. Pilote automobile ensuite, il termina deuxième aux 1 000 kilomètres de Monza et fit les 24 Heures du Mans. Il excelle aujourd'hui dans l'organisation de compétitions exceptionnelles, chef d'orchestre des Jeux Olympiques d'Albertville hier, aujourd'hui président-directeur général d'Amaury Sport Organisation, holding qui regroupe la Société du Tour de France et TSO, société organisatrice du Paris-Dakar. Homme de parole, de fidélité, d'équilibre, attaché à une collaboration avec France Télévision qui repose avant tout sur la rigueur des prestations fournies, les efforts permanents faits par les équipes de Sport 2/3 pour réaliser des images exceptionnelles et des commentaires rigoureux, Jean-Claude Killy est attentif à l'image des événements qu'il organise.

Le Tour de France est véritablement l'événement sportif de l'année. Sa légende continue d'émouvoir et d'intriguer. Comme si les tragédies et les épopées qui se nouent, en quelques semaines, d'étape en étape, sur toutes les routes de France étaient une sorte de théâtre de l'existence. A chaque instant tout peut survenir : un retournement de situation, un exploit imprévu sur fond d'héroïsme alors que chaque coureur se heurte au sommet de ses efforts à ses propres limites physiques et les dépasse sous nos yeux.

Une étape est regardée en moyenne par 4 à 5 millions de téléspectateurs. Autant de public rassemblé sur vingt et un jours que pour les quelques heures d'une finale de Roland-Garros ou d'un Grand Prix de Formule 1. Et lors des étapes de montagne ou pour l'arrivée à Paris, ce sont 8 millions de téléspectateurs qui suivent ensemble les efforts des cyclistes. Fait rare, ces téléspectateurs sont aussi des téléspectatrices car le vélo séduit les femmes. Ils appartiennent à toutes les tranches d'âge, des plus jeunes aux plus vieux.

Le Tour de France est une expérience étonnante : un univers vivant en circuit fermé, nourri, logé, transporté chaque jour, plusieurs milliers de personnes glissant d'un même mouvement sur la carte de France, comme une grosse bulle d'air ou une goutte d'eau. Tout le monde se connaît. Chacun a son rôle, et tous les comportements sont étroitement calculés, prévus, disciplinés pour le bon déroulement de l'événement sportif qui court d'un jour sur l'autre et que rien ne doit gêner.

C'est d'abord grâce aux équipes des sports que France Télévision parvint à faire baisser les prix, à casser l'inflation des droits sportifs. Le total des budgets sportifs de France 2 et France 3 s'élevait en 1996 aux alentours de 500 millions de francs. C'est beaucoup. C'est peu pour deux chaînes, comparé aux 750 millions investis par Canal Plus ou aux 720 millions de TF1. C'est peu pour couvrir 126 disciplines, comparé aux 3 ou 4 sports suivis par Canal Plus et aux 6 ou 7 sports qui intéressent TF1. C'est peu pour rendre compte de tous les événements.

J'avais adoré suivre les étapes en continu sur les motos d'Europe 1. J'ai retrouvé ce plaisir à France Télévision, dans les « voitures avant » qui foncent en tête du peloton ou se glissent dans les échappées. Pourquoi ne serait-il pas possible au moins pour les étapes les plus spectaculaires d'offrir aussi ce plaisir aux téléspectateurs ? Il suffisait de jouer sur l'harmonisation des programmes entre France 2 et France 3, la retransmission sautant d'une chaîne à l'autre quand les nécessités de la grille l'empêchaient de se poursuivre sur la même. Carlo Freccero imposa cette règle qui fut plébiscitée et qu'on a aussi appliquée lors de la saison 97 aux matches de Coupe Davis et aux compétitions de ski.

Carlo Freccero est un théoricien inspiré de la programmation. Philosophe de formation, de nationalité italienne, il arriva en France avec Silvio Berlusconi, au moment où le gouvernement socialiste de Laurent Fabius décida, sur les conseils du Président du Conseil italien Bettino Craxi, de lui confier le réseau qui allait devenir la 5. Berlusconi présentait Carlo comme le génie de l'audimat, le magicien de la télévision qui savait en une seconde deviner l'audience d'un programme. A la manière dont un grand médecin devine, au premier regard, le pouls de son malade.

La carrière de Carlo Freccero sur la 5 s'était interrompue avec l'arrivée aux commandes de Jean-Luc Lagardère et le désengagement de Silvio Berlusconi. Il était retourné en Italie pour apporter ses soins à l'une des chaînes de la RAI, qui s'en était assez bien trouvée. Il enseigne les sciences de la communication à l'université de Gênes. Son cours concerne les implications des nouvelles technologies de l'image sur les représentations politiques. Je fus à la fois amusé et intéressé par le personnage.

Fantasque, inattendu, impertinent, extrêmement sensible et un peu mythomane comme le sont les artistes, Carlo Freccero mit son imagination au service de quelques émissions qui donnèrent un nouvel élan à nos deux chaînes, en établissant entre elles des règles d'harmonisation très strictes. De 1994 à 1996, le succès croissant de l'audience de France 3 s'est largement appuyé sur ces lois d'équilibre et sur les analyses d'audience fournies par les services des deux chaînes. Même si son rôle fut systématiquement minimisé, voire nié, par France 3, qui préférait n'attribuer qu'à elle seule le succès des programmes, tous les observateurs impartiaux de l'évolution de l'audiovisuel l'ont depuis fortement souligné. Son rôle fut d'autant plus ingrat que je lui avais demandé de ne pas se substituer aux responsables de France 2 et de France 3, afin que leur autonomie ne fût pas un vain mot. Il a tenu avec succès cette position de funambule aussi longtemps que je le lui ai demandé.

De Roland-Garros aux JO d'Atlanta, en passant par l'Euro de football, les 24 Heures du Mans et le Tour de France, j'avais voulu que 1996 soit une grande saison de sport sur les deux chaînes de France Télévision, tout en préparant l'avenir. Avec un seul objectif : que le service des sports fût partout là où l'exploit prenait corps, où les records étaient battus, au premier rang du public pour y asseoir toute la France. A Roland-Garros, nos caméras gardaient en permanence un œil sur tous les courts, pour cueillir les plus beaux échanges, même au fil de rencontres « mineures ».

En décembre 1996, je regardais sur France 2 et France 3 comme des millions de Français Arnaud Boetsch gagner le match décisif qui pouvait donner à la France une fois encore la Coupe Davis. Match interminable, héroïque, poignant : en direct l'apothéose de la dramaturgie sportive et de l'émotion. Je fus heureux de retrouver sur ces images le signet bleu, blanc, rouge, Sport 2/3, qui marque cet engagement commun à France 2 et à France 3. Lorsque Carlo Freccero et Patrick Clément m'avaient convaincu de choisir ce sigle, cela n'avait pas plu à tout le monde, même parmi ceux qui aujourd'hui en tirent gloire. Signe discret, qui porte à chaque rediffusion, en France et à l'étranger, la marque d'un groupe public présent sur tous les terrains de sport. Avec son originalité, sa symbolique propre : il est regardé par tous, il rassemble et réconcilie.

Le tennis souffrait d'un léger discrédit : pratiqué avec moins d'enthousiasme que dans ses grandes années, il était de moins en moins regardé. Patiemment nous avons travaillé à reconstruire son image, à éviter la saturation, et à faire alterner les matches sur France 2 et sur France 3 pour assurer la continuité d'un événement. Là aussi cette double exposition à l'antenne valait toutes les surenchères des télévisions privées.

Les réalisateurs multipliaient les angles de prise de vues pour dramatiser les efforts sur les stades, les courts ou les pistes. Avec les mêmes méthodes nous participions à la renaissance du basket, du hand-ball ou de l'athlétisme.

L'image d'un sport évolue en permanence, avec des pulsations plus ou moins régulières : expansion, vieillissement, rajeunissement... Le tennis était arrivé à une phase de saturation : en l'exposant autrement nous enrayions son déclin, et aujourd'hui après la stabilisation vient l'heure de la renaissance. Pourvu que la Fédération française puisse s'appuyer sur des champions! Les Boetsch, Leconte, Forget, Noah agissent mieux que personne pour faire aimer leur sport! De même pour l'athlétisme; il intéressait peu. En jouant sur l'effet des JO, nous nous sommes associés à la préparation des athlètes, nous avons suivi leur entraînement, avant de les accompagner sur les stades d'Atlanta. Le ski traverse une passe difficile : sa reprise télévisée coûte trop cher, et son rythme est trop lent. De moins en moins de téléspectateurs s'y intéressent, sauf dans les pays qui ont des champions olympiques comme la Norvège ou l'Italie avec Alberto Tomba. Le goût des Français pour le patinage artistique varie encore plus vite : pour Lillehammer c'était le délire, la folie, les audiences pulvérisées. La Fédération négocia le transfert de retransmission de ses droits à TF1 en les multipliant par 10. Et très vite le désintérêt remplaça la passion : trop de patinage tuait le patinage.

L'année 96 fut donc telle que nous l'avions voulu : un feu d'artifice sportif pour France Télévision. Mais un feu d'artifice durable. A l'heure du numérique et de la multiplication des chaînes, à l'heure où les groupes privés convoitent les droits sportifs qu'ils transformeraient en profits immédiats, les contrats pluriannuels que nous avons signés assurent l'avenir du sport sur France Télévision, et par là l'avenir de France 2 et de France 3. Personne n'évoque d'ailleurs ces contrats. En travaillant toujours plus près du geste sportif, à vif et en direct, techniciens et journalistes prouvent que leur talent vaut davantage que les surenchères financières qu'on leur opposera de plus en plus souvent. Les sports doivent continuer d'appartenir aux sportifs. Autour de Jean Réveillon, Gilles Cozanet, Gérard Holtz, Pierre Sled qui quitta Canal Plus pour nous, je sais qu'ils en sont capables. Je souhaite qu'ils en gardent l'audace et la foi. Grâce à eux, la télévision publique dispose d'assez d'atouts pour redevenir conquérante.

Les critiques de télévision opposent souvent sport et culture : ils sont complémentaires comme dans la vie. Je voudrais faire justice d'un lieu commun : « La télévision mortifère est en train de tuer le livre et disperse les cendres de nos cultures. » Ni les livres, ni les lecteurs ne se raréfient du fait du petit écran.

Dans d'autres pays, même des pays très proches, l'Italie, l'Allemagne, l'Autriche, l'Espagne, la télévision et le livre sont deux mondes qui s'ignorent. En France, la télévision publique est au contraire le défenseur naturel du livre et de la littérature. Elle ne remplit sa mission que si elle est tournée vers tout ce qui enrichit ses programmes. J'ai développé, en trois ans, une véritable stratégie de promotion des livres et des écrivains sur nos antennes. C'était mon travail, et mon honneur. Etait-ce d'ailleurs seulement par préférence personnelle, par familiarité avec les livres? Je ne crois pas.

Trois phases se sont succédé dans les rapports entre la télévision et le monde du livre. Bernard Pivot les a vécues. Dans un premier temps, la télévision était timide, prudente, elle faisait un complexe d'infériorité. Elle attendait des écrivains qu'ils lui révèlent la vérité. Puis, cette relation s'est renversée, la télévision a pris conscience de son pouvoir. Les écrivains se sont laissé impressionner par elle. Cette télévision imposait sa loi dans le monde de la culture, maîtresse du destin des écrivains, qui en espéraient le succès. Ces deux phases correspondirent à l'esprit et aux besoins d'une époque. La télévision, même si elle conserve l'avantage, est entrée dans une troisième ère, celle du dialogue à égalité avec le monde de l'écrit, et de la reconnaissance réciproque. Cette situation peut être fructueuse.

J'ai conçu et lancé plusieurs émissions littéraires. Sur France 3, *Ah! quels titres,* émission hebdomadaire de Philippe Tesson, qui l'anima d'abord en duo avec Patricia Martin, ensuite seul, renforcé par la main de fer de Jannick Jossin. Sur France 2, *Un livre, des livres,* une sorte de virgule littéraire par laquelle France 2 continue de mettre chaque jour un livre en exergue à ses programmes. De plus, en appelant Laure Adler au *Cercle de minuit,* je lui demandais de consacrer une émission par semaine à la littérature. L'âge de la télévision, c'est aussi l'âge de l'accès facile du plus grand nombre à la culture. C'est à ce défi que la télévision publique doit répondre.

Il est indéniable qu'à travers les dernières décennies, le respect sacré qui s'attachait au livre a disparu. L'Université, l'École, ont perdu de leur pouvoir de prescription. La fonction de la littérature, et plus généralement celle de l'écrit, tend à être brouillée. C'est à la télévision de montrer comment la culture littéraire peut encore s'insérer dans l'esprit de notre temps, comment elle répond toujours à des besoins profonds.

« La littérature, dit Jacqueline de Romilly, c'est le détour. » Or, précisément, la télévision, c'est le direct.

Comment l'époque qui s'incarne dans le direct, dans la transmission instantanée des informations, dans la simultanéité des faits et des commentaires, comment cette époque peut-elle retrouver le sens du détour? Peut-être en faisant du détour un écart.

Car désormais, la culture est rayonnante, éparpillée : nous avons appris à dialoguer, à intégrer sans arrêt de nouveaux éléments à nos références. Nous circulons de l'empirique au théorique, de l'historique au contemporain, avec des bribes de science et d'humanisme. Cet esprit moderne est un défi, parce qu'il est fondé sur une maîtrise croissante de la complexité, chère à Edgar Morin [1]. Or la télévision peut justement donner des aliments à cette pensée complexe, celle qui relie, qui n'exclut pas, qui se nourrit d'écarts, d'échanges entre les genres et les différentes disciplines. Nous mettions ces idées en pratique peu à peu.

Le rôle du petit écran? Multiplier les horizons, les références. Ouvrir l'esprit des spectateurs sur des domaines et des pistes différents. Et en revenir toujours au livre, comme à un élément organisateur qui donne à la complexité son sens ou qui la transporte sur le théâtre de l'imaginaire.

Dans cette double direction, la télévision publique, quand elle a confiance en elle, est complémentaire du livre. Tout en saisissant la diversité du réel, toujours elle présente le livre comme le moyen de rapprocher, de rassurer, de comprendre. Que tombent les méfiances et les suspicions. L'écrit et l'écran ne sont pas en état de confrontation, ni évidemment d'exclusion. Ils sont chargés en commun d'une fonction essentielle : donner des repères aux lecteurs, ou aux spectateurs.

Cette présentation vivante du livre à la télévision prit aussi la forme d'une série de près de trois cents portraits d'écrivains, de philosophes, d'hommes de culture, le

---

1. Edgar Morin, *Mes démons,* Stock, 1994.

patrimoine culturel de ce siècle : *Un siècle d'écrivains*. Elle est aujourd'hui la fierté de France 3 et la mienne. Confiée à Bernard Rapp, cette galerie constitue une collection d'archives inestimables, qui rassemblent des documents souvent inédits. Ces portraits sont le plus étonnant recueil de témoignages sur l'histoire de notre temps, vue à travers le prisme de toutes ces existences singulières et exceptionnelles. Lancé avec Jean-Pierre Cottet, un tel engagement, sur une aussi longue durée pour France 3, répondait à un réel enjeu culturel. Le pari était fou, mais il est tenu.

Même si elle est nécessairement du côté de ce qui passe, la télévision ne doit pas se contenter de promouvoir la nouveauté ou la futilité. C'est pour symboliser cet engagement que fut créé le Prix Littéraire France Télévision.

Sans doute faut-il renouveler les émissions liées au théâtre, à la musique, oubliées et boudées par le public. Les soutiens ou les relais dont elles disposent ne suffisent plus à attirer vers elles les téléspectateurs. Le moment est venu de balayer d'anciennes formules, usées, de remettre en cause des féodalités, et de trouver un style et un souffle nouveaux, mieux adaptés au siècle qui s'ouvre, plus accessibles. Pourquoi ne pas demander à Bernard Pivot, entouré de créateurs iconoclastes et libres, de penser à ce renouvellement ? C'est difficile. Mais de plus en plus urgent, au moment où le numérique offre de nouvelles chances de diffusion aux programmes culturels.

Associer en permanence l'image et l'écrit n'est pas une fantaisie, ni un snobisme. C'est une manière d'anticiper, ou d'accélérer, une évolution nécessaire. En commun, il convient de préparer tout ce que les nouveaux supports de communication offriront à chaque Français.

Notre époque est aussi celle des fanatismes. Tant

d'intellectuels meurent ou sont menacés de mort parce qu'ils témoignent. Salman Rushdie, condamné à mort pour liberté de pensée. Wole Soyinka, prix Nobel de littérature, interdit de parole. Aung San Suu Kyi, prix Nobel de la Paix, que son pays, la Birmanie, emprisonne, et que les chaînes de France Télévision ont essayé de défendre. Taslima Nasreen, que Bernard Pivot a invitée, et qui fut le 23 novembre 1994 sur le plateau de *La Marche du siècle*, consacrée à la liberté d'expression. Pendant deux ans et demi nos émissions ont accueilli avec conviction tous ceux que les tyrannies et les intégrismes cherchaient à faire taire.

L'enjeu des alliances

Impossible à une télévision de rester isolée dans le jeu déterminé par la mondialisation des marchés audiovisuels. On le voit avec la croissance spectaculaire de l'espace asiatique, on le voit avec la constitution de grands consortiums, aux Etats-Unis ou en Australie. Des alliances de Titans se nouent et se dénouent. L'Europe a d'abord été en retard. Parce que j'en avais conscience, j'appelai dès février 94, dans le journal *Le Monde*, à la constitution d'un « Airbus audiovisuel européen ». Un Airbus audiovisuel, c'est-à-dire une cohésion industrielle et stratégique, menant à bien des projets communs au service d'une même ambition : le rayonnement de toutes nos cultures. J'engageais France Télévision dans la construction de cette grande alliance qui concerne à la fois des groupes privés et des groupes publics.

Cette politique était résolument nouvelle. Hervé Bourges se sentait mal à l'aise aux Etats-Unis. Il préférait l'Afrique qui le connaissait et le recevait si bien. Jamais jusque-là les chaînes de télévision publique françaises n'avaient envisagé leur avenir dans un contexte international. Jamais elles n'avaient réfléchi à leur rôle dans le rayonnement de notre culture au-delà même de nos frontières. Etais-je trop idéaliste, ou seulement pré-voyant?

Mon expérience de journaliste m'a inspiré et servi. Pour le plaisir ou dans l'urgence de l'actualité, j'avais traversé tous les continents, et pris progressivement la dimension de la terre et de la place de la France parmi les autres pays. J'avais pu mesurer la chance d'être français, de vivre en Europe, l'atout que notre culture et notre passé constituent. J'avais aussi découvert les mécanismes économiques internationaux auxquels notre pays, comme tous les autres, reste soumis.

Avec les mutations technologiques qui bouleversent en profondeur l'équilibre si fragile de l'audiovisuel, une télévision publique qui borne ses ambitions à son seul territoire se condamne irrémédiablement au déclin et à l'étouffement.

Nous nous sommes tournés vers les autres groupes publics, parce qu'ils partagent les mêmes valeurs et le plus souvent les mêmes intérêts. Et d'abord au sein de l'Europe. En Allemagne, nous avons conclu des accords entre la ZDF et France 2, et des accords symétriques entre la chaîne régionale des Länder, l'ARD, et France 3.

J'ai assez vite établi des relations de confiance avec le dirigeant de la ZDF, Dieter Stolte, et celui de l'ARD, Albert Scharf, qui sont à leurs postes respectifs depuis quatorze ans pour l'un et dix-huit ans pour l'autre. De leur fauteuil, ils auront eu le temps de voir passer une bonne douzaine de responsables français. Ils savent qu'on construit dans la durée. Qu'on ne s'étonne pas s'ils accueillent avec un scepticisme mêlé d'ironie les déclarations à l'emporte-pièce des nouveaux arrivants.

Albert Scharf est aussi président de l'Union Euro-péenne de Radiodiffusion. C'est un gastronome, au physique confortable, qui mordille sa pipe en per-manence, lunettes posées au bout du nez, et parle plusieurs langues d'une même voix grave. Il possède en Bourgogne une belle propriété, où il vient fréquemment se reposer. En compagnie de Xavier Gouyou Beauchamps, je l'ai reçu pour la première fois chez son voisin, Bernard Loiseau, à Saulieu, où il n'était jamais allé. Peut-être m'en est-il reconnaissant, puisqu'ils sont devenus amis. L'amateur de bonne chère trouve en l'un des meilleurs cuisiniers français un complice pour une passion commune : la Bourgogne, sa table et ses vins. Même s'il a l'assurance de quelqu'un qui ne craint rien, ni du temps, ni de ses concurrents, ni même des téléspectateurs, même s'il est soutenu par une bonne partie de l'opinion allemande, attachée à la chaîne publique des régions, Albert Scharf avait quelquefois tort de croire que les télévisions publiques sont éternelles et que rien ne menace de les renverser. L'ARD, très secouée par la poussée des télévisions commerciales, affaiblie par ses pesanteurs internes, n'évitera pas des transformations importantes.

En face de la stabilité des dirigeants d'Europe du Nord, la télévision publique italienne offre le spectacle d'un renouvellement permanent. Au cours des premiers mois de mon mandat, j'avais rencontré plusieurs dirigeants de la RAI. Ils portaient de beaux titres, mais n'avaient guère d'illusions sur leur réel pouvoir. Leurs chaînes reposaient sur des récompenses partisanes. Chaque parti avait sa chasse gardée, menacée seulement par les coups de boutoir d'une télévision commerciale résolue et bien organisée, sous la houlette d'un Silvio Berlusconi qui s'était appuyé sur elle pour se faire élire à la tête de l'Etat, avec son parti Forza Italia. Face à son succès, la RAI déclinait, morose, routinière, divisée.

Peut-être Silvio Berlusconi ne voulut-il pas qu'on l'accuse de profiter de son pouvoir pour conforter encore ses chaînes et affaiblir la RAI ? Il décida soudain de secouer la vieille machine de la télévision publique en nommant à sa tête une femme, Laetitia Moratti, qui symbolisait par elle-même toutes les ambitions de la RAI. Compétente sur le plan économique, énergique et résolue, elle avait du charme et savait le mettre au service des intérêts de son groupe.

Je rencontrai pour la première fois Laetitia Moratti, à Rome, peu de temps après sa prise de fonction, dans le bureau aménagé par son prédécesseur. Et nous nous sommes immédiatement compris. Très grande et très mince, le sourire de Laetitia Moratti soulignait le caractère et la volonté.

Elle m'exprima sa fierté de présider la RAI. Elle avait l'ambition d'en faire une télévision libre, au service du public et des créateurs européens. J'avais pour ma part la certitude de vivre une époque décisive. Soit les télévisions publiques s'adaptaient pour renaître, soit elles étaient contraintes à rendre les armes. Les stratégies de nos deux groupes se sont vite rapprochées. Nous avons conclu un accord de coopération qui multipliait les coproductions et engageait une politique d'achats de droits en commun. Symbole de cette coopération, nous ouvrions ensemble, à Cannes, en octobre 1995, le Marché International des Programmes et de la Communication.

C'était le signe tangible d'une alliance durable et d'un orgueil partagé. Nous mettions en commun nos imaginations et nos moyens pour donner plus de force à l'industrie européenne de programmes. Notre politique de coproduction a donné aux marchés internationaux quelques films de haute tenue.

Le travail réalisé avec la RAI fut fructueux : *L'Affaire Dreyfus, La Marche de Radetzky, Les Allumettes suédoises, La Pieuvre, La Nouvelle Tribu,* mais aussi la grande série *La Bible,* ou bien *La Baleine des Malouines, Attila, La Fayette,* qui sont encore en préparation. C'est aussi avec la RAI et Lux que nous réalisions le feuilleton de l'été 1996 *Un coin de soleil.*

Avec Laetitia Moratti, nous choisissions de sauver Euronews, cette chaîne d'information européenne, la première création commune des télévisions publiques du continent. Si nous ne nous étions pas entendus, Euronews n'existerait plus aujourd'hui. Le projet que constitue cette chaîne aurait été abandonné.

Laetitia Moratti avait l'élégance décidée des grandes dames italiennes. Son art de vivre et sa distinction naturelle rappelaient qu'elle était l'héritière d'une des grandes familles et fortunes d'Italie. Elle m'invita un soir chez elle, à Milan, avec Didier Sapaut et Carlo Freccero, qui suivaient ensemble certains dossiers concernant nos rapports avec la RAI. Au dernier étage d'un immeuble que rien ne signalait de l'extérieur, nous la retrouvions nichée dans un écrin somptueux, de velours et d'or, de tableaux rares et d'argenterie ancienne. Un appartement invraisemblable, sorti d'un film de Visconti. Des maîtres d'hôtel en gants blancs servaient avec cérémonie les meilleurs plats d'Italie.

Nous mesurions ce qu'avait de paradoxal la présence d'une telle femme à la tête de la télévision publique italienne. Elle ne pouvait manquer de heurter et d'irriter la classe politique romaine. De plus, son succès devenait évident au fil des semaines. Elle rééquilibrait les comptes, renouait avec l'audience, renforçait la qualité des programmes et éprouvait du plaisir à mettre sa personne en avant.

Il me fallut du temps pour connaître toutes les facettes de cette femme à poigne. La plus étonnante ne m'apparut qu'en avril 1996, lors d'un week-end près de Rimini où elle m'avait convié avec Arnon Milchan, producteur américain indépendant d'une douzaine de films par an dont *Brazil, JFK, Heat* et *Pretty Woman*. Nous devions travailler sur de nouveaux projets de coproduction. Rimini, j'imaginais la mer, les bateaux, le luxe. C'est un 4x4 poussiéreux qui nous attendait à la descente de l'avion. Il nous conduisit, loin de la côte, à travers les collines, au bout d'un long chemin mal entretenu. Un centre de soins pour drogués. Laetitia Moratti est en effet responsable de cette institution privée qui accueille plus de 2 000 jeunes. Elle y passe tous ses week-ends et toutes ses vacances.

Elle nous reçut à la table commune avec une vingtaine de convives, son mari, quelques médecins, de jeunes drogués en cours de traitement, ou en stage de réinsertion. A notre entrée, 2 000 personnes s'étaient levées dans l'immense réfectoire. Nous nous attendions à tout, sauf à cette réception et à ces hôtes. Elle ne voulait pas nous surprendre. Elle croyait que nous étions au courant. Rimini faisait partie de sa vie.

J'avais tenu à la rapprocher d'Arnon Milchan et j'étais soucieux de la manière dont il prendrait cette rencontre insolite. Quelques dizaines de minutes suffirent à relancer la coopération entre France Télévision, la RAI et Regency. Ses fruits enrichiront nos antennes de nombreuses années. J'étais rassuré.

Arnon Milchan, on le retrouvait au carrefour de toute l'Europe. Le téléphone portable a dû être inventé pour des hommes comme lui. Il ne tient pas en place. Chaque conversation avec lui est entrecoupée d'appels venus d'Australie, d'Amérique, d'Asie. Milchan ne risque pas de recevoir un jour l'oscar de l'élégance. S'habiller ne l'intéresse pas et il préfère, en toute occasion, les tee-shirts à la chemise cravate, et le blouson au costume. Sportif, il a son idée de la sobriété. Il connaît les vins français mieux que le meilleur sommelier et il les déguste volontiers. Il recherche les bistrots et les bonnes tables à Paris, Londres, New York ou Venise, mais déteste les mondanités : l'efficacité, comme s'il courait pour arrêter le temps, l'âge et la mort. Et s'il cite volontiers en hébreu l'Ancien Testament, la théologie l'attire moins que les affaires. Aujourd'hui, il veut produire de grands films destinés à faire le tour de la terre et à rapporter. Il négocie durement, surtout quand il n'apprécie pas ses interlocuteurs, mais il adore surprendre et manier le paradoxe.

Jacques Zbinden, alors responsable des achats de films à France 2, insistait auprès de Raphaël Hadas-Lebel, Louis Bériot et moi pour que nous rencontrions Arnon Milchan courtisé par toutes les télévisions publiques européennes, par Patrick Le Lay et Pierre Lescure. Hervé Bourges avait signé avec lui, avant de partir, en septembre 93 un accord de plusieurs années pour France 2. S'accorder avec Arnon Milchan était une chance de s'assurer l'avantage de quelques soirées et d'offrir des œuvres de qualité. Milchan considère que chacun de ses films – à condition d'en retrancher les plus violents – a un sens et une morale. Il convenait de recevoir Milchan et de le rassurer sur l'application des accords conclus. Au cours d'un premier dîner mémorable, entre le couscous et le thé à la menthe, il y eut un coup de foudre d'amitié : il décida d'aider France Télévision qui méritait son soutien. Francophile, résidant près de Paris, fin connaisseur de ses mœurs, de ses travers, de ses acteurs, Arnon Milchan voulait servir de pont entre nous et l'Amérique, protéger les auteurs français, leur offrir l'occasion de coopérer avec les Américains, de distribuer là-bas les œuvres françaises. « J'aime les pauvres », disait-il avec un sourire carnassier. Milchan tint parole. Il croyait dans les Français plus que les Français eux-mêmes.

Avec la RTVE, et son président Jordi Garcia Candau, très proche du Premier ministre espagnol, Felipe Gonzalez, nos accords ne furent signés à Paris que le 29 janvier 1996. Pourtant j'avais très vite entretenu d'excellentes relations avec Jordi Garcia Candau. Nous imaginions l'avenir commun des télévisions publiques latines puis européennes dans le cadre d'un séminaire d'été de l'université de Madrid, qu'il m'avait demandé d'ouvrir en juillet 1995. Nous avions l'ambition de renforcer les relations de France Télévision avec la péninsule ibérique. France 2 et France 3 ont d'ailleurs ouvert en 1995 un bureau commun d'information à Madrid. Il couvre les événements d'Espagne et du Portugal. Le correspondant permanent qui s'en occupe est commun aux deux rédactions.

L'accord signé le 29 janvier 1996 portait la volonté d'une collaboration active et fructueuse. France 2 et France 3 partageaient désormais avec la télévision publique espagnole expériences et savoir-faire, grâce à des échanges de personnel, des jumelages et des coopérations entre stations régionales. Les débats éthiques et déontologiques étaient également au centre des concertations. La participation de représentants de la télévision espagnole le confirma, lors de différents colloques organisés en France, notamment au palais du Luxembourg par le sénateur Jean Cluzel, pour réfléchir à l'évolution de la déontologie des médias.

Jordi Garcia Candau était détesté par les conservateurs espagnols et les proches de José Maria Aznar. Il n'est pas resté longtemps à la tête de la télévision publique après leur victoire électorale. C'est un homme carré et direct, avec une stature de sportif et un tempérament sanguin. Venu déjeuner à Paris avec Sergio Gil, son second, il nous assura que la télévision publique espagnole soutiendrait Euronews et s'engagerait dans une coopération permanente avec France Télévision au niveau international.

Lorsqu'il me reçut à l'Escurial le 10 juillet 1995, il m'emmena d'abord assister à une corrida. Puis il m'entraîna dans un petit restaurant bruyant et surchauffé, où il me fit part de ses inquiétudes : « Je ne survivrai pas à la défaite de Felipe Gonzalez. »

Avant la victoire de José Maria Aznar, Jordi Garcia Candau m'avait suggéré qu'il aurait aimé présider lui-même aux destinées d'Euronews. Nous avions donc décidé de surseoir à la nomination du successeur de Massimo Figueira qui achevait son mandat. Après la chute de Felipe Gonzalez, le nouveau gouvernement de Madrid fit comprendre aux partenaires privés d'Euronews que si Jordi Garcia Candau était nommé à ce poste, ils auraient à subir des mesures de rétorsion économique. Fallait-il qu'Alcatel, dont l'engagement avait largement contribué à sauver la chaîne européenne, en subisse un préjudice? Successeur de Candau à la tête de la RTVE, Monica Ridruejo a commencé dès juin 1996 à mener une chasse aux sorcières endiablée. Il s'y attendait, il n'avait pas détesté en faire autant à son arrivée, cinq ans plus tôt.

La même année et en quelques mois sont tombés les trois responsables des trois télévisions publiques d'Europe latine, peu après une alternance politique. Tant que la télévision n'est pas réellement coupée du monde politique, elle lui reste inféodée, quelles que soient les structures intermédiaires et le désir de sauver les apparences.

Pour donner toute son ampleur à la politique d'alliances européennes, je pris l'initiative, avec la BBC et John Birt, d'organiser les 9 et 10 juin 1995, à Versailles, le premier sommet des grandes télévisions publiques européennes, où nous retrouvions à la fois la BBC, la RAI, l'ARD, la ZDF, et la RTVE, ainsi que l'Union Européenne de Radiotélévision, en la personne de son secrétaire général. Ces sommets sont désormais organisés chaque année, à la même période. Le dernier a eu lieu à Londres, en 1996, le prochain devrait se tenir à Venise en juin 1997. La constance d'un Albert Scharf ou la résolution d'un John Birt ne laisseront pas la machine s'enrayer.

La plupart de ces dirigeants ne s'étaient jamais rencontrés jusque-là. Ils avaient pourtant à affronter les mêmes difficultés et ils pouvaient être plus forts en cherchant des réponses communes. A dépasser ensemble nos nationalismes culturels et audiovisuels, nous défendions mieux les intérêts de chacune de nos cultures et de nos industries de production.

Les conclusions du premier sommet furent positives : harmonisation des politiques de production, mise en place d'échanges permanents, concertation constante sur nos stratégies de développement, en particulier dans le domaine du numérique et des nouvelles technologies, et enfin élaboration d'un ensemble de principes déontologiques communs à toutes les chaînes. Un bon commencement.

J'avais approché John Birt dès les premiers mois de mon mandat. En septembre 1994, je m'étais rendu à son invitation à Londres, accompagné par Didier Sapaut et par Nathalie Coppinger, anglophile affichée et militante. Nous avions découvert un personnage étonnant, un rugbyman déguisé en clergyman, à la fois très présent, par sa taille, sa prestance, et discret, calme, retenu, par son allure. Une voix douce, un ton de prélat anglican, plein d'onction, glissé dans un corps d'athlète. John Birt est un homme de caractère. Il va bientôt fêter ses dix ans à la tête de la BBC. Il a imposé, non sans polémiques, avec une fermeté exemplaire à la vieille BBC un certain nombre de réformes essentielles : réduction d'effectifs, utilisation croissante de producteurs indépendants... Les réformes mises en œuvre par John Birt ressemblent beaucoup à ce que fut en France la dissolution de l'ORTF.

Lorsque nous nous sommes rencontrés, je venais de réaliser l'interview de François Mitterrand du 12 septembre 1994. Dans une vie antérieure, John Birt avait réalisé avec le redouté David Frost la seule vraie interview du président Nixon, testament qui reste un modèle et un précieux document d'archives. Cette circonstance nous rapprocha. Nous avions le même goût de l'histoire immédiate.

Chaque matin, John Birt rassemble autour de lui ses directeurs, pour décrypter les résultats d'audience de la veille. Certains s'en étonneront, puisque la BBC est exclusivement financée par la redevance. Elle n'a pas à se soucier de recettes publicitaires. Comme je lui en faisais la remarque, il me répondit en riant : « Et alors ? Quelle différence ? Il faut bien que je sache où va l'argent public ! Et nous n'avons pas à le gaspiller dans des émissions que personne ne regarde ! » Nous étions sur la même longueur d'onde. Pas de déshonneur à viser l'audience, c'est-à-dire à séduire.

L'effort de ces quelques mois porta vite ses fruits. Les services de la fiction des chaînes publiques européennes pouvaient désormais se concerter s'ils le désiraient, pour trouver des sujets de coproductions, ou pour échanger des programmes, permettant à nos images de circuler hors de nos frontières nationales. Ce n'est qu'un début, tardif et insuffisant sans doute.

Il était important que la grande alliance européenne ne s'appuyât pas seulement sur les télévisions publiques, mais qu'elle s'étendît aussi aux producteurs privés, petits ou grands, concernés par l'enjeu. La place qu'y jouait par exemple le groupe allemand Beta Taurus, créé et inspiré par Leo Kirch, était exemplaire. Aux termes des accords qu'il avait conclus avec France Télévision, ou par le biais de son ancienne coopération avec la RAI, ce producteur privé était souvent le pivot de projets audiovisuels d'envergure internationale.

J'ai évoqué la série des quarante épisodes bâtis autour des personnages bibliques. *Abraham, Jacob, Moïse, Samson et Dalila* ont été coproduits et déjà diffusés par plusieurs télévisions européennes. Voilà une illustration de notre désir de programmes durables, devant lesquels s'ouvre une longue carrière de distribution et de rediffusion, en Europe et hors des frontières de l'Union.

Leo Kirch est une sorte de mythe, un monstre sacré de l'audiovisuel européen. Orgueil, travail et volonté de puissance. Il a la réputation d'être invisible et de gouverner, depuis son refuge bavarois, un empire aussi puissant que redouté. Etudiant, Leo Kirch voyageait en Italie avec un de ses amis. Il y rencontra un cinéaste aux abois, qui n'arrivait pas à finir son film. Rentré en Allemagne, Kirch vendit tout ce qu'il possédait pour offrir à Federico Fellini la possibilité de terminer *La Strada*. Ce fut le premier coup de génie de Leo Kirch et le début de son essor. Son flair proverbial et son sens stratégique font de lui le médiateur obligé entre les Européens et les grands producteurs américains. Il anticipe toutes les transformations du monde de l'image. Mariant intuition et plaisir, il accorde une grande place à sa passion : la musique. Il a produit les enregistrements vidéo du festival de Salzbourg depuis ses origines, ainsi que de toute l'œuvre d'Herbert von Karajan et de Leonard Bernstein. Avec les programmes dont il dispose, il pourrait constituer une chaîne thématique consacrée à la musique classique, voire créer une chaîne Mozart, une chaîne Wagner, une chaîne Beethoven.

Dès mon arrivée à France Télévision, j'avais souhaité rencontrer Leo Kirch. Grâce à Jan Mojto, son bras droit, rencontré au Festival de Monte-Carlo de 1994, je fus invité à Munich en février 1994 pour connaître la légende vivante. J'étais impatient de découvrir son repaire mythique, ce « bunker », où sont conservés les cassettes et les droits de plus de 50 000 heures de programmes, de quoi assurer toute la programmation d'une chaîne comme France 2, sans diffuser quoi que ce soit d'autre, pendant plus de six ans. La voiture qui vint nous chercher, Louis Bériot, Didier Sapaut,

Nathalie Coppinger et moi, à l'aéroport de Munich s'arrêta dans un petit village, à une trentaine de kilomètres de la capitale. Où allions-nous ? Une ferme bavaroise, un petit château baroque, à la manière de ceux de Louis II de Bavière ? Nous découvrîmes quelques baraques modernes, presque humbles. Là, dans ces petits bâtiments clairs, fonctionnels, sans âme et sans charme, on rêve et on prépare la télévision des années 2020-2030. Je le trouvai dans son bureau, derrière une simple table en verre fumé. Nous aurons plusieurs fois rendez-vous au même endroit, pour des réunions de travail toujours très inventives.

Nous déjeunions dans ses bureaux, modestes, dépouillés : deux ou trois salades, du fromage allemand, quelques saucisses munichoises, partagés avec simplicité. A 70 ans, Leo Kirch arbore une stature d'athlète, et une belle chevelure grisonnante. Le diabète limite sa vision, et le contraint à tenir ses yeux presque fermés, la lumière lui fait mal. L'homme qui invente les images du futur, entre les mains duquel repose une part de l'avenir télévisuel européen, est à peu près aveugle.

Ses collaborateurs lui racontent les scénarios, les montages en cours, lui suggèrent les films à tourner. Il suit en rangeant chaque détail dans sa prodigieuse mémoire, en se représentant les images mieux que s'il les regardait. Il recompose mentalement son film, le corrige, le modifie, sans aucune projection.

Lors d'une de ses visites à Paris, j'invitai Leo Kirch à déjeuner à la Maison Blanche, face à France 2, dans ce superbe restaurant aux baies vitrées qui surplombe la Seine et tout Paris. Il me demanda de s'installer au fond de la salle, sans lumière. C'est dans la pénombre que nous avons évoqué cet univers d'images que nous désirions construire ensemble.

L'engagement de Leo Kirch aux côtés de France Télévision avait été pour moi une joie, mais aussi une surprise. Il représentait l'un des principaux groupes privés de télévision d'Europe. Pourquoi s'allierait-il à la télévision publique française ? Sans doute avait-il apprécié notre détermination et le soutien permanent que nous apportions aux créateurs européens face aux productions américaines. « Cette volonté, m'avait-il dit, je la partage entièrement. Ce n'est pas en nous opposant, mais en alliant nos moyens privés et publics que nous imposerons nos images européennes au reste du monde. » Nous saisissions la chance ainsi offerte. Beta Taurus est devenu rapidement l'un des principaux partenaires de France Télévision. Jan Mojto, grâce à sa finesse et à sa culture, y est pour beaucoup.

L'Europe audiovisuelle ne doit pas se replier sur elle-même, ni se montrer frileuse, ni limiter son avenir en bornant son aire de rayonnement. Nos images peuvent devenir nos meilleurs ambassadeurs vers les autres continents. Nous avons aussi des responsabilités vis-à-vis des télévisions d'Europe centrale et d'Europe de l'Est. Elles ont besoin de participer à des courants d'échanges de programmes européens pour ne pas être submergées par des programmes de moindre qualité, mais de plus faible coût, venus du reste du monde, et d'abord des Etats-Unis, aujourd'hui dominants.

J'étais particulièrement attaché à l'accord du 11 janvier 1996 avec la Pologne, le pays le plus peuplé d'Europe centrale. L'audiovisuel s'y était depuis quelques années profondément transformé. La télévision publique s'adaptait remarquablement aux nouvelles conditions, nées de la chute du mur de Berlin. Nos amis polonais avaient mis en place en 1994 une institution de contrôle qui se veut (plutôt) indépendante, à l'image d'un CSA idéalisé. Leur marché s'était ouvert aux chaînes par satellites et aux chaînes cryptées. Il m'apparaissait de notre devoir de faire partager notre expérience et de les encourager à se libérer des tutelles politiques.

France Télévision a une autre vocation naturelle : celle d'animer le club des télévisions francophones, et de participer ainsi à l'expansion du français dans le monde. C'est un des joyaux de la couronne. Elles représentent un ensemble suffisamment homogène pour constituer un marché intéressant. La Francophonie n'est pas seulement un mot, occasion de nostalgie ou de romantisme. C'est une réalité concrète, que nous devions servir, mais dont nous pouvions aussi nous servir pour réussir. Plus les télévisions françaises utiliseront les associations naturelles que leur offre cette communauté de langue et de culture pour distribuer leurs images, plus elles porteront aussi des valeurs, une mémoire, des principes que nous partageons.

Il me semblait nécessaire de développer des partenariats nouveaux avec les télévisions des autres continents, à commencer par l'Asie et l'Amérique. La mise en place d'accords de coopération avec des télévisions asiatiques fut l'une des premières missions que je confiai à Patrick Clément et à Didier Sapaut, alors secrétaire général de France Télévision. Ils s'en acquittèrent parfaitement.

Patrick Clément et Didier Sapaut étaient en relation avec des responsables japonais. Je connaissais moi-même Hisanori Isomura, journaliste réputé, longtemps correspondant de la NHK à Paris pour l'Europe. Isomura est un virtuose du contact et de la presse, capable d'écrire n'importe quel papier, en français ou en anglais comme en japonais. Il dirigera bientôt la maison du Japon à Paris sur les quais de la Seine.

Tous me disaient : il faut rencontrer, à Tokyo, le président de la NHK. Avec la chaîne publique japonaise, nous établissions des relations, étape par étape, en grimpant à chaque fois d'un cran dans une hiérarchie mystérieuse. Au terme d'un patient parcours siégeait le président de la NHK, personnage étonnant, avec cette sagesse immobile que l'on prête volontiers aux plus hauts dignitaires du Japon. Ses décisions, il les prend seul, au terme d'une minutieuse préparation. Elles ne se discutent pas.

Pour nous quatre, il réserva tout un restaurant, une maison basse et ancienne. Les pièces étaient délimitées par des cloisons mobiles, ou des paravents. Le dîner eut lieu dans l'atmosphère quiète du Japon traditionnel. Notre hôte voulait faire vivre à ses invités assis sur des nattes un dîner de cérémonie. A la fois flattés et surpris par chaque détail de la réception, transplantés dans un univers si différent du nôtre, nous rêvions de la télévision des années 2010, entourés de geishas souriantes. La NHK était secouée par la concurrence privée, elle avait, elle aussi, commencé à créer des chaînes thématiques. Elle les diffusait sur les nouveaux réseaux, et elle reprenait notamment, sur l'une de ces chaînes, le journal de 20 heures de France 2. C'est à Tokyo que j'ai vu, dans ma chambre d'hôtel, Paul Amar offrir à Bernard Tapie et Jean-Marie Le Pen deux paires de gants de boxe, qu'il sortait ostensiblement d'un sac Décathlon. Je fus stupéfait. Cette faute et la polémique provoquée par cette initiative intempestive me conduisirent, dès mon retour, à convoquer Paul Amar et à le remplacer, à la présentation du journal, par Daniel Bilalian. Blessé, redoutant de ne plus trouver de réponses à ses ambitions, il préféra s'en aller.

Nous engagions avec la télévision publique japonaise des accords d'échanges et de formation croisée. Des journalistes de la NHK peuvent travailler dans nos rédactions et des journalistes de France 2 et France 3 accomplir au Japon une année de formation continue.

Les accords avec la NHK portaient enfin sur des échanges de programmes et des coproductions. Nous vendions en Asie des productions françaises comme *Le Château des Oliviers*, nous coproduisions avec des équipes japonaises des documentaires sur les pays asiatiques. Le premier d'entre eux, consacré à la Chine, fut diffusé tout au long de l'été 1996 sur France 2, et salué comme une œuvre d'une rare originalité.

Avec la Chine, j'ai vécu une histoire d'amour et de violence, depuis mes débuts de journaliste. J'avais été passionné par les témoignages et les écrits de Claude Roy, de Jacques Guillermaz, d'Edgar Faure, d'Edgar Snow, formidable journaliste américain, spécialiste de la Chine communiste. Je l'avais quelquefois rencontré à Paris. Le premier, Snow s'était intéressé à un Mao Tsé Toung encore inconnu dont il fut longtemps le seul ami occidental. Edgar Snow avait « initié » l'Ouest à la « Longue Marche » et à la réalité chinoise, lui qui était parmi les rares Occidentaux à atteindre, en Chine, jusqu'au premier cercle du pouvoir.

L'histoire chinoise est faite de longues immobilités et d'accélérations brutales, de tragédies et de sagesse, de sang et d'art, de la rencontre d'une diversité nécessaire et d'une tradition unitaire. Avec ses 240 millions de foyers équipés de télévisions, ses (déjà!) 30 millions de foyers câblés, la Chine offre une formidable ouverture aux pionniers qui, en Europe et dans le monde, souhaitent y développer un dialogue culturel. La présence à Cannes, au MIP TV, en 1995, de dix-sept sociétés de télévision chinoises démontrait la volonté d'ouverture de ce pays-continent.

Mon premier voyage en Chine remonte à 1965, un an après sa reconnaissance par le général de Gaulle. Se déguiser en accompagnateur de voyages touristiques était à l'époque la seule manière pour un journaliste d'y pénétrer, et d'en découvrir une infime parcelle, de Pékin à Canton, de Nankin à Hang-Shéou et Shanghaï. J'y suis retourné en juillet-août 1966, l'année de la baignade de Mao dans le Yang-Tsé. Tous les jeunes l'imitaient en plongeant dans les lacs, les rivières, parfois sans savoir nager, aux cris de « Vive Mao ». Le petit livre rouge apparaissait, avec les défilés de millions d'uniformes et de drapeaux. C'était le début de la Révolution culturelle, dont l'Occident ignorait encore l'existence et la cruauté. A mon retour en France le 15 août 66, Robert Guillain accepta pour *Le Monde* l'article que je proposais pour annoncer la Révolution culturelle, qui enferma la Chine, pour des années, dans le malheur. Je retournai en Chine, plus tard, avec Georges Pompidou puis Valéry Giscard d'Estaing, pour relater leurs voyages officiels.

En juin 95, je me souvenais de ces scènes en retrouvant Pékin, changée, gourmande de couleurs et de consommation. J'étais venu conclure un accord de coopération et de développement avec la CCTV. Certains responsables de la télévision chinoise, je les avais connus avant la Révolution culturelle. Ils avaient été ensuite chassés, déportés par les Gardes rouges. Ils se retrouvaient en 1995 à la tête de la télévision, ou à des postes importants de l'Etat. Nous étions des amis. Je n'étais encore jamais entré au cœur de la Cité Interdite. En tant que président de France Télévision, c'est-à-dire pour eux de la télévision de l'Etat, j'y fus invité, et traité avec les égards excessifs accordés à un responsable politique français. En tant que journaliste, je me régalais. En Chine, la société entière continue d'être conduite par le PC, même si elle n'est plus communiste.

Après la photo de la signature des accords, le ministre de la Culture invita Didier Sapaut, Patrick Clément et moi à la retransmission de l'émission télévisée la plus populaire de Chine, chez le Drucker chinois du samedi soir. Assis au premier rang, filmés par ,,les caméras, nous fûmes impressionnés d'apprendre que ce direct était regardé comme chaque semaine par plus de 600 millions de téléspectateurs.

Notre accord avec la CCTV, signé à Pékin le 7 mars

1995, mettait en place une coopération sur les programmes – échanges de séries de fiction et de séries documentaires –, c'était déjà une ouverture sur l'Occident. Petite révolution, notre régie publicitaire se voyait chargée de préparer l'apparition de la publicité sur les chaînes publiques chinoises, et de la formation des personnels à cette nouveauté. Nous avions également prévu d'organiser une « nuit chinoise » sur nos chaînes, à l'occasion du Nouvel An chinois, et une « nuit française », en Chine, pour le 14 juillet.

Enfin, France Télévision ouvrait un bureau permanent à Pékin. Depuis, Jérôme Bony s'efforce de montrer la mutation chinoise. Un bond économique dans un pays qui, méprisant les jugements extérieurs, viole constamment les droits de l'homme et en tout cas s'est « réveillé ».

L'Asie, et en particulier l'Asie du Sud-Est, vit aujourd'hui une explosion médiatique. De nouvelles chaînes et de nouveaux réseaux se créent chaque jour. Un immense marché réclame notre présence. En 1994, à Hong Kong, au premier MIP Asia, j'ai compris la force commerciale et culturelle que pouvaient représenter les télévisions françaises, si elles ne se montraient pas rivales et divisées.

Quand les services commerciaux des chaînes françaises sont dispersés, ils sont ridicules : ils n'ont pas assez de programmes à offrir. C'est à Hong Kong que je pris la décision de regrouper les filiales commerciales de France 2 et de France 3 au sein de France Télévision Distribution. A force de patience, j'y parvins au début 96. France Télévision Distribution défend aujourd'hui les intérêts et les œuvres des producteurs français.

« Laissez-moi un peu regarder du côté de la plus haute Asie, vers le profond Orient. J'ai là mon immense poème », écrivait Michelet au début de sa *Bible de l'Humanité*.

L'information

Tous attendaient de l'ancien directeur de l'information d'Antenne 2 qu'il commençât son action de président de France Télévision par une réforme profonde des rédactions. Pourtant l'une de mes premières décisions fut de ne pas m'occuper moi-même de l'information. Je n'étais pas revenu pour régler des comptes, ni pour reprendre les mêmes fonctions. Président, j'avais autre chose à faire : la stratégie et le développement du groupe, la définition de sa politique éditoriale, sociale, commerciale. Je n'avais pas la nostalgie de l'information, et je n'avais plus le temps de m'y consacrer. De plus, je faisais entière confiance à Jean-Luc Mano et à Henri Sannier, que j'avais respectivement nommés directeur de l'information de France 2 et directeur de la rédaction nationale de France 3.

Accentuer l'autonomie des rédactions vis-à-vis de la présidence, c'était aussi assurer mieux que par le passé leur indépendance vis-à-vis des pouvoirs. Je crois que les rédactions des deux chaînes n'ont jamais été aussi libres par rapport au président de France Télévision. Maurice Ulrich, quand il présidait Antenne 2 m'avait appris à marquer nettement cette coupure et à ne pas créer un lien direct avec des équipes promptes à l'utiliser contre la hiérarchie « normale » de leur chaîne. Il est paradoxal que l'une des premières critiques contre moi ait été justement d'intervenir trop directement dans le déroulement des journaux et des interviews, en particulier grâce à la pseudo-affaire de l'oreillette. Accusation absurde.

Bien avant mon arrivée, les présentateurs du journal télévisé, comme les animateurs des émissions de plateau, utilisaient tous une oreillette. Et ils continuent. Je l'ai découverte en janvier 94. Elle remplaçait l'antique téléphone auquel les présentateurs étaient auparavant forcés de recourir, lorsqu'ils devaient joindre en régie le réalisateur. Je n'ai pratiquement jamais fait usage de cette oreillette, je me trouvais rarement en régie. Je regardais le journal télévisé de mon bureau, bien loin du studio. Si j'avais parfois la tentation de sauter dans ma voiture pour venir me substituer au journaliste dans tel ou tel entretien, je ne l'ai jamais fait. Ce n'était plus mon rôle.

Comment une réflexion de Paul Amar avait-elle suffi à convaincre que le président de France Télévision tirait les ficelles et se cachait derrière le présentateur? Paul Amar n'avait rien trouvé à redire quand il utilisait lui-même l'oreillette. Paradoxe, ce sont d'authentiques marionnettes, les Guignols, qui popularisèrent cette légende. Au point que Jacques Chirac crut entendre ma voix dans l'oreillette d'Etienne Leenhardt qui l'interrogeait à 20 heures sur France 2, alors qu'au même moment je me trouvais dans un train entre Rennes et Paris, de retour d'une visite en région.

L'oreillette n'est pas pour autant inutile. Dans toutes les télévisions du monde, dans les nôtres aussi. En reliant le présentateur au réalisateur et au rédacteur en chef du journal, l'oreillette le met en rapport avec la régie et les coulisses. Elle améliore les émissions en direct. Le présentateur n'est plus dans une bulle, lisant son texte, coupé du réel. Il est au milieu d'une équipe qui réagit en permanence à l'actualité et appuie de temps en temps son travail. Le présentateur joue son rôle, mais il a perdu son office de grand prêtre de la messe du 20 heures. Il reste au service d'un travail collectif. Le journal est le fruit d'une somme d'efforts concertés et constants. En 97, l'oreillette fonctionne. Qui le remarque? Qui s'en plaint?

Les rédactions de France 2 et France 3 n'aiment être ni comparées, ni rassemblées. Chacune a son histoire, son originalité, son style et parfois ses routines. Elles sont toutes deux habitées par une haute idée d'elles-mêmes, elles ont des exigences, un esprit de liberté, de fronde parfois, une susceptibilité permanente en face des autorités. Elles pensent trouver sans cesse en elles-mêmes et par elles-mêmes les règles et les principes d'une déontologie infaillible. Même si elles n'ont pas toujours raison.

En janvier 1994, pour animer la rédaction nationale de France 3, je proposai à Paul Amar, puis à Georges Pernoud d'en prendre la tête. L'un et l'autre refusèrent. Je suggérai alors à Xavier Gouyou Beauchamps la nomination d'Henri Sannier, journaliste de qualité, honnête, rigoureux, rapide, direct. C'est un sportif, bon chef d'équipe, agréable à vivre. Bien épaulé par son adjoint Patrick Visonneau, dont la solidité et l'efficacité le disputent à la discrétion, Henri Sannier remplaça avec le même succès Christine Ockrent à la présentation de *Soir 3*, quand elle fut nommée directrice de *L'Express*.

J'avais pour les rédactions nationales et locales de France 3 une réelle affection. Je les connaissais bien. J'en savais depuis longtemps, et par expérience, toutes les qualités. Toujours à la tâche, toujours mal payés, les journalistes de France 3 ne ménagent pas leurs efforts pour offrir à toutes nos régions un regard exhaustif sur leur actualité. Ces rédactions se sont trouvées stimulées par la confiance croissante du public et cette dynamique a tiré vers le haut l'audience de France 3. Pour cette raison, une place importante a été offerte aux programmes nationaux et régionaux d'information, avec la création, en 1995, du *12/13*. La proximité est la raison d'être de France 3 : y renoncer serait perdre l'essentiel de ce qui fait sa réussite. France 3 est la chaîne où s'exprime l'authenticité de toutes les provinces. Les Français aiment à s'y retrouver. Sans provincialisme, le sentiment de notre pays passe par la connaissance et l'amour de ses régions, différentes, associées par des histoires diverses.

Après des années d'immobilisme, Dominique Alduy avait fait souffler une brise de renouveau sur France 3. Dans les différentes capitales régionales, les journalistes locaux s'étaient souvent construit de petites féodalités, en utilisant leurs liens partisans, de droite comme de gauche. Ils mettaient leur pouvoir au service d'intérêts politiques ou économiques. D'autres, moins favorisés, étaient gagnés par la lassitude et la paresse.

Peu de temps après mon arrivée, je participai à Cannes au premier Milia, marché international des nouvelles technologies : j'en profitai pour visiter la station d'Antibes-Nice. Dans des bureaux vieillots, désertés, je croisai quelques journalistes désabusés. L'un me dit qu'il était là depuis quinze ans, l'autre depuis dix-huit. Encroûtés dans leurs habitudes, ils choisissaient selon leur humeur les sujets, n'acceptaient pas de couvrir n'importe quel événement. Ils ne s'abaissaient pas à réfléchir à ce qu'ils pourraient offrir de neuf. Ils se partageaient en baronnies inexpugnables. Dans telle petite station, chaque journaliste représentait à lui seul un syndicat et défendait au nom de ce syndicat ses intérêts personnels. Je voulus remettre toutes ces rédactions en mouvement et leur réinsuffler le plaisir de vivre pleinement ce métier. Pour beaucoup, je n'eus pas de peine à l'obtenir. Elles y étaient disposées.

Dans chaque région, à l'occasion de mes déplacements en province, j'essayais de délivrer le même message de tolérance, et de pluralisme : « Ouvrez vos portes... aux universitaires, aux chefs d'entreprise, aux responsables politiques de tout bord. N'ayez jamais peur de rien, ni de personne ! Je suis le garant de votre indépendance, j'en prends la responsabilité. » Ces paroles, je les répétais à Bordeaux, à Marseille, à Lille, à Lyon, à Strasbourg, à Rennes.

En changeant d'affectation neuf des treize directeurs régionaux de France 3, en encourageant autant qu'il était possible la mobilité géographique des journalistes et leur évolution professionnelle, nous ranimions beaucoup de stations en sommeil. Il n'y eut qu'un seul incident : la nomination, proposée par Xavier Gouyou Beauchamps, d'Yves d'Hérouville à Lyon. Une campagne bien organisée lui reprocha d'avoir autrefois travaillé avec Alain Carignon à Grenoble. C'était vrai, mais ils ne se fréquentaient plus. Refusant ostracisme et préjugé, je retenais qu'il avait réussi à lancer Paris Première. France 3 n'eut qu'à se louer de sa compétence et de son impartialité.

France 3 jouait son rôle de télévision de proximité en revitalisant la démocratie locale, en établissant des rapports de confiance avec les citoyens. De bonnes performances finissaient par rendre leur fierté aux équipes de France 3 même si elles souffraient toujours – à tort – d'un sentiment d'infériorité par rapport à celles de France 2. Sentiment qu'elles acceptaient d'autant plus mal qu'elles savaient désormais la part qu'elles prenaient à la force du groupe, et à la construction de son avenir.

C'est à Jean-Luc Mano que j'avais décidé de confier la charge de diriger les équipes de l'information de

France 2. Je suivais ses reportages sur TF1, je me souviens d'avoir voyagé à ses côtés entre Moscou et le Kazakhstan dans l'avion de presse qui accompagnait François Mitterrand et Mikhaïl Gorbatchev sur la base secrète de Baïkonour. Jean-Luc Mano est un journaliste à la fois énergique et fragile. Capable de réaction rapide, parfois impulsive, il comprend et analyse vite une situation pour y proposer une réponse. Il a une parfaite connaissance de la télévision et des exigences du métier de journaliste. Je pouvais compter sur son efficacité. Il s'imposait à une rédaction divisée, sceptique et vieillie. Grâce à son autorité, il la réveilla de sa léthargie. Son seul défaut fut d'agir parfois sans diplomatie et sans ménagements.

Il secouait, rudoyait de vieux lions de l'information, souvent opposés par d'anciennes rancunes, des haines recuites. Pour eux, les faits n'étaient pas tous égaux. Seuls méritaient d'être retenus les événements qui répondaient à leurs préjugés, à leur idéologie ou à leur humeur. La rédaction de France 2 souffrait de ce poids. Divisée en clans antagonistes, elle vivait trop sur elle-même, sans projet commun, lisant peu et sortant encore moins. Opportunistes de droite, les journalistes étaient toujours rongés par la hargne à l'égard des forces régnantes. Conservateurs de gauche, pleins de suspicion et de mépris pour le monde extérieur, ils avaient une vision étroite, égocentrique et négative de la société française. Ils se prenaient souvent pour des justiciers et le cœur du monde. Ils se considéraient comme l'unique et vrai pouvoir. Rien d'étonnant à ce qu'ils eussent été d'emblée hostiles aux nouveautés et aux améliorations que Jean-Luc Mano apportait à l'information de France 2.

Je sortis Daniel Bilalian du placard dans lequel Hervé Bourges l'avait remisé après une émission contestée sur l'extrême droite. La sanction était sévère et injuste. Les torts étaient partagés car le présentateur n'avait pas choisi seul les invités de cette fatale émission. Je connaissais Daniel Bilalian depuis longtemps ; il faisait partie d'Antenne 2 alors que j'en étais le directeur de l'information de 1977 à 1981. L'idée de lui faire présenter le journal télévisé me parut intéressante. Il était capable de tenir l'antenne, de réagir à l'imprévu, et de servir l'information.

Daniel Bilalian est un homme courtois, plutôt discret, attaché à son métier. Il a de la présence, de l'autorité et de la force. Il ne m'a jamais donné l'impression de se prendre lui-même pour la finalité du journal télévisé. L'information prime, sa performance passe en second. Il ne s'écoute pas dire les nouvelles. Alors que certains autres présentateurs ne sont à l'aise que devant leur prompteur, qu'ils refusent de sortir de France 2 pour se coltiner à l'événement, Bilalian est un homme du direct. C'est toujours à lui que nous faisions appel dans les situations d'urgence, lors de l'attentat de la station Saint-Michel le 25 juillet 1995, ou après l'assassinat de Rabin.

L'homme n'est pas sans défauts. Ainsi a-t-il du mal à ne pas laisser transparaître ses préférences. Son questionnement est quelquefois brutal, coupant les gens, pas toujours au bon moment. Mais ce n'est ni par méchanceté, ni par esprit partisan. Ce qui le guide avant tout, c'est l'envie d'en savoir plus, d'essayer de sortir ses interlocuteurs de leurs gonds, de leurs routines, de leurs discours préfabriqués, au risque de montrer qu'ils y retournent toujours.

Lors des grèves de décembre 95, on lui a reproché son attitude à l'égard des grévistes et de leurs représentants syndicaux. Peut-être s'était-il montré trop carré et même féroce. Mais il n'avait pas tort de contredire les syndicalistes, ni de les pousser dans leurs retranchements. Trop souvent, la facilité et le conformisme poussent les journalistes à abonder dans le sens de leur interlocuteur, surtout s'il incarne une force sociale. Ce n'est ni leur rôle, ni leur vocation.

Aujourd'hui, s'ils se sentent encouragés à critiquer et à malmener les politiques, ils se montrent timorés face aux autres acteurs de la vie sociale. Je leur avais demandé de traiter de la même manière les syndicalistes, les chefs d'entreprise, les hommes de culture, les hommes politiques.

Lorsque, après les grèves, je recueillis l'expression du mécontentement des politiques de droite, et de gauche, des syndicats comme de la direction de la SNCF, des associations d'usagers, comme de ceux qui les avaient privés de transports en commun, je fus satisfait. C'est la fatalité de la télévision publique, en période de crise. Si elle fait bien son travail, tout le monde pense avoir des raisons de se plaindre d'elle. Elle avait su garder la balance entre les différents courants, les différents groupes de pression. Un président de télévision publique a vocation à être critiqué de tous les côtés à la fois. Je le savais. Je n'ai pas été déçu.

Bruno Masure présentait le journal télévisé depuis onze ans. Un contrat, habilement négocié sous la présidence d'Hervé Bourges, faisait de lui un présentateur indéboulonnable. Le 20 heures reste son domaine et sa chasse gardée. Le public, qui ne le connaît pas vraiment, ne lui ménage jamais son soutien. Bruno Masure n'a pas de préférences et cette indifférence fait sa force. Il est profondément désengagé, donc dégagé. Quelle que soit la nouvelle qu'il annonce, il s'en moque. Cela lui donne un ton apparemment frondeur, que les téléspectateurs apprécient. En temps de crise, il rassure. Pour lui, rien n'est tragique.

Bruno Masure est probablement timide : il en cultive l'aspect volontiers provocateur. Il est plus à l'aise dans l'énoncé des nouvelles que dans les interviews en direct qu'il déteste d'ailleurs mener. A maintes reprises, il s'est élevé contre la présence des politiques dans son journal. Il éprouve encore une sorte de malaise face à la caméra, lorsqu'il doit s'en servir de manière improvisée. Interroger un homme politique est pour lui un martyre. Peut-être l'invité l'arrache-t-il au tête-à-tête narcissique avec la France qu'il poursuit chaque soir. Malgré quelques crises périodiques d'angoisse métaphysique, Bruno Masure aime la télévision qui rend fou. Il n'est pas exclu qu'il ait succombé à ce mal qu'il a lui-même dénoncé. Et il ne se consolera jamais d'être jugé moins bon que Patrick Poivre d'Arvor. Le meilleur remède serait de réduire la longévité du même homme, sur le même fauteuil. La durée, oui, l'éternité, non!

Je regrette beaucoup de ne pas avoir pu ou su promouvoir plus de femmes à l'antenne. C'est un de mes échecs. On en cherchait, mais elles étaient rares. Plus fondamentalement la rédaction de France 2, imprégnée d'une culture machiste, offrait bien des résistances à toutes nos velléités. A France 2, beaucoup plus qu'à France 3, on a la fâcheuse tendance de les envoyer là où il y a du danger, si elles ne veulent pas se contenter de préparer les cafés ou de jouer les doublets des seigneurs de l'antenne. Dans le monde de la télévision, sur TF1 comme sur France 2 et France 3, les femmes ont su gagner l'admiration du public et de leurs confrères par leur ardeur au travail et leur courage. Je déplore d'autant plus l'opposition très forte de France 2 à la promotion des femmes à l'antenne. Cela aurait été le symbole de leur contribution à notre métier de journalistes, et la reconnaissance de leur travail et de leur courage. Je veux citer pour l'exemple Isabelle Staes, grièvement blessée en mission au Rwanda, et Véronique Taveau, blessée en Algérie, mais aussi Dorothée Olliéric, et sur TF1 Catherine Jentile, Marine Jacquemin et Patricia Allémonière. Il n'est pas normal qu'au sein d'une rédaction les femmes soient systématiquement envoyées sur les théâtres les plus exposés. Qu'on les mette rarement à l'honneur. Jean-Luc Mano n'est pas parvenu à renverser cette situation déplorable. Sans doute croyait-il moins que moi à cette cause-là.

Au sein de France 2 la société des rédacteurs, en principe utile, est devenue un véritable Etat dans l'Etat. Douze représentants pour plus de trois cents personnes. Des années d'habitudes, de copinage, de corporatisme et d'intimidation. Le directeur de l'information doit sans cesse composer avec elle, avec les amitiés et les rancunes, les clans qui confondent leurs rivalités et l'intérêt général. S'il est si difficile de faire évoluer le journal de France 2, c'est que chaque secteur de l'information se considère propriétaire d'une petite plage quotidienne, à laquelle il ne renoncerait pour rien au monde, même s'il n'a rien d'important à dire. La politique étrangère, la société, la culture, l'économie, sont traitées par des services séparés qui fournissent chaque jour leur part du journal et ne supporteraient pas qu'on empiète sur leurs prérogatives. Cette organisation et cette formule rendent difficile toute réforme d'un journal qui répond d'abord aux susceptibilités et au confort des chefs de service et des différentes bandes. Qui se soucie que tant de faits et tant de drames d'une telle importance soient abandonnés à si peu de personnes fatiguées et partiales ?

L'usure gagne imperceptiblement. Il faudra là aussi un profond renouvellement. Je regrette de ne pas l'avoir engagé. Je ne voulais pas brusquer les équipes. Pourtant, il n'y a plus de temps à perdre. TF1, LCI, et de prochaines sources d'information, rendront moins indispensables les équipes de France Télévision, si elles n'y prennent garde. Le public s'est déjà passé d'elles lors des grèves de juin 95. Le Président de la République les a snobées en décembre 96. Elles seront contre leur gré les artisans d'une privatisation qui les laissera sur le carreau. De droite ou de gauche, le pouvoir en aura un jour assez de leurs sermons et de leur mépris. Il leur coupera les vivres. En cherchant à pérenniser des mœurs et des avantages acquis, les rédactions finiront plus vite qu'elles ne le croient, fossoyeurs de leur propre avenir. Le monde change. Elles, non. Le déclin et la crise sont, hélas, prévisibles.

Pourquoi ne pas imaginer une nouvelle manière de présenter l'information, moins institutionnelle, plus réactive, plus explicative aussi, hiérarchisant fortement les différents événements et les décryptant sous un angle historique, géographique, politique ? A l'heure du numérique, pourquoi conserver le JT à 20 heures, c'est-à-dire à la même heure pour tous ?

Un mot sur un autre défi : le rapprochement des équipes, et leur coopération. Je l'avais obtenu sur trois drames dès l'été 1994 : le Rwanda, la Bosnie, et Haïti. Sur trois théâtres extérieurs où il aurait été ridicule que France 2 et France 3 fussent séparées. Mais j'ai eu du mal à renouveler ces aventures nécessaires, parce qu'elles permettent aux équipes d'apprendre à travailler ensemble lors de grands événements. Cela ne s'était jamais fait auparavant. Je n'ai pas réussi à obtenir que cela devienne plus fréquent. Les rédactions des deux chaînes ont des cultures, des habitudes, des comportements différents. Ce fut flagrant lors de l'élection présidentielle de 1995.

Unir les rédactions sur certaines opérations, c'était pour moi rationaliser et accroître leurs moyens, montrer que les journalistes étaient tous égaux, qu'il n'y avait pas d'un côté, France 2, les seigneurs de la guerre, aristocrates de l'événement, de l'autre France 3, la piétaille, l'infanterie coloniale, sans ambition ni envergure. Pourtant les plus fortes réticences à toute forme de collaboration vinrent de France 3, comme toujours. Jusqu'au bout il demeura inimaginable qu'une rédaction locale ou régionale pût travailler, même ponctuellement, pour France 2. Les deux chaînes en firent les frais, le citoyen payeur aussi. Là aussi, l'usure gagne. A force de refuser d'ouvrir les fenêtres, il vient un moment où une bourrasque écarte avec fracas les deux battants et fait voler la poussière accumulée.

Lorsqu'ils s'adressent « au peuple français », les Présidents de la Vᵉ République agissent tous de la même manière. Ils choisissent leurs interlocuteurs et le style de leur intervention. Le général de Gaulle ne parlait qu'en conférence de presse, devant un parterre de journalistes de toutes nations et de toutes couleurs, respectueusement attentifs à la parole qui tombait de sa bouche. De Gaulle préférait le monologue, l'époque l'y autorisait. Soigneusement rédigé, appris par cœur, exprimé avec clarté et force, le message n'invitait pas à la contradiction. Personne n'y songeait. De Gaulle parlait, l'événement surgissait. Il ne laissait pas de place à l'imprévu. Il était lui-même l'imprévisible, celui dont la parole déclenchait les réactions. Les conférences de presse étaient préparées avec minutie. Il en était le véritable chef d'orchestre. Souvent, quelques journalistes, triés sur le volet, éperdus d'admiration, étaient encouragés à poser les premières questions. Le respect les empêchant d'aborder les sujets brûlants, le Général y remédiait par lui-même : « Je vais répondre à la question qui ne m'a pas été posée sur Ben Bella... »

De Gaulle donnait le sentiment de l'improvisation dans une langue parfaite et travaillée. Quelquefois, il y ajoutait des fulgurances qui provoquaient l'hilarité. En 1962 : « Vous me demandez comment je veux l'Angleterre dans l'Europe ? Eh bien, je la veux toute nue ! » En 1964, après son opération de la prostate, et à Dominique Pado, de *L'Aurore*, qui lui demandait « Mon Général, comment allez-vous ? », De Gaulle répondit : « Rassurez-vous, monsieur Pado, je finirai bien par mourir... » Mais il était absolument inimaginable de tendre à l'improviste un micro au général de Gaulle pour capter une réaction à l'actualité immédiate. Cela ne se faisait pas. La parole du chef de l'Etat était rare et mise en scène, elle n'était pas une confidence accordée à chaud. Lors de sa grande tournée d'octobre 1964 en Amérique du Sud, je rêvais de recueillir une impression ou une déclaration spontanée pour France-Inter. J'y parvins après de longues tractations avec son entourage, encouragé, porté presque par ses gardes du corps qui me connaissaient. C'était un soir, sur le *Colbert*, dans la baie de Rio, alors que lui ne s'y attendait pas. « Mon Général... » Je posai immédiatement ma question. Il me demanda simplement : « Vous êtes ? » Je me présentai. « Eh bien, cher ami, je vous répondrai... quand nous serons tous ensemble, tous les mille, à l'Elysée. » Faire parler le général de Gaulle hors conférence de presse et sans qu'il l'ait décidé lui-même était une incongruité.

Ses successeurs, qui se servaient comme lui de la parole élyséenne, se livraient pourtant plus aisément à l'interrogation spontanée. Ils n'abuseront pas de la conférence de presse, exercice redoutable, éreintant, et peu productif, à moins d'être précédé d'un soliloque interminable et fastidieux. François Mitterrand fit parfois une introduction de près d'une heure. Le « point de presse », exclusivement consacré à un ou deux sujets définis à l'avance, inspiré du modèle américain, sera surtout développé en France à partir de la guerre du Golfe par François Mitterrand. Il a été repris par Jacques Chirac avec efficacité.

De Gaulle ne s'est livré qu'à une seule occasion à un face-à-face télévisé avec un journaliste. C'était entre les deux tours de l'élection présidentielle de 1965, alors qu'il était en ballottage. Ses proches le persuadèrent de faire appel à Michel Droit, qui réussit en trois soirs une prouesse : le montrer tel qu'il était au naturel, drôle, sarcastique, vivant. Cet unique « entretien » télévisé du général de Gaulle allait rendre célèbre Michel Droit et contribuer à la réélection du chef de l'Etat.

Peu à peu, les Présidents ont appris à préférer ces entretiens « au coin du feu », dans la bibliothèque de l'Elysée, dans un cadre plus chaleureux, ou, rituellement, le 14 juillet, dans les jardins de l'Elysée. Avec un, deux, ou trois journalistes, généralement des professionnels reconnus, le Président faisait des déclarations importantes, une « mise au point » régulière de la vie politique française. Alain Duhamel, Patrick Poivre d'Arvor, Anne Sinclair, Guillaume Durand, moi-même, nous avons été souvent sollicités pour ce genre d'entretiens, depuis l'époque de Valéry Giscard d'Estaing. Beaucoup de journalistes qui n'y ont jamais participé envient ces moments privilégiés avec le chef de l'Etat. Ils parlent de complaisance, ou de servilité. Rien n'est plus faux.

L'entretien n'est jamais préparé en détail. Les grands thèmes sont définis à l'avance, avec les collaborateurs de l'Elysée, quelquefois avec le Président lui-même. Il y met une attention particulière, ou feint le détachement, car l'enjeu est généralement de taille : convaincre les Français, et les amener à le suivre ou à le croire. Georges Pompidou, Valéry Giscard d'Estaing avaient leurs interlocuteurs préférés. François Mitterrand fit de même. Après avoir été le plus critique à l'égard de cette formule qui illustrait, selon lui, toutes les soumissions, les manipulations et les bassesses, il l'adopta aussitôt au pouvoir. Et il la pratiqua plus souvent et mieux que tous ceux qui l'avaient précédé. Le Président Jacques Chirac se libère : il l'a démontré avec l'exercice si bien élaboré du 12 décembre 1996. Le prince désigne les lauréats, et par là les récompense. C'est un adoubement mal accepté par le reste de la confrérie, déçu, humilié de n'être jamais appelé. Et critique, à cause des mœurs monarchiques, qu'aucune démocratie ne pratique. C'est une « exception française » de plus.

Par principe, les journalistes choisis n'ont pas de numéro à exécuter. Ils ne servent aucun intérêt ni aucun lobby. Ils doivent s'intéresser, écouter surtout, reprendre, corriger, relancer, critiquer, susciter la confidence, et ne pas se contenter de sombrer dans les modes et les polémiques du moment qui font négliger l'essentiel. Il leur faut allier la connaissance des sujets traités avec une bonne dose d'esprit critique et un zeste de générosité : s'oublier eux-mêmes, ne pas se surveiller, ne pas se juger de l'extérieur, mais au contraire incarner, sans cruauté inutile, l'opinion publique, dans sa diversité, à la fois attentive, laudative et critique.

Quel journaliste, invité à interroger le Président de la République, a refusé cette offre ? Je n'en connais pas. Ceux qui critiquaient la formule s'y sont pliés avec gourmandise dès qu'ils ont été sollicités. Quand l'attente des propos présidentiels est trop forte, la pression sur les questionneurs le devient aussi. Palpable, physique, angoissante. Peu y résistent ! Une fois dissipée l'agitation superficielle, c'est-à-dire au bout de quelques jours, émergent des constantes. La « cellule de communication » de l'Elysée doit éviter la répétition qui ressemble au procédé et au déjà-vu, elle doit réinventer, au cas par cas, des formules adaptées. Un lieu, un décor, des lumières, un ou des questionneurs, habitués ou plus récents, pour un Président de la République dont l'apparition et la parole sont maîtrisées, rares même. Le style change, les règles non. L'animateur insolent, content d'échanger avec le Président de la République, est lui-même instrumentalisé. Ses questions âpres et impertinentes servent à purger une situation. A Giscard, les diamants, à Mitterrand, son amitié avec Pelat, Vichy, à Jacques Chirac, les affaires, le RPR et la mairie de Paris, il n'y a pas de non-dit. Mais il n'y a pas de vraies réponses si le journaliste n'exerce pas ou pas assez son droit de suite. J'ai corrigé pour moi-même ces maladresses ou ces retenues. Je les combats partout. Car la presse a peu à peu gagné, dans cet exercice aussi, une vraie liberté. Une fois les gadgets épuisés, car la forme n'est pas l'essentiel, le Président en revient au fond, au contenu, et il fait appel aux journalistes qui ont une pratique sobre, réelle et élégante des dossiers. Dans ces directs, la part de risque est grande pour tous. C'est une forme de corrida pacifique. Personne n'en sort vraiment vainqueur, en tout cas jamais l'intervieweur. Le Président interrogé reprochera au journaliste sa propre défaillance avec une rancune durable. S'il a convaincu, c'est à lui seul qu'en reviendra le mérite. D'après mon expérience, le journaliste gagne toujours à s'exprimer librement lors de ces entretiens. Chacun plonge en lui-même, exprime sa vérité, celle de l'opinion, devant des caméras qui n'oublient rien et soulignent chaque détail. Le public assassine les tricheurs.

La liberté de parole de celui qui questionne le Président de la République, devant la nation, est un principe essentiel. Il n'est pas toujours facile à respecter, l'autocensure est parfois insidieuse. Mais l'expérience prouve, là encore, que lorsqu'un thème est difficile à aborder, ce ne sont pas les cinq cents journalistes de la conférence de presse qui l'abordent, mais plutôt les trois journalistes sélectionnés pour un entretien au coin du feu. Ils ne peuvent se permettre la moindre complaisance, ou le moindre oubli, devant l'opinion. Lors de l'affaire « des diamants », qui commença en octobre

1979, la seule occasion où Valéry Giscard d'Estaing fut directement interrogé sur ces « cadeaux » qu'il avait reçus de Bokassa, ce fut sur Antenne 2. Lors de la conférence de presse de juin 1980, à laquelle étaient invités les représentants de la presse française et étrangère, il n'y eut pas une question sur le sujet... désobligeant. Pourtant, dès notre « entretien » du 27 novembre 1979, Alain Duhamel et moi-même avions brisé le tabou. Car nous considérions, tous les deux, que le plus grave n'était pas de risquer de mécontenter le Président, mais de donner à l'opinion l'impression que nous ne posions que des questions « autorisées ». Ce qui aurait discrédité toute l'émission. Mais l' « exploit » parut insuffisant aux censeurs...

Je me souviens de la préparation de cet entretien, à l'Elysée, avec Valéry Giscard d'Estaing, et quelques-uns de ses conseillers, Pierre Hunt pour la presse et Jean Serisé pour la politique. Du côté de la presse, nous étions également trois : Gérard Saint-Paul de TF1, Alain Duhamel et moi pour Antenne 2. Nous nous étions mis d'accord sur tous les sujets à aborder, sauf un : les diamants, dont aucun collaborateur du Président n'avait osé lui parler... Valéry Giscard d'Estaing se leva, pour signifier que la discussion était terminée. Alain Duhamel brisa le silence : « Mais nous n'avons pas évoqué un problème essentiel : celui des diamants... » Toute la presse en parlait, nous ne pouvions pas ne pas le traiter ! Giscard se rassit : « Il n'en est pas question. Pas lors de cette émission. » Mais il n'était pas possible qu'il continuât à ignorer ce que chaque téléspectateur avait à l'esprit, à un moment où le scandale enflait, et se nourrissait de son silence. Il accepta : « Puisque vous le voulez, nous en parlerons... Et que demanderez-vous ? » Nous ne voulions pas lui donner nos questions. Nous nous sommes contentés de les esquisser : « Où ces cadeaux sont-ils passés ? Combien valent-ils ? Combien de carats ? » Valéry Giscard d'Estaing avait de la peine à contenir son irritation : « Je vous répondrai, dit-il, même si c'est indécent à la fois pour moi-même et pour la fonction présidentielle... Et maintenant, messieurs, je vous remercie. »

Voilà comment le lendemain, 27 novembre 1979, l'affaire des diamants fut évoquée pour la première fois à la télévision. Nous avions tiré au sort, entre Alain Duhamel et moi, lequel poserait « la » question, que nous voulions tous les deux être le premier à aborder face au Président. Alain ouvrit le feu. J'avais enchaîné, pour ne pas être en reste. Il avança une troisième question. Ce furent pendant des mois les trois seules interrogations qui furent posées, en direct, à Valéry Giscard d'Estaing, sur l'affaire des diamants.

Mais je n'oublie pas la presse du lendemain : « Ils ne l'ont pas fait assez parler... Ils ont eu peur ! » Tel est le sort du journaliste de télévision, face au pouvoir ! Il prend à chaque instant ce double risque : s'aliéner le pouvoir, parce qu'il pose les vraies questions, et s'aliéner les confrères, sinon l'opinion, parce que les réponses les laissent insatisfaits. Plus tard, on s'aperçut de l'injustice du traitement. Dans les montages d'archives, ces trois malheureuses questions restent les seules jamais posées.

Je voulais que les rédactions de France 2 et de France 3 adoptent durant l'année 1995, face à une échéance présidentielle importante, suivie de près par des élections municipales, une attitude exemplaire. Impartialité, rigueur, déontologie et équilibre, j'avais affiché ces principes dès le début de l'année. J'ajoutais innovation et diversité. Personne ne critiqua la télévision publique, irréprochable. Aucun parti en présence ne mit en doute ses efforts pour traiter équitablement tous les candidats. Le CSA, arbitre des temps de parole, le reconnut officiellement, plusieurs enquêtes d'opinion le confirmèrent. La crédibilité et le sérieux des équipes d'information sortirent pour longtemps renforcés par cette réussite.

Dans la société de l'information où chacun aura un accès facile à des sources multiples, tout média qui servira des intérêts politiques ou économiques perdra très vite son crédit. S'il procède ostensiblement, sa condamnation sera immédiate et durable. S'il est plus hypocrite, la suspicion s'installera. Et il ne sera plus écouté.

En cherchant à faire de l'ORTF « la voix de la France », le Président Georges Pompidou avait provoqué des dégâts et ouvert des blessures qui furent longues à se refermer. Lui qui avait combattu toutes les censures et toutes les arrière-gardes, qui s'était fait le défenseur de la liberté de l'esprit, rangé au service de la modernité, il avait pourtant laissé dans l'audiovisuel l'image malheureuse d'un homme soucieux de retenir l'information, de la contrôler. Peut-être cet humaniste, qui savait l'importance des mots, de leur circulation, de leur diffusion, voyait-il dans l'accélération des moyens de communication un danger pour la réflexion, la connaissance, l'analyse, qui réclament du temps.

Il n'est pas possible de freiner une mutation déjà engagée. L'explosion médiatique n'est pas simplement la multiplication des supports d'information, c'est aujourd'hui la liberté d'exploiter « à ciel ouvert » tous les gisements d'information de la terre, et pour chacun de faire circuler toutes les informations, sur les sujets les plus variés. Dès lors, comment une télévision généraliste ne se déconsidérerait-elle pas à se montrer asservie à un parti, à une opinion, à une majorité ou à ses propres fantasmes ? Pourquoi les Français paieraient-ils deux chaînes publiques, s'ils n'en obtiennent qu'une information partielle et orientée ? Politiques, administrations, syndicats n'en sont pas tout à fait conscients. Ils le seront lorsqu'ils éprouveront les effets de leurs erreurs. Les vieilles coulisses du théâtre médiatique peuvent bien pour un temps rester les mêmes, la pièce qui se joue, elle, est déjà neuve.

Pour que France 2 et France 3 soient deux chaînes libres, que leurs rédactions se sentent assurées et fortes, je leur demandais de faire de la télévision publique « la voix des Français », et non plus la « voix de la France ». Evolution radicale qui impliquait la remise en cause de certaines habitudes. Ne plus en rester aux aventures et mésaventures du microcosme, aller vers les réalités, les drames quotidiens du monde, de notre pays, les aspirations et les réussites des Français. Nous montrer, de façon vivante, l'évolution des sociétés voisines ou lointaines. Mettre enfin les autres continents à portée de notre compréhension.

Et surtout ne plus céder aux intimidations d'une autre époque. Quelques-uns pouvaient bien menacer et dire que s'ils n'étaient pas invités tel soir à telle heure, ils iraient parler sur une chaîne concurrente, qu'ils protesteraient devant le CSA, je soutenais jusqu'au bout la décision de nos équipes de ne pas les inviter mais de les traiter avec élégance. Sur France 3, les élus locaux, qui ont toujours tendance à considérer la télévision régionale comme leur chasse gardée, pouvaient bien s'élever contre tel ou tel reportage jugé trop critique ou trop libre, j'étais à chaque fois solidaire des décisions prises localement par le rédacteur en chef et les journalistes, même s'il m'arriva parfois de corriger ici ou là quelques maladresses. Le ministre de la Culture n'exerçait aucune pression au nom du gouvernement. Le souci de Philippe Douste-Blazy était plus personnel : paraître, paraître. Certes, il est sympathique, mais pourquoi pour le définir dit-on de lui d'un air entendu « C'est un politique » ? La politique s'est-elle altérée à ce point qu'un être ballotté par les humeurs de l'opinion et les préférences successives des médias puisse la représenter ?

Rarement autant de fragilité, de présence sans conviction et sans principes, n'a tant occupé la scène publique. L'époque du zapping sécrète des apparences qui s'adaptent et s'accommodent, n'offrant aucune résistance. Et voilà qu'elles se font connaître, remarquer et parfois apprécier à coups d'interventions brèves sur des sujets qu'elles ne maîtrisent pas, mais flatteurs. On ignore ce qu'elles pensent mais ce babil leur sert de consistance. Ces personnages sans épaisseur finissent par exister grâce à ces minuscules taches de couleur. Philippe Douste-Blazy surgissait quand il s'agissait de s'exprimer sur des sujets de circonstance ou à la mode. Et le lendemain les propos pouvaient être différents de ce qu'ils étaient la veille. Il n'offrait de lui que des brindilles, il ne cherchait jamais à imposer une opinion ou un jugement ou à laisser croire qu'il avait une pensée. De banalité en banalité, il estimait progresser. Il ajoutait pour livrer tout de même sa marque, au roulement de l'accent de Lourdes qu'il exagérait à dessein, et au geste de remonter sa mèche, une perfidie qui semblait lui échapper et qu'on avait préparée pour lui. Contre le Front national, il se montrait constant. Au moins, lui accordera-t-on cette sincérité-là. Il en avait fait son cheval de bataille, assuré que la presse en était impressionnée. Cela n'empêcha pas, en février 97, le divorce avec le monde culturel qu'il n'avait cessé de flatter. Quel politique peut au gré des saisons mobiliser les médias pour décorer Sharon Stone ou Line Renaud ? Jack Lang avait le génie de la mise en scène. Philippe Douste-Blazy est doué pour l'imitation et il se montre si charmeur et habile qu'on finit par croire qu'il invente... là où il se contente de reproduire.

Dans l'information, existe une double loi. Les dirigeants de l'Etat n'apprécient jamais la manière dont ils sont traités. Si une radio ou une télévision montre et analyse les faits sans respecter le pluralisme et l'impartialité nécessaires, ils interviennent parfois même avec brutalité. C'est à la fois logique et dangereux pour ceux qui gouvernent et pour ceux qui informent. D'autre part quand un pouvoir est usé ou malade, il se lamente en reprochant à la presse sa partialité et sa malveillance. Il se console en punissant à tort et à travers. Mais l'expérience prouve que cette attitude ne dure pas. Elle annonce la défaite des gouvernements qui attribuent leur impuissance et leurs erreurs aux seuls messagers. J'avais trop eu à souffrir moi-même de ces pressions pour ne pas en protéger ceux qui désormais travaillaient sous ma responsabilité. Cette politique porta ses fruits. Les interventions se firent plus rares. Inutiles, elles étaient moins fréquentes.

Il n'est pas toujours aisé de maintenir l'équilibre entre les différents courants politiques, ni entre la majorité et l'opposition. Ceux qui sont au pouvoir ont un avantage naturel : ils agissent et provoquent donc le commentaire. Par définition l'opposition ne fait que critiquer ou proposer. Même si les mots ont souvent une grande portée, elle reste moins forte que celle des faits et des actes. Il y a une prime à l'action qui, l'été, devient évidente. En juillet et août 1994, avec le Rwanda et la Bosnie, les ministres décidaient et s'exprimaient chaque jour. Dans le même temps, l'opposition restait muette. L'été, les ténors se reposent, en vacances, hors de portée des caméras, et peu soucieux de parler, soit qu'ils estiment n'avoir rien à dire, soit qu'ils ne veuillent pas intervenir de leur plage. Le silence risque de se remarquer, de déclencher des protestations. Nous étions vigilants chaque jour, et plus que jamais chaque été. Et s'il y eut malgré tout de légers déséquilibres dans les temps de parole, ce fut toujours à notre corps défendant. Personne ne nous le reprocha.

Au demeurant, la règle des trois tiers, dictée par le CSA, est plutôt mal adaptée, et souvent trompeuse.

Elle donne déjà, mécaniquement, l'avantage aux partis au pouvoir, qui héritent à la fois du tiers de temps réservé au gouvernement, et du tiers de temps consacré à la majorité. L'opposition doit se contenter de 33 % du temps d'antenne. Or elle est elle-même divisée, et cela ne fait pas beaucoup de temps par parti. Mais ce n'est que le premier défaut, et peut-être le plus mince, d'une règle trop simple, et trop mathématique, pour ne pas être parfois injuste, désuète.

Que se passe-t-il, en effet, lorsqu'un homme politique, en butte à des attaques répétées, placé au centre d'une « affaire » ou d'un « scandale » dont il n'est pas toujours responsable, vient se défendre, souvent longuement, à l'antenne ? Son temps est décompté sur le temps réservé à son parti, ou au gouvernement, alors que sa prestation leur nuira plutôt ! Même chose lorsqu'un ministre fait des déclarations qui en affaiblissent un autre, ou lorsqu'un député critique son propre parti. Or ce n'est pas si rare. Au cœur d'une période où les affaires se multipliaient, il y eut des moments où la majeure partie du temps d'antenne du Parti socialiste ou de la majorité fut consacrée aux démêlés juridico-médiatiques de certains de ses dirigeants. Etait-ce juste ? La règle, utile mais vieillotte, devra être réinventée.

Le 8 janvier 1996, François Mitterrand mourait. Toute la presse se retrouvait ce jour-là à l'Elysée, pour entendre les vœux de son successeur à la tête de l'Etat, Jacques Chirac. En traversant cette cour de l'Elysée où tant de fois nous avions eu l'occasion de venir interroger Mitterrand, nous ne pouvions nous empêcher de revivre ces quatorze années de pouvoir dont nous avions été les témoins privilégiés. Il régnait une sorte de stupeur, pourtant cette mort n'était en rien une surprise. Je croisai Etienne Mougeotte, Gérard Carreyrou, Charles Villeneuve, Philippe Labro... Devions-nous écouter à l'Elysée le Président en exercice ou courir vers nos rédactions pour mettre en chantier l'hommage au Président disparu ? Nous étions tous frappés par cette disparition attendue. Il y avait le silence qui se fait toujours autour de la mort. Il y avait aussi le défi professionnel : comment réagir ? L'émotion s'exprimait par l'évocation de souvenirs communs.

Je me souvenais des nombreuses fois où François Mitterrand et moi, nous avions traversé, en voiture ou à pied, cette cour d'honneur pour aller enregistrer nos entretiens au 4, rue de l'Elysée. Escortés par un huissier qui nous abritait de la pluie, ou au contraire réchauffés par le soleil. Je me souvenais de ses paroles, lorsqu'il tentait, avec moi, de retrouver les convictions qui l'avaient amené à prendre telle ou telle décision.

Des images me revenaient aussi des dernières années Mitterrand : le *Bouillon de culture* d'avril 1995 dont Bernard Pivot avait proposé le principe fin 94. A mon invitation, François Mitterrand accepta de parler des grands travaux des deux septennats. Avant l'émission, Bernard Pivot était paniqué, comme je l'avais moi-même été quelques mois plus tôt en septembre 94. Encore plus malade, le Président tenait debout avec peine. Il arriva à l'heure prévue porte de Saint-Ouen où l'émission s'enregistrait, accompagné par son dernier médecin, Jean-Pierre Tarot, par Jacques Pilhan et Anne Lauvergeon, collaboratrice du Président à l'Elysée. Un sourire crispé, une serviette-éponge à la main, il avait eu ces mots : « Je n'ai pas pu lire le journal. Tourner la page est un trop grand effort. » Au début de *Bouillon de culture* il n'entendait même pas les questions de Bernard Pivot. Puis peu à peu, la vie lui revint, un souffle. Une fois encore, le débatteur et l'esthète ressuscitaient en lui l'homme.

Je me souvenais, bien sûr, de notre dernière rencontre, de notre dernier déjeuner à la mi-novembre 95.

C'était une belle journée ensoleillée. Rue Frédéric Le Play, au troisième étage, dans sa bibliothèque, qui lui servait de salle de repos. Vue sur l'Ecole Militaire. La table était mise près de la fenêtre. Couchée à nos pieds, sa chienne Baltique, affectueuse et sereine. Ce repas était improvisé car, au dernier moment, ses forces ne lui avaient pas permis de déjeuner au restaurant. Nous avions du jambon, du poulet, de la salade. Ses poignets et ses mains étaient décharnés, marqués de taches de sang. Je faisais semblant de n'en rien voir. Emouvante pudeur, il me les montra en disant : « C'est Baltique, elle me mord pour jouer, et voilà le résultat... »

Il me raconta son ultime séjour à la résidence privée de son ami George Bush, et leur déjeuner avec Mikhaïl Gorbatchev et Margaret Thatcher, le repas des anciens. Ils avaient échangé leurs vues sur l'avenir du monde. Mitterrand avait toujours su gré à Gorbatchev de n'avoir pas fait tirer lors de la chute du mur de Berlin. De même, il aimait chez Bush la franchise des intérêts américains. « Chacun son pays, chacun ses buts... » Quant à ses relations avec la dame de fer, elles étaient fortement marquées d'ironie.

On parla de la publication du *Verbatim* de Jacques Attali [1]. « C'est vous qui aviez demandé à Jacques Attali de tout observer, de tout noter ? » Il me répondit, avec un éclair de raillerie : « Oui, évidemment. Il devait le faire pour moi, pas pour lui ! »

Henri Emmanuelli nous avait rejoints. Il n'avait pas vu François Mitterrand depuis plusieurs semaines et la détérioration de sa santé l'impressionna. Il lui présenta un tableau plutôt noir de la situation politique. Il évoqua l'air du temps, l'appartement du fils d'Alain Juppé. François Mitterrand leva le bras, façon de dire : « Quelle importance ! C'est mesquin... » Emmanuelli le rassura : « On ne s'acharnera pas sur ce thème... » Et

---

1. Jacques Attali, *Verbatim*, Fayard, 3 tomes.

l'ancien Président avec un humour teinté d'agacement : « Regardez comme il fait doux, le ciel, les arbres, cette respiration du soleil... Allez, vivez davantage, cessez de ne voir que les forces de destruction et de malheur ! » C'était une leçon de sensualité, d'énergie, de vie, que donnait celui qui allait mourir : « La nature a toujours des forces de renouvellement et de renaissance... Vivez, sortez du noir, marchez... Aimez ! » En sortant, Henri Emmanuelli était bouleversé : « C'est terrible, me dit-il, que ce soit lui qui nous dise cela... »

Après, je ne l'ai revu que sur son lit de mort. Dans des moments aussi poignants, il y a toujours un détail, le grain de sable... Avec François Léotard et Pierre Mauroy nous restâmes bloqués dans l'ascenseur de la rue Frédéric Le Play à deux reprises. François Léotard s'inclina d'abord avec Alain Duhamel devant son corps. A mon tour, je restai avec Pierre Mauroy, dans la chambre funéraire. Quand Pierre Mauroy sortit, muet, ému, triste, Christine Gouze-Rénal me dit à voix basse : « François a maintenant un masque. Il est tranquille, reposé. Il ressemble au masque de Pascal... » Devant la dépouille mortelle de François Mitterrand et dans le silence, l'histoire récente défilait, dramatique et dérisoire.

Mystérieusement, la France se retrouvait, unie, recueillie, autour d'un moment de son passé que François Mitterrand incarnait pour le meilleur et pour le pire. Les équipes d'information prirent l'antenne. Elles la gardèrent vingt-quatre heures, bien plus longtemps que prévu ! Les invités de tous bords se succédaient. Les oppositions s'effaçaient, les émissions s'enchaînaient. Plus tard le philosophe Marcel Gauchet aura raison de s'interroger devant nous sur l'ampleur de ce phénomène et ses excès. Deuil national, la télévision en a-t-elle trop fait, en sacralisant ce Président à travers sa mort ? Reflétait-elle une véritable émotion ou l'amplifiait-elle? Les Français se souviendront de Jarnac et de Notre-Dame. Cette image des obsèques dédoublées, des « deux corps » du Président, corps social et corps privé, restera sans doute dans la mémoire du peuple français.

Pourtant la décision de diffuser simultanément les deux images fut improvisée par le réalisateur, Jérôme Revon, qui les recevait en régie en même temps. Il comprit le symbole qu'elles offriraient à être montrées côte à côte. Cette décision inspirée fut possible parce qu'à Notre-Dame et à Jarnac tout avait été soigneusement préparé, les équipes disposées, les invités prévus. Exemple d'une parfaite réalisation télévisée et d'une sensibilité qui avait la liberté de s'exprimer.

Ce 8 janvier 96, je me souvenais aussi de notre face-à-face du 12 septembre 1994. La maladie et la douleur gagnaient. La polémique déclenchée par la parution du livre de Pierre Péan [1] commençait ses ravages, jusque dans les rangs des socialistes et de ses intimes. Cette semaine-là, je n'avais eu le temps de lire ni la presse, ni le moindre livre. Le vendredi 9 septembre, j'avais assisté à Sète au baptême du *Défi Français* pour l'America's Cup... Défi relevé par Marc Pajot. Tout le monde de la voile et de la compétition était là. Il faisait beau. Je reçus sur mon portable un appel de Paris : « François Mitterrand veut vous voir demain à midi. » Je passai la nuit à lire le livre de Pierre Péan.

Le samedi, à midi, je rencontrais François Mitterrand, à l'Elysée. Seul Jacques Pilhan lui tenait compagnie. Je n'avais pas revu le Président depuis le 14 juillet. En deux mois, son état s'était dégradé. Il portait un pantalon marron, en velours côtelé, et une chemise à gros carreaux. Je tâchais de masquer ma surprise devant sa transformation. Il voulait s'expliquer sur France 2. Je lui proposai quelques noms de journalistes capables de

---

1. Pierre Péan, *Une jeunesse française*, Fayard, 1994.

l'interroger. « Non, me dit-il, soit je parle avec vous, soit je ne parle pas du tout. » Puis il ajouta : « Mais il faut que je parle, même dans mon état. » Avais-je vraiment le choix ? Ni complaisant, ni insolent. Libre. Président de France Télévision, c'est la seule fois où j'accepterai de prendre l'antenne. A la condition expresse de ne pas parler de politique immédiate, de nous en tenir aux thèmes définis : sa jeunesse, Vichy et la maladie. Il me dit : « Vous pouvez tout me demander. N'évitez aucun sujet difficile. Sur tout ce qui concerne l'histoire, le passé, la maladie. N'hésitez sur rien. C'est un dialogue d'homme à homme. »

Le lundi à 14 heures, je signais un accord, à France 2, avec la NHK, télévision publique japonaise. Je rentrai ensuite chez moi, dormir une vingtaine de minutes. Puis je rejoignis l'Elysée vers 19 heures : « Le Président n'est pas dans son bureau... Il est dans sa chambre... » J'entrai sans bruit. Il y avait là, dans la pénombre et le silence, Jacques Pilhan et Anne Lauvergeon. François Mitterrand était allongé, les yeux fermés. J'eus l'impression éprouvante qu'il était déjà mort. Je me taisais. Sans ouvrir les yeux, il m'interpella : « Comment trouvez-vous ma cravate ? Les femmes ne savent offrir que des écharpes ou des cravates, n'est-ce pas ! » Puis, les traits tirés, il revint sur la nécessité d'aborder toutes les questions, même les plus intimes, les plus brutales. « Soyez tout à fait libre. Je compte sur vous. » Je lui dis que je voulais lui parler des réactions de ses proches. Sans ouvrir les yeux, il répondit : « Jacques Attali m'a envoyé un mot : il prie pour moi... » Fabius ? « Encore une fois, il se trompe... – Vous pensez qu'il a tort ? – Non : il a raison, s'il pense à son propre intérêt... »

En marchant vers la loge de la maquilleuse, j'échangeais des regards inquiets avec Anne Lauvergeon et Jacques Pilhan qui le soutenaient. Il avançait douloureusement. Cet entretien se déroulerait en direct, sans pause, par exigence de vérité. En direct, il est plus difficile de mentir. Mais pourrait-il résister? Dans le car de régie, je savais que les techniciens, Jérôme Revon le réalisateur, Louis Bériot et Patrick Clément avaient prévu un programme de rechange au cas où... Le Président me répéta encore : « J'insiste, posez toutes les questions. Pas de tabou. Vous êtes libre, comme je le suis. » J'avais la gorge serrée. Aux questions préparées s'ajouteraient celles qui naîtraient de l'improvisation, de l'instant, et de l'émotion.

Nous commençâmes à l'heure dite. Il semblait fragile, épuisé, et parlait d'une voix blanche, faible. En direct d'outre-tombe. Les Français furent sous le choc de cette découverte, comme je l'avais été moi-même. Puis il y avait sa voix. Il gardait une inquiétude et une coquetterie à propos de sa voix. Il l'écoutait. En novembre 1991, avant de commencer une émission, il avait demandé au docteur Gubler qui l'accompagnait : « Ma voix? Donnez-moi le comprimé soluble... » Avant d'ajouter : « Et donnez-en un à Jean-Pierre Elkabbach, sinon il va raconter que je me dope... » Qu'éprouvait-il, ce soir-là, à constater qu'elle était éteinte? à peser le terrible interstice de silence qui se glissait entre ses mots? Il parlait sur le souffle. Une épure de parole.

Je crus pouvoir jouer sur cette faiblesse, et en parler : « Est-ce que vous souffrez? » Sèchement : « Ça vous regarde? » Il me remettait à ma place. Je vis l'œil se rallumer, l'intelligence brillait soudain comme une lame. Un réflexe de tueur. Le grand fauve se réveillait, se réchauffait, oubliait la douleur, se reprenait au jeu de l'affrontement télévisé. De plus en plus rapide, de plus en plus convaincant. De plus en plus fier et déterminé. Intact et redoutable. Il irait là où il avait choisi d'aller. Il ne dirait que ce qu'il avait décidé de dire. Et il le dirait avec force.

Avant l'entretien, aucun de ses collaborateurs, aucun des techniciens qui m'accompagnaient, n'aurait juré qu'il tiendrait jusqu'au bout. Une heure et trente-cinq minutes plus tard, il me demandait : « C'est déjà fini ? » Nous restâmes encore trois quarts d'heure, dans ce salon, avec quelques-uns de ses proches... Et il fut intarissable, parlant des empereurs romains, de Néron avec lequel selon les historiens on se montrait injuste. Le lendemain, Christine Gouze-Rénal me téléphona : « Ah ! Cette interview... A minuit, j'ai appelé le docteur Gubler dans ma chambre, je lui ai demandé : Claude, dites-moi la vérité, François va-t-il mourir tout de suite ? Voilà la réponse qu'il m'a faite : si vous me demandez si dans cinq ans il sera là, je vous dirai non. Dans trois ans, je ne crois pas. Si vous voulez savoir si le Président finira son mandat, je peux répondre oui. Sans l'ombre d'un doute. Et il souffrira beaucoup... »

J'appris ensuite, de François Mitterrand lui-même, que le 12 septembre, il avait « souffert le martyre » jusqu'à 6 heures du soir, à cause d'un traitement mal dosé. Mais il n'avait pas voulu manquer son rendez-vous avec les Français.

Les jours qui suivirent, l'entretien fut analysé, pesé et jaugé. Je fus tantôt critiqué pour l'avoir trop attaqué, tantôt pour ne pas l'avoir assez poussé dans ses retranchements. Les deux critiques contradictoires s'annulaient. Mais François Mitterrand avait eu raison de s'expliquer : quinze jours plus tard, la polémique s'éteignait, le feu avait été circonscrit. On retenait son courage, même si on estimait que tout de son passé n'était pas clair.

Le lendemain, tandis que je dînais avec Louis Bériot, Pierre Grimblat et Nicolas Traube de Hamster Productions, François Mitterrand m'appela pour commenter les effets de l'émission. Je lui dis : « Je regrette de ne pas vous en avoir demandé encore plus sur vos relations avec Bousquet... » Il se mit en colère : « Bousquet, Bousquet ! Mais je ne vous aurais rien dit de plus ! » Beaucoup au Parti socialiste m'en ont voulu. Ils trouvèrent indécentes mes questions sur sa santé, agressives celles qui touchaient à son passé. Les deux sujets qu'il avait choisi d'aborder ! « Décidément, Elkabbach n'a pas changé depuis 81. Il reste rempli de haine pour nous ! » Le public fut impressionné par le climat de l'entretien. Je n'ai jamais pu le regarder à l'écran, y compris après la mort de François Mitterrand lorsque Carlo Freccero décida de le rediffuser intégralement. Pourquoi s'était-il montré dans cet état ? Pour imposer sa vérité. Pour s'adresser à la postérité. Avant de s'en aller.

De 1974 à 1996, François Mitterrand a occupé pendant plus de vingt ans l'une des premières places dans la vie professionnelle des journalistes. Avec lui s'effaçait tout un pan de notre existence, qui devenait de l'histoire. Notre génération a été marquée par cette relation orageuse, douloureuse, passionnante. Il serait vain de le nier. La France entière en fut le témoin.

La campagne électorale est pour le président de France Télévision un véritable parcours du combattant. Depuis janvier 1993 et jusqu'en mars 1995, la victoire d'Edouard Balladur ne faisait de doute pour personne. La presse croyait impartiales des prévisions de succès qui confortaient en réalité Edouard Balladur. Jusqu'aux adversaires du Premier ministre, qui ne le critiquaient plus qu'avec une sorte d'automatisme sans conviction. Deux occasions exceptionnelles avaient conforté ce destin de futur chef d'Etat : d'abord la prise d'otages de la maternelle de Neuilly. Le courage de Nicolas Sarkozy, la détermination de Charles Pasqua et d'Edouard Balladur avaient fait l'unanimité, lorsqu'il avait fallu prendre la décision d'en finir, y compris par les armes, avec la menace qui pesait sur les écoliers. Ensuite le détournement de l'Airbus à Marseille, qui s'acheva sans que le sang des passagers ne fût versé.

Aux yeux de la presse unanime, Edouard Balladur symbolisait l'action juste et ferme. Il incarnait l'autorité de l'Etat. Personne ne pensait que ce Premier ministre, qui se conduisait en Président avant d'avoir été candidat, ne se présenterait pas et ne serait pas élu. Pourtant les intimes de Jacques Chirac n'y croyaient guère. Du reste, à gauche, même incertitude, on ne savait pas qui porterait les couleurs du Parti socialiste. La télévision publique fit des efforts pour maintenir la part égale entre les différents camps. France 2 et France 3 invitaient régulièrement les partisans du maire de Paris, et Jacques Chirac lui-même, sans le considérer comme le futur vaincu, et sans lui faire l'aumône d'un temps de parole qui lui était dû en vertu des principes d'équilibre.

La télévision publique trouve son véritable sens en de pareils moments. Si elle choisit un camp, et se couche par avance, elle signe sa condamnation, son discrédit, même si son candidat gagne. Si, au contraire, elle parvient à ne pas choisir, et à faire reconnaître cette neutralité, elle sauve sa dignité (sinon toujours ses dirigeants), et s'attire la confiance des Français.

Après la première cohabitation et la réélection de François Mitterrand en 1988 pour un deuxième mandat de Président de la République, les dirigeants du RPR étaient sonnés et divisés. Chacun accusait l'autre de la défaite de 88. Edouard Balladur, soumis à la critique de son propre parti, voulait expliquer son action d'ex-ministre de l'Economie et sa croyance dans une pratique institutionnelle nouvelle sous la Ve République, la cohabitation. Il en avait écrit la théorie en 1983. Appliquée entre 86 et 88, il estimait qu'elle ne conduisait pas nécessairement à l'échec, pour peu qu'on y mette du sien. Dès juin 88, il me proposa de participer à l'élaboration d'un livre. Il était à terre, personne ne misait sur son avenir politique. J'estimais courageux qu'il reparte au combat, et d'abord pour lui-même. L'exemple n'est jamais inutile. Je lui rappelai que je n'adhérais à aucun parti, pas plus le sien, le RPR, qu'un autre et je lui suggérai de prendre l'avis de Jacques Chirac : « C'est fait, me dit-il, et vous m'interrogerez en toute liberté. » Le livre [1] auquel j'ai eu plaisir

---

1. *Passion et longueur de temps*, Fayard, 1989.

à collaborer obtint un certain succès et remit Edouard Balladur en selle. Je n'avais jamais pensé qu'en publiant ce livre, je créais un devoir et une gratitude à mon égard. Voir fonctionner une belle machine intellectuelle, c'était en soi une chance. J'avais travaillé avec un homme fin et cultivé. Je n'attendais rien et s'il est resté entre nous une complicité pince-sans-rire, elle n'a fait naître aucune familiarité ni dépendance. Au contraire. Depuis, il m'est arrivé de percevoir chez lui une teinte de reproche et de la distance. Je crois qu'il se souvient moins du livre si lointain que de l'émission que j'avais fait présenter par Michel Field sur le CIP, vivante, apocalyptique, qui avait dérangé. Rien n'est plus étranger à ce politique, qui chérit l'indépendance, que les obligations, les liens et dettes éternelles.

Edouard Balladur éprouvait pour TF1 une préférence marquée. Il avait pour cela des raisons évidentes. Certains auprès de moi y voyaient une marque de scepticisme et de dédain à l'égard d'un service public trop routinier. Ne pas le fréquenter était surtout pour Edouard Balladur une manière de signifier qu'il gouvernait en libéral, indifférent à une télévision dont le financement dépendait directement de Matignon et de Bercy. Peut-être craignait-il aussi le désir de nos équipes de marquer leur indépendance d'esprit, à la mesure de leur dépendance financière.

Plus simplement, Edouard Balladur se sentait à l'aise à TF1. Gêné de profiter trop souvent, ou trop systématiquement, de cette tribune qui lui était ouverte, il se contraignait parfois à alterner ses passages à l'antenne. Il n'avait pas de raison de se plaindre d'ailleurs du traitement que lui réservaient Arlette Chabot et Alain Duhamel. Ils avaient trouvé, à eux deux, le moyen de le rendre meilleur, en le sortant de ses habitudes et de ses conformismes, en l'obligeant à la précision et à la vigueur. Ils lui permettaient d'ajouter à son style quel-

quefois plat et précieux des réponses plus vives, dépour-
vues de cette ironie condescendante qui lui ferait tant
de mal dans l'esprit des électeurs. Plus le temps passa,
plus il fut obligé de reconnaître que ses passages sur
France 2, moins « ronronnants » qu'ailleurs, étaient plus
efficaces : il n'en garda pas moins sa préférence et sa
tendresse à Anne Sinclair et Claire Chazal. Imperceptiblement, il se comportait comme s'il était déjà à l'Elysée. Il écoutait de moins en moins quand on lui conseil-
lait de ne pas franchir la « ligne jaune », l'interdit majeur
qu'avait établi un Président malade attaché aux prérogatives de sa fonction. Ceux qui rencontraient François
Mitterrand savaient qu'il ne pardonnerait pas à
Edouard Balladur de lui avoir manqué.

On en vit la preuve, fin août 95, lors des cérémonies
de commémoration de la libération de Paris. Un direct
était prévu sur le parvis de l'Hôtel de Ville. Le matin de
la retransmission, l'Elysée annonça à France 2 que le
programme serait modifié. Il fallait prévoir un entretien
Mitterrand/Chirac au premier étage de la Mairie. Et
pour cela ajouter quelques caméras au bon endroit. Prétexte ou protection élégante pour un Président dont
l'état nécessitait des moments de repos. Cette nuit-là,
des millions de téléspectateurs constatèrent la surpre-
nante entente du Président et du Maire, tandis que le
Premier ministre parvenait mal à cacher son désap-
pointement et sa colère. Dans l'ignorance de ce qui se
tramait, il était contraint d'accepter, aux yeux de tous et
en silence, une brimade organisée et une leçon d'humi-
lité. François Mitterrand marquait ainsi sa réprobation
à un article d'Edouard Balladur paru en première page
du *Figaro*, « Ma politique étrangère ». Selon le gardien
farouche de la Constitution gaulliste, il n'y avait qu'un
maître et inspirateur de la politique extérieure et de la
défense : le Président de la République.

Pour l'annonce de sa candidature à l'élection présidentielle, Edouard Balladur choisit TF1. Les caméras, les techniciens, le réalisateur installés à Matignon venaient de TF1. Ils le desservirent en croyant le servir. A vouloir trop le soigner, le protéger, le rassurer, ils le figèrent. Edouard Balladur était filmé de trop loin, son regard passait largement au-dessus de la caméra et le décor officiel appesantissait la scène. Le texte, excessivement long, était dit sur un ton monocorde, sans naturel. En voyant ces images trop léchées, ces paroles trop préparées, arriver en direct, je me rappelai instantanément la déclaration de Michel Rocard, le 20 avril 1980, en direct de Conflans-Sainte-Honorine. « C'est Matignon-Sainte-Honorine », s'écria un technicien. Cette image de direct paraissait déjà une image d'archives. Le même scénario commençait. Il aurait la même fin.

Ce reportage répétait le mot : continuité, continuité, continuité. L'ensemble, signé de Matignon, paraissait déjà l'être de l'Elysée. C'était mettre les Français, avant qu'ils eussent choisi, devant le fait accompli, et leur donner une image d'immobilisme. Eux rêvaient, après deux septennats de François Mitterrand, d'un réel renouvellement à la tête de l'Etat. Ils attendaient du futur Président qu'il incarnât une rupture, l'assurance d'un changement, d'une remise en mouvement du pays. Ils furent instantanément déçus. Edouard Balladur ne se remit pas, par la suite, de cette première image. A cette minute, tout était joué. Parce qu'on avait mis du zèle à le courtiser, on avait compromis toutes ses chances. Le mieux est l'ennemi du bien. Une fois de plus, on allait constater qu'il ne suffisait pas d'avoir une télévision dans sa manche pour convaincre les Français et gagner leurs suffrages.

Sur France 2, le début de la campagne électorale tournait à la Bérézina. Les déclarations de candidature, les différents tournants de la campagne, avaient tous lieu sur TF1. Si quelqu'un avait quelque chose à dire et qu'il voulait être écouté, il choisissait la chaîne concurrente, Jacques Delors par exemple. Cette situation paraissait insupportable pour France 2. Il fallait d'urgence innover, pour redresser cette image et faire cesser ces habitudes. Pour cela, la rédaction devait absolument créer des rendez-vous originaux, capables de renouveler le genre des émissions politiques. Jean-Luc Mano reçut une mission claire : inventer de nouvelles formules pour revitaliser le débat public.

Il me proposa rapidement la création de trois grands rendez-vous dont le succès fut instantané : *Invité spécial, La France en direct,* et *Polémiques.* Ces trois émissions contribuèrent beaucoup à nourrir le débat public.

Invité spécial fut le premier défi. Nous décidâmes d'abréger le journal télévisé du jeudi et de le faire suivre, à 20 h 20, par une interview exclusive d'un homme politique. Il viendrait expliquer clairement, en un peu moins d'une demi-heure, ses options, ses engagements, en face de deux journalistes : Alain Duhamel et Jean-Luc Mano.

C'était un défi pour plusieurs raisons. Le journal télévisé est l'élément clé de l'audience d'une chaîne et les émissions politiques « ne sont pas porteuses d'audience ». Mais le service public a d'autres impératifs et contribuer à enrichir le débat public me paraissait prioritaire. Evidemment la rédaction était hostile à *Invité spécial* : elle voyait son journal raccourci. Paul Nahon et Bernard Benyamin craignaient, à tort, l'effritement de leur émission, *Envoyé spécial,* programmée ensuite. Paul Nahon protesta parfois aussi contre le nom de l'invité, ou le thème traité, qui n'était pas toujours en harmonie avec celui de son magazine. Il en est toujours ainsi à France 2 : toute innovation se heurte à un tir de barrage des différentes féodalités qui se sentent remises en cause, ou défavorisées. La solution est-elle de renoncer à toute nouveauté ? *Envoyé spécial* est désormais seul : il a obtenu de la nouvelle équipe gain de cause. Il a l'éternité devant lui ! *Franchement* d'Alain Duhamel et Arlette Chabot, reléguée à 23 heures, ne remplacera jamais un vrai rendez-vous politique qui manque. Personne ne prendrait le pari de sa longévité.

Il ne m'était pas indifférent que chaque jeudi plus de 5 millions de Français retrouvent le chemin de la télévision publique pour une confrontation de qualité. La souplesse de la formule d'*Invité spécial* fit merveille au-delà même de l'élection présidentielle. Alain Juppé se souvient peut-être de son record d'audience du 10 décembre 1995, jour où il accepta de venir sur France 2 expliquer sa politique de réforme en pleine crise sociale. Les grandes villes étaient progressivement bloquées et les axes ferrés coupés. L'efficacité de sa prestation, devant 11 millions de téléspectateurs, fut à la mesure du risque personnel qu'il prenait en acceptant de parler net, dans le cadre d'*Invité spécial*.

Notre second défi fut la création de *Polémiques* et sa programmation à midi, chaque dimanche. Défi double : remplacer deux émissions en perte de vitesse : la *Revue de presse*, de Michèle Cotta, et *L'Heure de vérité*, de François-Henri de Virieu. Le vieillissement de ces deux émissions avait des causes très différentes. La *Revue de presse* souffrait de son mauvais horaire de diffusion et d'une certaine routine. Les éditorialistes et les rédacteurs en chef parisiens se connaissent bien, ils ont leurs marottes et leurs prés carrés. D'où l'idée de demander à Michèle Cotta d'ouvrir son émission à d'autres acteurs de la vie publique, pour faire intervenir entre les journalistes présents un élément nouveau ; ils auraient ainsi des réactions moins convenues. Créer la surprise pour éviter de lasser. L'émission, là encore, prouva son utilité et sa vivacité. Au moment des grèves c'est dans le cadre de *Polémiques* que le président de la SNCF, qui avait rompu tout contact avec les grévistes, accepta de débattre avec eux. Le problème de l'horaire de diffusion de l'émission fut réglé assez facilement par l'arrêt de *L'Heure de vérité*, à laquelle elle succéda avec un bonheur durable.

Pour *L'Heure de vérité*, en effet, le problème était différent. Antique et rituelle, l'émission n'était plus guère suivie, ni attendue. Valéry Giscard d'Estaing n'y était pas allé par quatre chemins, quand je l'avais raccompagné dans sa loge : « Vous ne trouvez pas que cette émission a particulièrement vieilli, et mal vieilli ? » Edouard Balladur était en privé à peu près aussi explicite, et Jacques Chirac sceptique. Et les statistiques montraient que les Français partageaient cette opinion. *L'Heure de vérité* était pourtant une émission de qualité où les passages de certaines personnalités avaient été marquants : Harlem Désir, Antoine Riboud, Jacques Calvet y avaient « crevé l'écran »... Jean-Marie Le Pen également. Mais au bout de nombreuses années, les mêmes têtes revenaient, et signaient à nouveau le registre d'or, avec une nouvelle formule. Le sixième ou le septième passage était moins attendu, moins regardé aussi. L'absence d'imprévu tue aussi sûrement une émission de direct que la nécessité d'une traduction simultanée.

Hervé Bourges le savait. Il avait précipité le déclin de *L'Heure de vérité* en la diffusant le dimanche en mi-journée, et non plus en début de soirée. Mais il n'avait pas poussé l'audace jusqu'au bout en la supprimant. C'était à moi de franchir l'étape suivante et de retirer l'émission de l'antenne. Je le fis sans joie, car je sais ce que représente une telle décision pour qui la subit. Je l'annonçai moi-même, dans mon bureau, avec le moins de brutalité possible, à François-Henri de Virieu. Cette décision était devenue inéluctable. Il a compris qu'elle s'imposait. Il en a souffert et me l'a quelque temps reproché.

Nous avions décidé de lui substituer une autre grande émission politique : *La France en direct*, d'une inspiration totalement différente. Elle aurait lieu à peu près tous les mois. Pour faire évoluer les émissions politiques, il devenait nécessaire de diversifier les types de questions en diversifiant les interlocuteurs. *La France en direct* devait les additionner : professionnels de l'information, mais aussi anonymes, et personnalités culturelles ou autres. Il fallait contraindre l'homme politique à sortir des sentiers rebattus de la communication télévisée, ne pas le laisser ronronner.

Il devait d'abord répondre à trois ou quatre journalistes spécialisés sur des thèmes préétablis, avant d'être confronté à des Français pris dans toutes les couches de la société et présents en « duplex », le plus souvent depuis la province. Il affrontait ensuite un intellectuel ou une personnalité, spécialiste du domaine abordé, qui tentait de le pousser loin. La volontaire hétérogénéité de l'émission n'en facilitait certes pas la compréhension, mais elle ne laissait aucune chance à un homme politique qui aurait espéré esquiver les questions véritables. Elles lui revenaient, sous trois formes ou trois angles différents.

Nicolas Sarkozy termina la première émission littéralement épuisé, vidé de toute son énergie. Robert Hue me dit en sortant : « Je suis mort... Mais plutôt content... » Il ajouta que cette émission était un véritable match de boxe, et qu'il était impossible de savoir si l'on était bon, ou non. Il n'avait pas tort. Alain Juppé abonda dans le même sens lors de son passage, me confiant : « Je n'ai jamais participé à une émission aussi dure. » Edouard Balladur se souviendra longtemps de son face-à-face de douze minutes avec Jacques Attali, qui ne lui fit aucune concession. Ces champions trouvaient une épreuve à leur mesure. Elle exigeait préparation, concentration, disponibilité d'esprit. L'originalité de cette émission apporta un souffle nouveau à la campagne présidentielle. Tous les candidats ou leurs porte-parole vinrent s'y exprimer. Le service public jouait pleinement son rôle d'animation civique.

En contrepartie de l'effort exceptionnel qui leur était demandé, nous voulions offrir aux invités angoissés et à leurs hôtes un cadre élégant et agréable. Les émissions étaient donc préparées également sur le plan logistique de manière particulière. Dans leurs loges, ils trouvaient des bouquets de fleurs, des corbeilles de fruits frais à leur disposition, des serviettes et des peignoirs de bain marqués France Télévision : la télévision publique se signalait, pour une fois, par la chaleur de son accueil. L'idée était un peu baroque, mais elle séduisit des invités exténués et presque hagards après l'émission, qui se laissaient démaquiller en se détendant peu à peu.

Le démarrage de *La France en direct* fut marqué par quelques anecdotes étonnantes. Elles donnèrent matière à commentaires.

La première émission devait accueillir Charles Pasqua. Mais l'idée de l'émission était mal définie au sein de la rédaction de France 2, chargée de la préparer. Les jours passaient, l'échéance approchait. Personne n'était capable d'expliquer clairement à Charles Pasqua où il allait, ce qui lui serait demandé, qui l'interrogerait. En homme politique chevronné, il n'avait nulle envie de se retrouver dans une sorte de cirque dont il n'aurait pas, à l'avance, connu au moins le programme. La veille de l'émission, il s'impatienta, prétexta un déplacement impromptu à Tunis, et s'excusa. L'émission déprogrammée en catastrophe, faute d'invité, fut remplacée à l'antenne par une coûteuse pièce de théâtre, jouée par Michel Leeb. Elle n'avait pas été annoncée, elle ne séduisit probablement pas les téléspectateurs qui attendaient Charles Pasqua. Le résultat fut instantané : un fiasco, à la fois pour l'image de France 2, et pour ses finances.

Après ce faux départ, les équipes furent comme tétanisées : elles craignaient de ne pas maîtriser ce nouveau genre d'émission et elles hésitaient à en réaliser une autre. C'était pourtant nécessaire. Nicolas Sarkozy eut le courage d'accepter de se prêter à cette nouvelle « première »... qui prit d'abord le même chemin ! Personne ne fournissait la moindre explication à son cabinet, ni sur le déroulement de l'émission, ni sur les invités, ni sur les thèmes. Assez tôt, Nicolas Sarkozy décida de nous prévenir, Jean-Luc Mano et moi : « Je vais renoncer. Je suis prêt à prendre des risques, mais tout de même pas à aller au casse-pipe ! » Nous ne pouvions subir une deuxième déprogrammation. Le crédit de France 2 aurait été entamé.

Je fis venir, à la présidence, Jean-Luc Mano et les siens. Je leur demandai d'établir dans un bureau voisin du mien le « conducteur » de l'émission : les différentes séquences d'interrogation, et les différents intervenants. Je demandai également à Anne-Marie Moreau, mon chef de cabinet, et à Emmanuelle Guilcher, qui avaient travaillé à la préparation de mes émissions par le passé à Europe 1, de leur apporter leur utile concours. Patrick Clément prit la direction de cette « cellule de crise » et coordonna les efforts de cette troupe disparate.

Cette mise en train quelque peu musclée fut diversement appréciée au sein de la rédaction. Elle eut ses partisans, car le travail avançait à grands pas. Elle eut également ses détracteurs, qui crièrent à la « reprise en main de l'information ». Ils prétendirent que l'émission avait été « faite sur mesure » pour Nicolas Sarkozy. C'était stupide. La suite allait le prouver, la qualité de l'émission fut saluée. Mais ce démarrage mouvementé, cahotant, puis sur les chapeaux de roues, montrait bien quels efforts il fallait pour que la rédaction de France 2 ait confiance, se remette en mouvement et invente. Par la suite, les *France en direct* furent toutes construites directement par la rédaction, rassurée par sa première réussite.

La France en direct traita plusieurs crises politiques importantes dans le pluralisme et l'esprit d'ouverture. Lors des premiers essais nucléaires français dans le Pacifique, en septembre 1995, Charles Millon vint défendre avec force la politique définie par le Président Jacques Chirac, face aux journalistes, aux écologistes, et à un groupe de témoins représentatifs de la population française. L'émission prouva ainsi son utilité sociale. Lors des grèves de décembre 1995, j'imposai une *France en direct* à 20 h 50. Jacques Barrot, ministre du Travail et des Affaires sociales, dialogua en direct avec un groupe de syndicalistes de la SNCF en duplex depuis le dépôt où ils avaient installé leur piquet de grève dans la nuit autour d'un brasero. Il dut aussi répondre aux angoisses des étudiants en grève, qui parlaient depuis leur université. Les points de vue s'affichaient en direct, sans compromis, sans mise en scène. On nous reprocha d'avoir privilégié le pouvoir qui en réalité avait refusé de dialoguer. Seul Jacques Barrot eut ce courage et accepta au dernier moment, à titre personnel, de se livrer à la contradiction.

A partir de février 1995, on avait la certitude que le prochain Président de la République serait soit Edouard Balladur, soit Jacques Chirac. Ils ne devaient l'un et l'autre s'autoriser aucune erreur, aucune faiblesse, aucune négligence. Ils étaient extrêmement attentifs à la manière dont les médias rendaient compte de leur duel. Désorienté par son mauvais départ, Edouard Balladur préparait un changement de style, et une contre-offensive, tandis que Jacques Chirac commençait à sentir la victoire à sa portée. Chaque camp surveillait la presse.

Le 23 mars, le maire de Paris m'invita à déjeuner en tête-à-tête à l'Hôtel de Ville. Le salon, décoré d'objets chinois précieux, donne sur les jardins, du côté de la Seine. Le soleil illuminait un paysage doux, paisible, dominé par la statue d'Etienne Marcel et par les tours de Notre-Dame. Ce calme n'était qu'apparent. L'orage fondit sur moi. Certains de ses proches cherchaient à persuader Jacques Chirac que la télévision publique, elle aussi, jouait en faveur de son rival. J'entendis sa voix avant même de l'apercevoir. Sa colère précédait son arrivée. Il tonnait contre les médias, la télévision, les journalistes. Contre moi, bien sûr, qui dirigeais deux chaînes.

Pourtant, je les voulais impartiales, ces deux chaînes. Mais lui rejetait en bloc ma défense. « Toute la presse a choisi l'autre candidat de droite... Les journalistes dénaturent cette campagne. Ils se trompent sur toute la ligne... » Chirac avait son idée sur l'attitude de chacun et sur la déloyauté des médias. Ce fut un feu roulant de critiques et d'attaques. « J'ai peur des pièges, sur France 2 aussi. Au CSA, quelques amis m'ont dit : Avez-vous vu comment France 2 vous traite ? Même Bourges m'invite à me méfier. » Sans répit, d'un seul flot, le candidat qui se jugeait désavantagé, encerclé par les balladuriens, cherchait par l'intimidation à rétablir l'équilibre en sa faveur dans le traitement de l'information.

J'eus soudain envie de m'en aller, de renoncer. Tout recommençait et le vainqueur du 7 mai balaierait les équipes en place. Quel qu'il soit, il leur ferait porter la responsabilité de ses inquiétudes, de ses angoisses d'avant l'élection. Je décidai de faire front, de lui expliquer que la télévision publique, quelle que soit l'option personnelle des journalistes, n'a pas à choisir son camp lors d'une élection. Son rôle est de donner des chances égales à tous, de maintenir l'équilibre, sauf à perdre son crédit et son honneur. Je lui rappelai ce que j'avais écrit et répété depuis 1994 : « Le tort de la télévision publique serait de choisir. Les candidats proposent, les journalistes exposent, et les Français disposent. » Les Français ne pardonnent plus aux journalistes qui prétendent choisir pour eux, ni aux politiques qui décident de réduire leur liberté de choix. Jacques Chirac partageait cette analyse : « Je reconnais les efforts que font vos deux chaînes, France 2 et France 3, mais n'imitez pas les autres, ne privilégiez personne, faites votre travail comme vous l'entendez, sans avantager mon concurrent. Restez neutres ! »

Le climat, le visage, puis la voix se détendaient. La conversation prenait un tour presque amical. Tout Chirac était là. D'abord la fermeté, la menace, l'engueulade, les critiques, à la fois pour dissuader, pour se rassurer, libérer ses appréhensions, pour engager le dialogue sur un terrain favorable. Ensuite la gentillesse, la prévenance, la connivence même, qui autorisent la confidence et la confiance. Il me raccompagna en riant : « Osons chercher votre écharpe. »

J'abordai avec lui un sujet controversé qui prendrait plus tard un tour personnel et politique : le siège commun.

« Si vous êtes élu, ou plutôt quand vous serez élu, lui dis-je, empêcherez-vous la construction de la maison France Télévision, parce qu'elle est située dans le XVe arrondissement, c'est-à-dire chez Edouard Balladur ?

— C'est une plaisanterie ?

— On le répète dans Paris...

— C'est absurde, totalement absurde : comme maire de Paris, je l'ai toujours voulu, à la fois pour des raisons d'urbanisme et d'esthétique ! Ce sera le premier grand monument du XXIe siècle, Balladur et moi en avons souvent parlé, et notre accord est total là-dessus !

— Puis-je le dire, s'il le faut ?

— Parfaitement, et dites bien que vous le tenez de la bouche du cheval ! »

Jamais je n'utiliserai publiquement son soutien, qu'il eut l'occasion de renouveler fermement une fois Président de la République. Au cours d'une conversation téléphonique consacrée à d'autres préoccupations – le terrorisme, l'emploi –, je mentionnai mes difficultés à faire avancer ce projet de construction, à cause des résistances des libéraux de Bercy. Le Président de la République m'encouragea, et me confirma sa volonté de voir réaliser cet édifice et de l'inaugurer lui-même. Il demanda au Premier ministre d'accélérer les procédures, et celui-ci donna à son tour des instructions en ce sens à l'administration. Il me paraissait surprenant que le Président puisse appuyer un grand projet et que, l'ignorant, certains dans les bureaux, et jusqu'à Matignon, utilisent au contraire toutes les ruses pour le combattre. Même si je n'exploitai pas cette victoire, je ne me fis pas d'eux des amis. Cela justifie-t-il les bruits qu'ils firent courir sur le nouveau siège? Son financement est entièrement assuré, sur vingt ans, par la télévision publique, sans endettement, et sans augmentation de redevance. Et elle sera propriétaire de son siège. Comment le Président n'aurait-il pas soutenu une construction qui est en même temps une bonne affaire pour France Télévision? Qui s'est soucié de calculer les sommes scandaleuses perdues en loyers, jetées par-dessus les toits (depuis tant d'années), sans la moindre contrepartie?

Longtemps Jacques Chirac fut l'un des politiques les plus difficiles à interroger. Nous sommes quelques-uns à garder de nos entretiens avec lui des souvenirs cuisants et douloureux. Il lui est arrivé de clouer successivement le bec à Alain Duhamel et à moi surtout, alternant les interlocuteurs au cours de la même émission. Lorsque l'un d'entre nous était désorienté, abasourdi, sans voix, face à la violence d'une de ses reparties, l'autre montait au front, avant de reculer à son tour, le temps de récupérer. Autant les affrontements verbaux avec Georges Marchais pouvaient tourner au jeu et à l'amusement réciproque, autant les entretiens avec Jacques Chirac étaient pour nous éreintants.

Nos relations s'étaient clarifiées, simplifiées lorsque le 9 septembre 1981, écarté par la victoire des socialistes, chômeur inscrit à l'ANPE, n'ayant rien à demander et rien à attendre, je passais une heure avec lui. Nous étions assis près de la cheminée, dans les fauteuils bleu sombre de ce magnifique bureau, tendu d'immenses tapisseries des Gobelins. Depuis cette date, Jacques Chirac a fait partie des rares personnes que j'ai consultées à la veille de mes choix personnels ou stratégiques. Avant de m'engager dans la compétition pour la présidence de France Télévision, je lui ai demandé son avis. N'y aurait-il pas obstruction de sa part ? N'encourageait-il pas un autre type de candidat, ou un autre professionnel ? Pensait-il que je pouvais être élu ? Parviendrais-je, comme il le souhaitait lui aussi, à renforcer le service public de l'audiovisuel ? Ses réponses ne me dissuadèrent pas de poursuivre.

De mon adolescence à Oran, il me reste le goût marqué des voyages. De mon balcon, j'apercevais au loin Mers el-Kébir. Je suivais le mouvement des navires qui croisaient dans le port d'Oran. Autant d'appels à franchir la ligne d'horizon. Chaque été j'ai cherché à nourrir cette passion des voyages qui est un retour bienfaisant sur soi-même. On peut s'arrêter, maîtriser son temps, lire, marquer les saisons d'une vie. J'ai un faible pour l'Italie, la Grèce, la Turquie (je réconcilie ces deux dernières), l'Afrique du Sud de Mandela. Pour l'île Maurice aussi, où les communautés et les religions vivent en harmonie. Je voyais ce pays sortir de la pauvreté et devenir un modèle de développement dans l'océan Indien, sans que cela affecte la gentillesse, la douceur ni la dignité des Mauriciens. J'en parlais un jour à la mairie de Paris à Jacques Chirac. Il voulait s'évader. Il rêvait de repos et de soleil. Les yeux fermés, il m'écoutait. Sommeillait-il ?

L'été suivant, à Grand Baie, petit village au nord de l'île Maurice, tandis que je chaussais des skis nautiques, j'entendis une voix forte venue du lagon : « Jean-Pierre, Jean-Pierre... Alors, comment ça va ? » Je vis arriver, avec quelle surprise ! Jacques et Bernadette Chirac à pédalo. Un de ses amis lui avait aussi recommandé l'île Maurice qui lui plut tant qu'il y retourna l'année suivante pour deux haltes de trois semaines. Il lisait, annotait des livres sur la préhistoire, sur l'Afrique ou sur le Japon. C'est le long de la plage qu'eut lieu la rencontre avec Jacques Kerchache, explorateur, collectionneur passionné d'arts premiers. J'assistai à leurs discussions sur les civilisations africaines et océaniennes. Je vis germer, chez Jacques Chirac, l'idée de l'exposition consacrée aux Indiens Taïnos contre les conquistadores espagnols, puis celle du musée, regroupant à Paris les arts premiers, enfin l'idée d'un rendez-vous pour saluer l'an 2000. Les promenades à travers l'île, les dîners, les conversations, assis à même le sable, légères ou graves, souvent personnelles, sont d'ordre privé et le resteront. Quelquefois, il me confiait avec philosophie que s'il devait quitter la politique, il pourrait enfin réaliser l'un de ses rêves : devenir antiquaire, spécialiste de l'art chinois ou de l'art africain. Et Bernadette Chirac ajoutait en riant qu'il avait une autre corde à son arc, la photo. L'homme Chirac révélait dans ces rencontres, avec humour, avec tendresse, une dimension différente, une aptitude à la solitude, une culture forte et atypique. François Mitterrand à qui rien ne pouvait rester caché avait aussi appris ces rencontres de vacances. Il m'accueillait parfois à mon retour, d'un souriant : « Comment va votre ami mauricien ? »

De plus, je connaissais de longue date Maurice Ulrich, proche du maire. Tout cela explique aussi pourquoi, lorsque je fus en place, j'eus quelquefois recours aux avis de Jacques Chirac, à la fois au téléphone, directement, ou par l'intermédiaire de Maurice Ulrich, aujourd'hui son conseiller à l'Elysée. Ce dernier fut président d'Antenne 2 quand j'en dirigeais l'information de 1977 à 1981. Non seulement, il m'apprit énormément, tout le temps où nous avons travaillé ensemble, mais je me suis souvent inspiré de lui, de sa manière de gérer, quand j'ai présidé à mon tour France 2 et France 3. Il m'aida à convertir Jacques Chirac à la révolution du numérique. Il organisa à l'Elysée le 16 avril 96 une rencontre du Président avec Patrick Le Lay et moi-même, en présence de Jacques Pilhan, cinq jours après la naissance du bouquet de TPS.

Quand la victoire de Jacques Chirac se précisa, le petit milieu audiovisuel commença à interpréter et à surinterpréter les sourires et les poignées de main du candidat. Ce fut le cas le jour où, juste avant d'entrer sur le plateau de *La Marche du siècle*, Jacques Chirac demanda à me voir seul à seul. Aussitôt on se plut à imaginer qu'il me signifiait déjà ma condamnation et mon congé. Il n'en était rien : il avait simplement appris qu'Edouard Balladur réclamait de parler lors de *L'Heure de vérité* du dimanche midi, après le grand meeting chiraquien prévu près de Paris le samedi soir. Jacques Chirac pensait profiter de ce meeting décisif pour faire une déclaration importante, or Edouard Balladur réagissant dès le lendemain risquait de lui rafler la mise. Chirac me demanda si son concurrent avait obtenu gain de cause. Je lui répondis que non. Il était rassuré. C'était une question de principe. Il est facile, par exemple, après un *7 sur 7* sur TF1, d'inviter le même dimanche, au journal de 20 heures de France 2, un politique, de même stature, décidé à casser l'effet de la prestation précédente. La manipulation n'est pas loin car cette pratique peut être utilisée pour neutraliser, annuler, ou affaiblir une parole, une prise de position. Il faut soit l'appliquer systématiquement, soit la proscrire. Je l'avais proscrite avec la même rigueur pour protéger tout aussi bien Edouard Balladur qu'Alain Juppé, son ministre des Affaires étrangères. J'avais décidé de l'appliquer ce jour-là.

Jean-Luc Mano proposa donc au candidat Balladur de parler un jour plus tard, le surlendemain, ce qui ne lui plaisait pas, mais qu'il fut contraint d'accepter. Entre deux récriminations, deux mauvaises humeurs, nous avions choisi le respect d'une règle équitable.

Il suffit de ce bref aparté sans témoin pour que certains en concluent à l'annonce de mon exécution prochaine. Dans ces périodes d'élection, il est des journalistes pour encourager, plus que les politiques eux-mêmes, le système américain des dépouilles. Toute l'administration valse avec l'arrivée du nouveau Président. Au cours de la même émission, Jacques Chirac plaisanta avec son interlocuteur. Il l'encouragea à lui poser des questions difficiles, en lui disant : « Il faut oser... » « Oser », le mot lui plaisait. Il reprenait, en passant sur France 3, une formule que les Guignols répétaient chaque jour. Jean-Marie Cavada le souligna en remarquant que « la formule était déjà prise ». Les commentateurs en mal d'interprétation virent là encore une marque d'agressivité à mon égard et de complicité avec celui qui rêvait de me succéder. Plus tard, Jacques Chirac ironisera devant moi sur ces élucubrations.

Autre incident mineur immédiatement monté en épingle, « l'affaire » de l'accueil de Jacques Chirac à *La France en direct*. L'émission avait lieu dans les studios de Saint-Cloud. Quand Jacques Chirac arriva, quelques minutes avant l'émission, accompagné de sa fille Claude, il passait déjà pour le favori. Le ballet des courtisans tournoyait autour de lui. Ceux qui revenaient de très loin étaient les premiers à se précipiter, fidèles de la vingt-cinquième heure, habiles à changer de monture, multipliant les dévotions soudaines, devant un heureux élu point tout à fait dupe. Lorsqu'il sortit de sa voiture, je fus bousculé par le flot de ces courtisans pressés. Je restai en retrait, attendant qu'ils l'aient tous salué pour l'accompagner, seul, au maquillage puis sur le plateau. Il n'en fallut pas plus pour que des commentateurs imaginent, dans ce retard d'un instant, le signe indubitable de ma disgrâce prochaine. Incorrigible société de cour...

Par temps d'élections, le président de France Télévision passe ses soirées en voiture, d'un plateau de France 2 à un studio de France 3, avant de revenir illico sur France 2. Il salue l'invité politique du *19/20*, accueille celui du journal de 20 heures, et se précipite pour recevoir le candidat invité dans une émission du soir, ou le député présent sur le *Soir 3*. Il devient une sorte de portier démultiplié, qui fait les honneurs de ses différentes maisons. On m'avait même installé un petit récepteur de télévision dans ma voiture, pour que je suive des émissions auxquelles je ne pouvais jamais assister, forcé que j'étais de m'enfuir vers un autre studio dès le lever du rideau.

Deux images illustrent l'élection de Jacques Chirac à la Présidence de la République. Elles resteront. Le Président, poursuivi par « l'homme à la moto » à travers Paris, et la joie des jeunes, dans la capitale comme en province. Ces deux images sont nées d'une longue préparation et de l'improvisation. Elles symbolisèrent le début du septennat et les épousailles de la population française avec l'homme qu'elle avait choisi. Jean-Luc Mano voulait innover. Il cherchait à réaliser un acte original, si possible un exploit. Il disposait des moyens techniques de direct les plus performants.

La solution retenue fut celle de la moto. Elle

accompagnerait la première sortie du nouvel élu, ses premiers gestes, peut-être ses premiers mots. En tout cas, il s'agissait de capter son émotion et la magie de sa transformation sous l'effet du suffrage universel.

Les deux finalistes, Lionel Jospin et Jacques Chirac, prévenus avant le 7 mai, avaient donné sans hésiter leur consentement : « D'accord si je gagne ! » Le samedi 6 mai, je rassemblais autour de Jean-Luc Mano ses chefs de service pour d'ultimes recommandations.

Une voiture aux vitres fumées sortit précipitamment de l'Hôtel de Ville, suivie par la moto de Benoît Duquesne qui fit demi-tour quand il s'aperçut que le Président de la République ne s'y trouvait pas. Il rattrapa la bonne Citroën. *Télérama* et d'autres, reprochèrent à France 2 cette information-spectacle, car pour eux elle n'apportait rien. Au contraire, toutes les télévisions du monde félicitèrent les journalistes de la chaîne. Ils avaient su utiliser les techniques modernes de télévision, et étaient parvenus à ne pas réduire ce moment au départ de l'Hôtel de Ville et à l'arrivée du candidat à son PC de l'avenue d'Iéna. L'originalité : ce plan-séquence ininterrompu de dix-sept minutes, ce suspense né du direct.

La voiture traversait Paris, et le même débat-conflit se déroulait entre nous : fallait-il arrêter cette diffusion ? L'interrompre ? Et n'en reprendre l'image qu'à chaque étape ? Le Président parlerait-il ou non au reporter ? Remonterait-il la vitre de sa voiture ? Révélerait-il son émotion en direct ? A qui téléphonait-il ? Pourquoi le chauffeur accélérait-il ? Pourquoi s'arrêtait-il aux feux rouges ? C'était aussi tout un symbole. Le nouveau Président de la République respectait les feux de signalisation et se passait d'escorte. Sous les yeux de millions de Français éberlués, la magie s'opérait. Le maire, le candidat, le perdant de 81 puis de 88, incarnait peu à peu, à ses propres yeux comme à ceux des Français, le Président de la République. Silence, émotion, Jacques Chirac muait. L'éternel perdant avait eu raison de croire, seul, en sa chance de vaincre. Avec ses propres forces, il avait changé le destin à son avantage. Ces images avaient ce sens-là et les téléspectateurs fascinés le découvraient. Dès le début de cette soirée décisive, TF1, pour corriger ses faiblesses du premier tour, avait fait un effort gigantesque : débats, commentaires, explications. Le plateau était magnifique, les invités de premier ordre. France 2 se montrait moins brillante. Les sous-chefs de partis et d'états-majors commençaient à s'invectiver, à rejouer l'élection ou à échafauder des hypothèses politiques quant au choix du Premier ministre : Alain Juppé? Philippe Séguin? L'Assemblée nationale serait-elle dissoute? Les orateurs jouaient les gâte-joie. Mais le temps n'était pas à la ratiocination. Continuer sur ce registre, c'était pour France 2 ennuyer tout le monde.

En régie, nous étions inquiets : Jean-Luc Mano, Patrick Clément, Carlo Freccero, et moi-même. Toutes les caméras que nous avions disposées à Paris, et dans les villes de province, grandes ou petites, nous renvoyaient une image inattendue et édifiante. Les Français réagissaient avec beaucoup plus de spontanéité que nos débatteurs. Le pays s'exprimait, sortait dans les rues, et ni TF1, ni France 2 ne le montraient... Une discussion s'instaura en régie. Je pris très vite la décision de bouleverser la soirée : moins de bavardages en studio et antenne ouverte à la foule. Pour une fois, le pays vibrait, la joie s'exprimait, même à gauche. La défaite de Lionel Jospin était si honorable qu'elle avait des couleurs de première victoire.

Encouragés par cette liesse populaire et pacifique, les jeunes allaient à leur tour rejoindre la Concorde, les Champs-Elysées, l'avenue d'Iéna, et toutes les places de France. Ils célébraient l'élection, l'alternance, la démocratie française plurielle et vivante. A l'écran, alternaient, interrogés par Bilalian et Masure, les partis réunis en studio et les Français retrouvés dans la rue. Les reporters de France 2 et de France 3 s'effaçaient pour les laisser s'exprimer.

Dès le lendemain de son élection, le nouveau Président, Jacques Chirac, m'autorisa à transmettre, en son nom, ses félicitations à toutes nos rédactions pour l'attitude neutre qu'elles avaient su garder d'un bout à l'autre de la campagne. Je fus personnellement touché par cette reconnaissance. Le rôle civique de la télévision publique est essentiel à l'heure où les télévisions privées ont tôt fait de se ranger dans un camp ou dans un autre, dès lors qu'elles le croient gagnant. Par nécessité économique, par réalisme, dans un Etat colbertiste et rancunier. Ce message d'ouverture, qu'adressait directement le Président Chirac, venait mettre heureusement fin à un climat de suspicion que certains de ses partisans mal informés ou malintentionnés, certains de nos adversaires aussi, s'étaient plu à entretenir. Plus tard, les choses tourneront mal, en particulier à la fin de l'année 96. Mais cela ne me concernait plus. L'indépendance n'est pas automatiquement là où règnent les intérêts privés. Au reste, ne dit-on pas : « Pour mettre au pas, meneurs, indociles et rebelles, il n'y a qu'à privatiser... ? »

Dès son élection, le Président de la République montrait son respect des institutions et des échéances, en semblant empêcher ou retarder la chasse aux sorcières, habitude malsaine que les socialistes avaient aggravée en 1981. Son message était une promesse. Pourtant il ne désarma pas ceux qui, dans ses propres rangs, voulaient placer leurs hommes. Entre une télévision versicolore, autonome, moderne, inventive, et une télévision monocolore et sous contrôle, certains proches au savoir-faire expéditif auraient choisi sans tarder. Jacques

Chirac avait alors tranché. Il l'exprimait clairement. Pendant un an, les principaux rendez-vous du Président de la République eurent lieu avec le service public : à Chicago, à Charm el-Cheikh, sur le plateau de Patrick Chêne, ou à l'Elysée avec Alain Duhamel lors du fameux 26 octobre 1995.

Vers la crise

Michel, Jean-Luc, Arthur, Nagui, Mireille,...

En plus des sommes et de l'indépendance qu'ils réclamaient, les animateurs-producteurs avaient besoin d'un papa. Le rôle ne me convenait guère. Aujourd'hui, ils se plaignent de ne pas m'avoir rencontré assez souvent. Ils me reprochent de ne pas leur avoir consacré assez de temps. Ce n'était ni la mission, ni le travail du président. Il avait nommé une cascade de responsables pour s'occuper d'eux. Les écouter. Les orienter. Les secouer. Il n'avait donc pas à se substituer à ceux dont c'était la fonction. Ces jeunes gens avaient soif de liberté, d'affection, de reconnaissance. Rarement, ils acceptaient les critiques – il y en avait – et les recommandations. Ils oscillaient entre l'autosatisfaction et la fragilité. Et ils se détestaient entre eux. Même au pire moment de la crise, ils furent incapables d'affirmer une solidarité ou une communauté d'intérêts. Chacun pour soi. Narcissique, forcément intéressé, chacun brûlait jusqu'au bout la flamme de sa chance.

Le triomphe ne dure pas. La menace ne se contente pas de rôder, elle frappe. L'usure, la lassitude. Le public a besoin de nouveautés. De plus en plus il consomme ses idoles. Il les sanctionne avec l'arme radicale du zapping, le coup du mépris fatal et meurtrier. Il y a là de la précipitation et de l'injustice. Ainsi les Sabatier, les Dechavanne, les Sébastien si vite dévalorisés... Certains survivent, continuent à l'antenne, se savent condamnés. Ils restent les mêmes, poursuivent leurs jeux de mots et leurs plaisanteries, comme avant. Leur image a changé. Le public n'a plus le regard si doux. Il est déjà ailleurs.

Michel Drucker et Georges Pernoud l'ont compris. C'est pourquoi ils résistent aux modes, travaillent, s'adaptent en épousant à leur manière les humeurs et les caprices de leur époque. Leur longévité insolente s'explique par cette modestie, ou ce réalisme entretenus par un laborieux engagement. Ceux-là sont rares. Je n'étais pas souvent sur les plateaux ou en régie. Je m'y glissais parfois pour les observer et les encourager. Ils sont le sel de la télévision. Pour distraire et amuser sans vulgarité, ils prennent tant de risques. Exposés, adorés, ou vilipendés, ils sont reçus à domicile et jugés sans aménité.

J'ai voulu attirer une nouvelle génération d'animateurs capables de rendre mieux compte de leur époque, de participer à l'esprit du temps. Je leur demandai de façonner une télévision partenaire du quotidien, une télévision dialoguant avec ceux qui la regardent.

A travers l'émission de Jean-Luc Delarue *Ça se discute*, ce sont des Français à qui personne ne demandait jusque-là de parler qui s'exprimaient sur des sujets proches d'eux. Jean-Luc Delarue voulait les laisser libres et ne pas leur imposer de grille d'interprétation ou de fil conducteur artificiel. Je lui avais confié cette mission. Il excella dans ce rôle, avec ses questions brèves et nettes. L'interlocuteur ne parvenait pas à se dérober.

Sur Europe 1 j'avais remarqué son talent. Nous nous partagions la matinée. Il animait sa tranche d'émission avec un style enlevé, gai, qui lui était propre, sans pour autant dénaturer les informations entre lesquelles il construisait des ponts. Il avait une voix, du tempérament, de l'allure, et toutes ces qualités contribuaient à colorer et à enrichir l'antenne. De plus, il réussissait ses conversations matinales avec Alain Duhamel, exercice d'acrobatie intellectuelle.

On a présenté abusivement Jean-Luc Delarue comme mon dauphin spirituel, une sorte de jeune frère doué dans lequel je me serais reconnu ou projeté, ou de fils adoptif que je me serais inventé : rien de plus faux. Il avait sa carrière, j'avais la mienne, et mon expérience. Notre proximité tenait à l'horaire de nos émissions. J'appréciais sa fougue généreuse, sa curiosité et son désir forcené d'apprendre. La férocité du milieu a maintenant balayé sa gentillesse et sa spontanéité. La crise de 96 l'a « développé ».

Depuis l'été 93, Jean-Luc Delarue entretenait d'excellentes relations avec Carlo Freccero. Par un phénomène de séduction mutuelle, un rapport de maître à disciple s'était établi entre eux. Delarue animait *La Grande Famille* sur Canal Plus. Il plaisait aux jeunes et aux femmes. L'idée vint naturellement à la fois à Carlo et à moi de lui confier une émission nouvelle. C'était lui donner une chance de construire une carrière et un succès durables. Les deux parties y trouvaient avantage.

Dès le 25 janvier 1994, je reçus Jean-Luc Delarue avenue d'Iéna pour lui proposer de travailler à France 2. A l'époque, la presse le flattait, l'encensait. Elle le considérait comme une étoile montante, un espoir. Ma proposition était simple : « Tu peux faire ton entrée à la télévision publique et incarner une nouvelle époque. » Il hésitait. Carlo lui citait l'exemple de Michel Drucker, qui avait su progresser d'étape en étape, en symbolisant les valeurs fortes du service public : proximité, courtoisie, humour, écoute... A l'époque, Delarue avait peur d'aller trop vite, de se brûler les ailes dans une émission de 20 h 30 qu'il ne se sentait pas capable de porter. Il redoutait de voir son élan brisé. Nous lui avons proposé une émission sur mesure, qui rajeunirait France 2 et ferait de lui un animateur « sérieux ». Carlo lui expliqua pourquoi nous avions besoin de lui. En janvier 1994, l'une des faiblesses structurelles de la grille de France 2 tenait à la désaffection de ses deuxièmes parties de soirée. « Tu peux vraiment les faire revivre, en attirant un nouveau public, en trouvant un nouveau ton, un nouveau rythme. »

Ces conversations devaient rester secrètes. Jean-Luc Delarue le réclamait. Nous ne voulions pas courir le risque de le mettre dans une position fausse, ni de déclencher une surenchère de propositions. Il aurait fallu le payer encore plus. Il était demandé par TF1 et Canal Plus n'envisageait pas de se séparer de lui. Le même scénario se reproduisit avec Michel Drucker qui travaillait pour TF1 et souhaitait nous rejoindre. Nous fûmes contraints de négocier de manière confidentielle.

Ces précautions n'étaient pas inutiles. Nous en avons eu la preuve peu de temps après la signature de notre protocole d'accord en mars 1994. Delarue reçut un appel téléphonique d'un responsable de TF1, qui lui proposait 30 % de plus pour passer sur la Une. Aussi surprenant que cela paraisse au regard des sommes en jeu, nous pensions avoir réussi une bonne affaire pour le service public. Le marché avait ses règles. Ces prix, certes considérables, étaient encore supérieurs sur les chaînes rivales. Au début des négociations, l'avocat de Delarue évaluait le montant de ses émissions pour France 2 à 200 millions de francs. En fin de négociations, il s'était rendu à nos arguments. Il baissait de près de 50 % ses prétentions et acceptait d'offrir les mêmes prestations pour 110 millions. L'animateur estimait que telle était alors sa valeur objective, compte tenu des recettes publicitaires et de l'effet d'image qu'il entraînerait très rapidement. Il s'agissait d'un chiffre d'affaires qui représentait plus d'une centaine d'heures d'émissions par an.

Je me souviens de la signature du protocole d'accord avec Jean-Luc Delarue, le 16 mars 1994. Nous sommes restés un moment seul à seul avec ce document entre nous. Le moment paraissait important pour lui, il l'était pour moi. Je n'avais certes pas prévu la violence de la campagne pour m'abattre qui choisirait le prétexte de ce même contrat deux ans plus tard. Lui savait qu'il changeait à la fois de registre et de stature, qu'il aurait l'occasion d'approfondir son métier et de s'imposer peu à peu. J'avais la satisfaction de lier à la télévision publique un animateur de qualité, qui représentait pour France 2 un investissement d'avenir. La preuve, le plus controversé des animateurs y est encore ! J'eus le souci que cet investissement serve également à France 3 qui pourrait avoir besoin de lui pour des soirées exceptionnelles. C'est pourquoi, la loi et les conseils d'administration m'en donnant les pouvoirs, fut insérée dans son contrat une clause qui le contraignait à faire bénéficier de ses services exclusifs aussi bien France 3 que France 2. France 3 d'abord prévenue oralement de l'accord n'eut jamais l'occasion d'utiliser Delarue. C'est donc France 2 qui assuma seule la charge de cette exclusivité au profit des deux chaînes. Il est étrange que cet avantage potentiel, consenti à France 3 sans aucune contrepartie financière, fût ensuite présenté comme une mauvaise manière faite à France 3.

Je n'ai pas le goût du secret. Je n'aime pas décider en solitaire. Ainsi ai-je confié entièrement la négociation des contrats à une petite équipe de conseillers en qui j'avais totale confiance : Patrick Clément dont je savais le dévouement et la combativité, Louis Bériot, le premier concerné en tant que directeur d'antenne de France 2, enfin Rodolphe Ankaoua, expert-comptable que m'avait recommandé jadis Patrick Clément.

Membre associé d'un cabinet international, Rodolphe Ankaoua avait la réputation d'une grande expérience en matière audiovisuelle. Il avait préparé mes propres contrats à Europe 1 et défendu mes intérêts mieux que je n'aurais su le faire moi-même.

Fin avril-mai, quand Drucker et Delarue furent libérés de leurs obligations à l'égard de leurs anciens employeurs, tous les responsables qui devaient l'être, directeurs généraux, conseillers financiers, directeurs financiers des chaînes, furent informés. Certes, la décision était prise. Elle dépendait de ma responsabilité. La mécanique administrative fonctionna. Déjà quelques fidèles d'Hervé Bourges se répandirent au CSA et au Parlement pour se plaindre d'avoir été tenus à l'écart. Le président agissait en toute légalité dans un secteur stratégique pour les performances de France 2. Leur bavardage confirma que nous avions eu raison de choisir le secret. Autant la confidentialité s'imposait pendant la phase des négociations, autant elle devenait inutile dès lors que l'accord était obtenu. Le conseil d'administration de France 2 fut informé des contrats, une fois conclus, de Jean-Luc Delarue comme de Michel Drucker, plus tard de Mireille Dumas, d'Arthur ou de Nagui. France 2 comme France 3 envoient chaque mois leur tableau de bord financier à leur tutelle et au contrôleur d'Etat, qui suivent leur situation avec une régulière attention et connaissent exactement les engagements financiers des chaînes.

J'ai évoqué l'importance des relations avec « la tutelle » qui représente l'Etat, à travers les ministères responsables et les deux Assemblées. Il reste un autre interlocuteur et censeur permanent de l'action du président de France Télévision : le CSA et son président. Tout se passa parfaitement bien entre France Télévision et le CSA tant que Jacques Boutet, juriste qui ne manquait pas d'habileté politique, resta à sa tête. Les choses furent plus compliquées avec Hervé Bourges.

Je ne peux pas dire qu'il était pour moi un inconnu. En 1962, j'avais obtenu une interview exclusive d'Ahmed Ben Bella qui rentrait d'exil et qui me reçut dans son bureau du palais du Gouvernement à Alger. Jeune journaliste, passionné par cette terre où j'avais vécu la guerre qui se terminait à peine, je suivais les premiers pas d'un régime rempli d'espérances et d'illusions.

Pour la radio française, je fus donc reçu par Ben Bella, dans ce bâtiment tout imprégné des marques de l'administration coloniale. Après quelques réponses, il demanda à un de ses jeunes conseillers de nous rejoindre. Il s'appelait Hervé Bourges. Il faisait partie de ces « pieds-rouges », Français de la métropole, jeunes idéalistes qui voulaient aider les nouveaux dirigeants à construire une république laïque et une démocratie réconciliée avec la France. Leurs angoisses, leurs erreurs, leurs espoirs et leurs désillusions seraient à la mesure de leurs rêves. Hervé Bourges se souvient-il de cette première rencontre ?

Depuis le jour où Michèle Cotta, présidente de la Haute Autorité de l'Audiovisuel, le choisit pour conduire les destinées de TF1, encore chaîne publique, Hervé Bourges a connu une alternance de succès et d'échecs. En 1989, il n'avait pas supporté sa défaite contre un Philippe Guilhaume surgi de l'imagination politique de Roland Faure pour présider France Télévision. Placé à la tête de RMC qu'il avait affaiblie en croyant la transformer en grande station nationale, Hervé Bourges attendait son heure et rongeait son frein. En décembre 1990, il fut appelé d'urgence à la succession de Philippe Guilhaume contraint à la démission. Il apparut comme un candidat naturel, inévitable, capable de dissoudre tous les nuages accumulés sur France Télévision. Il a raconté à Philippe Kieffer et Marie-Eve

Chamard [1] les conditions rocambolesques de son rendez-vous avec Jacques Boutet, dans un endroit mystérieux, aujourd'hui encore non identifié. Les huit membres confirmèrent cette nomination décidée en haut lieu. Il savoura son triomphe.

Pendant trois ans, son action contribua au redressement des deux chaînes publiques. La suprématie de TF1 fut en partie réduite. Il recruta des animateurs-producteurs populaires, comme Mireille Dumas ou Nagui, en acceptant d'y mettre le prix : « Le rire et le rêve se payent », assurait-il. Il choisit également d'investir dans les droits sportifs, afin que les chaînes publiques puissent diffuser tennis, cyclisme, rugby, football. A un moment où la rivalité entre les chaînes privées s'exacerbait, il a dû consentir une inflation rapide des dépenses. Pour offrir coûte que coûte du football sur France 2, il paya cher des matches de seconde division, pour lesquels le public ne se passionnait guère.

Hervé Bourges aimait parler en public. Ses textes, toujours minutieusement préparés, étaient lus avec une lenteur gourmande de la première à la dernière ligne. Ses allocutions duraient souvent plus d'une heure, emportant son auditoire dans un flux élastique de paroles. Il donna de l'autorité à sa fonction et du lustre à la télévision publique qui en avait bien besoin. Il savait provoquer les autorités, aller au conflit ouvert pour faire reconnaître son titre et son titulaire. Chaque querelle lui conférait un peu plus de poids. Il confortait son rôle par les échos qu'il se ménageait dans la presse, l'alimentant de petits faits, d'indiscrétions et de rumeurs. Il sut obtenir des gouvernements de gauche, parfois en les menaçant, alors qu'il était assuré de leur indulgence et de leur appui, plus d'un milliard et demi

---

1. Marie-Eve Chamard et Philippe Kieffer, *La Télé : dix ans d'histoires secrètes,* Flammarion, 1992.

de francs pour combler les rapides déficits creusés par son prédécesseur.

La première année de la seconde cohabitation fut la dernière de son mandat. Trois ans, c'est extrêmement court pour un mandat à la tête d'une entreprise qu'il faut prendre en main et remobiliser. A peine le temps de s'installer, de définir de nouvelles orientations, de décider de quelques dossiers, de mettre de nouveaux programmes en production. A peine le temps de ressentir les premiers effets d'une politique que déjà un nouveau président en reçoit les éloges ou les blâmes.

Hervé Bourges tenta d'agir vite en 1993, pour séduire Edouard Balladur auquel tous promettaient la durée. Je n'ai pas à imaginer sa déception quand Matignon lui annonça par la bouche du directeur de cabinet, Nicolas Bazire, qu'il ne « poursuivrait pas sa mission ». Ces choses-là sont dites du bout des lèvres, susurrées, à peine articulées, dans un décor artificiel et feutré, entre gens qui se comprennent à demi-mot, à voix basse, et qui ne provoquent jamais d'esclandre. C'est le chuchotis des antichambres. L'inexorable et l'injuste ne s'y discutent pas. Cela tient de la confidence. Peu à peu, l'administration se mettra en route et appliquera la décision sans états d'âme. Elle exécute. Hervé Bourges sut se montrer discret et digne jusqu'au dernier moment. Ses proches percevaient son chagrin, sa colère et sa révolte. Etait-il possible de surseoir ou de reconsidérer une telle mise à l'écart? Il le crut. Si on demande aujourd'hui à Edouard Balladur les raisons de l'éviction d'Hervé Bourges de la présidence de France Télévision en décembre 1993, on peut être assuré qu'il les a oubliées : « Oui, pourquoi, dites-moi pourquoi. Il n'est pas plus mauvais qu'un autre. C'est injuste, ne croyez-vous pas? » C'était injuste. C'est l'audiovisuel. Il ne devait pas être l'homme de la situation. Combien de fois ai-je entendu cette phrase glaciale qui tranche comme un couperet. Et ne laisse aucune chance. La voie s'en trouva libre pour moi. Je n'aurais jamais engagé la bataille pour France Télévision, si Hervé Bourges était resté en place. Je le lui ai souvent confirmé. Mais Hervé Bourges ne devait jamais pardonner ni à ceux qui l'avaient écarté, ni à ceux qui lui succéderaient même s'ils n'y étaient pour rien, ni même à François Mitterrand qui n'avait su, ou voulu, le protéger. Il avait quitté TF1 après la privatisation, il dut de nouveau renoncer à France Télévision à la fin de son premier mandat en 1993. Cet hiver-là restera pour lui une défaite que d'autres paieraient.

Déjeuner ou dîner avec Hervé Bourges est toujours un plaisir. On apprend beaucoup sur lui. Il commande très peu. Il commence par goûter, à peine, avec détachement. Un ascète soucieux de sa silhouette. Puis réapparaît le mangeur gourmand qui ne laisse aucune chance aux bons plats. Il faut observer sa délectation quand arrivent les desserts, les glaces et les pâtisseries surtout. Comme il ne parvient pas à choisir, il les lui faut tous. Et pour les vins, quel que soit le renom du sommelier, il a sa préférence. Ses très proches savent que souvent, dans un restaurant, il sort d'un vieux cartable sa propre bouteille du meilleur vin. C'est un connaisseur qui juge son hôte à la qualité de la table et du chef choisis. Savoir lui faire honneur commence par là. Il n'arrive jamais à l'heure. Faire attendre est le signe de la puissance. Pourquoi s'en priver? A le voir ainsi, d'abord se restreindre pour mieux se dilater ensuite, j'ai souvent pensé à cette duplicité, naturelle ou construite, à ce double langage dont il use en toute bonne foi. Il oublie si facilement ce qui le dérange, et ce qu'il a expliqué l'heure d'avant. A peine vous promet-il de vous aider qu'il vous combat. Il jure de son amitié mais il vous trahit. Il vous assure de sa clarté alors qu'il préfère l'ombre et les recoins. Et tandis qu'il vous flatte, il aiguise déjà son poignard dont on voit parfois briller la lame. Ainsi en a-t-il agi avec son successeur à la tête de France Télévision.

Successeur ? Ce mot le révulsait. Il n'y avait personne avant lui, il n'y aurait personne après. La télévision publique n'avait jamais eu et n'aurait jamais aucun professionnel de sa dimension. Son parcours lui donnait la stature qu'il niait aux autres. Il les regardait avec une condescendance polie et une hostilité retenue. S'ils prétendaient à devenir des rivaux, il les traiterait avec une haine organisée. Il ressemble à ce personnage d'*Une ténébreuse affaire* de Balzac, Violette : « franchement envieux, il croyait que sa fortune dépendait de la ruine des autres. Violette voulait le mal du prochain et le lui souhaitait ardemment. Quand il y pouvait contribuer, il y aidait avec amour ». Et avec méthode et ruse.

Dès son arrivée à la tête du CSA, sûr que sa réussite dépendrait de l'affaiblissement des responsables de la télévision publique, il mit en place des réseaux d'informateurs au sein de France 2 et France 3, qui lui rapportaient décisions, résultats, projets, conversations confidentielles. Souvent les dossiers lui étaient transmis avec zèle dans la journée, en tout cas dans la semaine. Le secret jouait peu dès que nous voulions lancer une initiative. La méfiance s'installa à France 2 et France 3, à la mesure des indiscrétions de quelques-uns, aujourd'hui récompensés, et qu'à l'époque j'avais refusé d'écarter pour ne pas être accusé de pratiquer la chasse aux sorcières ou de couper des têtes.

Président du CSA, il prit à certains moments des positions courageuses. Il souligna l'honnêteté et l'impartialité des rédactions de France Télévision pendant les campagnes électorales de 1995, comme pendant les grèves de décembre la même année. Il exprimait l'avis unanime des autres sages du CSA, et ce fut utile. En dehors de ces cas plutôt rares, il s'évertua à nous compliquer la tâche. Il ne fallait pas chagriner ses amis du privé. « Oh vous savez, me disait-il, le CSA c'est bien, mais ça ne vaut pas France Télévision. » Ou encore : « Le panorama de mon bureau est magnifique, je vois tout Paris et la Seine. J'abandonnerais tout cela pour de vraies entreprises comme France 2 et France 3. Là, il y a de l'action et elle est plus directe. » Il avait raison. C'est pourquoi je l'ai ménagé. Jamais je n'ai critiqué sa politique. Je m'inscrivais souvent dans la continuité et, cela va sans dire, dans l'héritage. Nos successeurs devront beaucoup inventer ou concéder pour alimenter et satisfaire sa vanité. Il est vrai que si l'on n'y prend garde, le système engendre l'enflure. En fait, son ambition était de continuer à gouverner, via le CSA, France Télévision et tout l'audiovisuel, d'en rester l'unique garant, le patron incontesté. L'absence d'un ministre de la Communication (Philippe Douste-Blazy ne joua jamais vraiment ce rôle) facilitait l'émergence d'une figure grandiose pour commander à cet univers. Puisque Hervé Bourges avait perdu la présidence de France Télévision, il lui fallait placer à sa tête un homme à lui, dépendant de lui, avec autant de docilité que de gratitude. Je reconnais que je ne passais pas mon temps à l'informer et à faire ma cour. Il aime tant les relations de force avec les courtisans. A chaque rencontre, il me répétait son intention de m'aider, il m'encourageait à écarter quelques-uns de mes proches pour les remplacer par les siens.

Pour le Parlement, les rapporteurs des commissions concernées, Jean Cluzel et Alain Griotteray, eurent connaissance des contrats. Chacun d'eux en fit l'usage qui lui parut raisonnable. Indifférent au préjudice qu'il pouvait causer à une entreprise publique en situation de concurrence, un seul, Alain Griotteray, divulgua ce type de document, légalement confidentiel. Les chaînes privées ne courent en effet pas le risque de voir leurs comptes exposés dans la presse ! Sans doute Alain Griotteray était-il infiniment plus soucieux du bruit qu'il provoquerait autour de son nom que du respect des quelques principes essentiels du travail parlementaire et des règles de la compétition. J'évoquerai ici bientôt la polémique entretenue autour de ces quelques contrats.

Delarue mis à part, l'autre grand événement que nous préparions pour la rentrée 1994 fut le retour de Michel Drucker sur le service public. Michel Drucker est un animateur hors pair. Sa carrière se confond avec l'histoire de la télévision française et son passage sur une chaîne privée avait été l'une des conséquences les plus inattendues de la privatisation de TF1.

Les émissions du samedi soir, au cours desquelles les artistes du moment venaient présenter un extrait de leur prochain spectacle ou de leur prochain disque, étaient désormais une formule morte et trop coûteuse. Les téléspectateurs étaient de moins en moins sensibles à l'aspect clinquant de cette télévision-là. Michel sentait qu'il lui fallait impérativement se renouveler, en évitant de s'enfermer dans un genre dépassé. En novembre 1993, pendant ma campagne, je lui avais expliqué mon dessein. Il m'avait mis en garde : « J'ai connu bien des présidents, ils étaient tous angoissés, épuisés, usés... ils ont presque tous divorcé. » Je l'avais senti intéressé par la proposition du candidat, mais il s'inquiétait sincèrement : « Tu sais, la télé brûle ceux qui la dirigent ; même à TF1, dans chaque service, tous ceux qui ont une responsabilité grillent très vite. »

Trois jours après mon élection, le 16 décembre 1993 exactement, j'allai chez lui, avec mon petit cahier bleu torsadé, pour imaginer ce que France Télévision pouvait renouveler dans le domaine des variétés et du divertissement. Nous restâmes plusieurs heures à discuter de son éventuel retour à France 2. « Revenir, mais où ? A

20 h 30, le samedi ou le dimanche? Ce serait du réchauffé et nous avons besoin l'un et l'autre d'imagination et de renouveau. » Je lui proposai la tranche stratégique 19-20 heures, cette avant-soirée essentielle pour les chaînes généralistes. France 2 n'y diffusait jusque-là que des séries insipides produites au kilomètre avec des rires enregistrés. J'avais réfléchi à cette hypothèse avec Carlo Freccero et Louis Bériot. Il n'était pas question de proposer à Michel de réaliser le même type de programme qu'à TF1. Le 19-20 l'obligeait à une profonde remise en question, et à un changement de mode de vie. Avoir la responsabilité quotidienne d'une heure en prise sur l'actualité et animer une émission par semaine, ou par mois, sont deux choses différentes. Michel fut d'abord effrayé. Il ne se décida pas tout de suite.

Les semaines passèrent. Louis Bériot et Carlo Freccero avaient commencé à élaborer la grille de rentrée de France 2, considérant que Drucker ne viendrait pas. Ils avaient imaginé d'autres solutions pour l'avant-soirée. Interrogé en avril par le *Journal du Dimanche*, je déclarai pour trancher avec les hésitations et les craintes de Michel : « Nous n'avons pas besoin de Michel Drucker... » Ces paroles firent mieux qu'une longue négociation. Il était prêt. Il mesurait l'enjeu que cette nouvelle émission représentait dans sa carrière. Il en avait du reste déjà défini le fil conducteur. Il engagea des pourparlers secrets avec notre équipe qu'il reçut rue Jean Mermoz, au siège de sa société. Les discussions portaient à la fois sur le temps d'antenne dont il disposerait, sur le concept de son émission, sur les collaborateurs qu'il était libre d'engager. J'y accompagnai parfois Patrick Clément, Carlo Freccero, Louis Bériot et Rodolphe Ankaoua. J'ai en Michel Drucker une confiance et une amitié absolues. Elles ne se sont jamais démenties. Nous nous comprenons sans éloquence, sans protestations d'affection et sans grandes phrases.

Je pouvais compter sur lui pour réaliser l'effort nécessaire sur lui-même, alors qu'il abordait un tournant de sa propre carrière. Il savait que ses amis de France 2 seraient à ses côtés pour l'aider. A l'instant de signer le contrat, je lui dis : « Et en plus, on va faire plaisir à ta mère... » Mme Drucker nous a quittés depuis. Elle fut heureuse du retour de Michel à la télévision publique dans des émissions à la fois modernes et de qualité. Michel Drucker compensait le risque que nous prenions en faisant appel à de jeunes animateurs moins expérimentés, comme Jean-Luc Delarue. Pour la jeune génération, Michel devenait un exemple et un appui.

Le démarrage de *Studio Gabriel* fut très lent. Michel était la cible de toutes les attaques de confrères qui jugeaient sévèrement sa métamorphose et voulaient enterrer « le vieux ». Il craignait de voir s'assombrir son étoile. Il était atteint. Il ne faisait plus de sport, il s'interrogeait, il s'inquiétait. J'allais en régie, soir après soir, sans un mot. Il racontera plus tard qu'il y trouva un réconfort et une raison de tenir. Son courage fut récompensé. Ses performances, cinq fois par semaine, avant le journal télévisé de 20 heures, à une place décisive pour la collecte de la publicité, lui donnèrent une nouvelle dynamique pour ses *Faites la fête* du samedi soir, qu'il dispensa avec parcimonie. Judicieusement. Pour n'engendrer ni accoutumance, ni usure. Le public est reconnaissant à Michel du plaisir qu'il lui offre. Il l'a montré pour les fêtes de la Saint-Sylvestre 1996.

Nous avions toujours su qu'imposer Michel Drucker à 19 heures serait difficile. Je ne voulais pas céder aux conseils des croque-morts qui ne croyaient pas en sa réussite. Le service public doit donner du temps au temps, ne pas trembler devant les résultats d'audience et tenir fermement le cap fixé jusqu'à ce qu'il soit atteint. Une télévision publique ne se gère pas dans la hâte. C'est sa force. Ainsi ai-je également agi sur

France 3 avec *Fa si la chanter* que le talentueux Pascal Brunner conduisit tranquillement au succès.

Carlo Freccero travaillait chaque jour avec Michel pour l'aider à sortir du doute. Sur leur double initiative, nous décidâmes en janvier 95 de resserrer son temps d'antenne pour muscler davantage l'émission. La réussite fut instantanée. Elle ne s'est pas démentie. Très vite, Michel reprit confiance en lui, il se remit à faire du sport. Il réussit un exploit dont peu sont capables. Dans ce domaine, il a des imitateurs, pas d'équivalent. En février 1996, je renouvelais pour France 2 prématurément son contrat, en lui offrant la possibilité de continuer s'il le voulait jusqu'en 1998. Mon successeur n'aurait pas à le regretter. Pendant que TF1 s'épuise à la recherche d'une formule performante, Michel Drucker, s'il le veut, est là pour lontemps. Son rendez-vous de 19 h 20 revient nettement moins cher que celui de Lagaf' à TF1. On a toujours raison de faire confiance au talent et de parier sur la qualité. Il a dépassé les cinq cents rendez-vous quotidiens.

Plus tard, nous cherchions un animateur pour *Les Enfants de la télé*. Nous avions un temps pensé à Christophe Dechavanne. L'animateur vedette de TF1 était venu spontanément proposer ses services. Christophe Dechavanne représentait à cette époque l'élément le plus en vue et le mieux rémunéré d'une nouvelle génération d'hommes de télévision. Adepte de la rapidité, de la provocation et du verlan, auteur d'émissions à succès, son goût de l'inattendu s'appuyait souvent sur la facilité et sur la répétition de procédés qui commençaient déjà à s'user. Christophe a de l'énergie. Il a reçu des coups. Il a la capacité de rebondir à condition de se renouveler et de se débarrasser, enfin, de sa basse-cour et de son cirque.

Effarés par les montants qu'il demandait, nous avons renoncé. Nous ne pouvions pas recruter Dechavanne.

Bériot et Freccero proposèrent très vite Arthur. Arthur commençait sa résurrection. Animateur de matinées vulgaires sur Fun Radio, il fut invité à rejoindre Europe 1 l'après-midi. Malgré son succès, il méritait mieux que ces obscénités et ce vocabulaire indigent. Comme il avait échoué à minuit sur TF1, il fut longtemps privé de télévision. Il errait avec le chagrin de celui qui a laissé passer sa chance. Il en réclamait une autre. Carlo, qui avait mesuré ses qualités professionnelles, sentait qu'il pouvait se renouveler. Il incarnait ces jeunes qui ont grandi avec la télévision. Il fallut beaucoup de temps pour me convaincre. Il entra à France 2 et réussit assez vite une émission qui avait meilleure réputation que lui. Peu à peu, il fit coïncider la bonne opinion que les téléspectateurs avaient des *Enfants de la télé* avec son image personnelle. Sur son plateau, j'étais surpris de l'enthousiasme qu'il déclenchait et qui correspondait à ses bons scores d'audience. Ces retrouvailles avec le public lui rendirent confiance en lui-même. Il contribua avec Nagui et Michel Drucker à rajeunir et féminiser l'auditoire du samedi soir et à affaiblir, un peu, les indétrônables *Grosses Têtes* de Philippe Bouvard, beaucoup, les inepties de Patrick Sébastien. Je n'ai pas compris que pour donner des gages à l'air du temps, le service public ait offert Arthur à TF1, qui l'enferme désormais dans une cage d'or, juste prix de ce qu'il rapporte. Arthur et Nagui font les beaux soirs du privé, utilisant des formules nées et expérimentées à la télévision publique. France 2 se contente de Dechavanne et Sébastien dont TF1 voulait se séparer. A bout d'inspiration, ils ne manquent ni l'un ni l'autre de talent et d'aplomb. Ils peuvent surprendre. Mais cette extraordinaire bête de scène que fut Patrick Sébastien pourra-t-elle se renouveler en restant elle-même ?

Pour *Les Enfants de la télé* il fallait équilibrer l'image

fantasque d'Arthur en l'associant à celle d'un homme qui avait vécu l'histoire de la télévision, Pierre Tchernia. A eux deux, ils construisirent l'émission phare du samedi soir. Pierre Tchernia se coula avec naturel dans les habits de « Magic Tchernia » qu'Arthur lui fit revêtir. Avec un rôle modeste et symbolique, il fut pour beaucoup dans le succès de cette émission dont profite désormais le privé.

Semaine après semaine, ce duo de choc, alternant avec l'insolence de Nagui, faisait de France 2 une chaîne impertinente, fidèle à la belle époque de la télévision publique. Découverte de Pascal Josèphe à l'époque de la 5, Nagui commença à exercer son vrai talent dans des jeux de France 2. Louis Bériot acheta pour lui les droits d'une émission anglaise à succès, *La Brosse à dents*. Son enregistrement avait amusé les responsables de l'unité divertissement, qui n'y avaient pas trouvé matière à redire. Chacun remplit son rôle, sans réclamer la censure ou l'imprimatur du P-DG. Il n'intervient qu'en cas de conflit, de litige, de doute. Lors de la diffusion de la toute première émission, je compris qu'une scène déclencherait la polémique : la distribution d'argent aux candidats d'une série d'épreuves médiocres. Ayant choisi un humour au second degré, Nagui ne fut pas compris. Il déchaîna les passions, non auprès des téléspectateurs qui s'amusaient, mais chez les concurrents et les politiques, les uns influençant les autres. TF1, impressionnée par le succès et l'énergie de Nagui, se plut à dénoncer telle séquence sous le prétexte du gaspillage des deniers publics. La chaîne privée distribua à des ministres et à des parlementaires une cassette de l'extrait incriminé. Pendant des mois, la rumeur, souvent répétée par ceux-là mêmes qui n'avaient jamais vu l'émission, fut hostile à *La Brosse à dents,* non à Nagui. Il animait par ailleurs une excellente production, *Taratata,* qui était censée, bien que peu regardée, aider la chanson française. Il était à la mode. Les critiques conformistes de *La Brosse à dents* n'osaient pas s'en prendre au Nagui de *Taratata*. Il était ainsi protégé.

En octobre 96, Nagui eut besoin de justifier – d'abord à ses propres yeux – son transfert sur TF1. Il se répandit en plaintes sur la présidence de France Télévision qui ne l'avait pas soutenu. C'est faux et injuste. Sans le connaître autrement qu'à l'antenne, je l'ai rarement sermonné, toujours défendu. Il possède une chaleur, une vitalité, un ton qui le rendent proche des jeunes de sa génération et de leurs parents. Un tel succès ne se décrète pas. Son charme à l'image lui assurera une certaine longévité, s'il parvient toutefois à ménager ses effets et à contrôler sa tendance à l'exhibitionnisme. Il échoue sur TF1, il s'y consume, ne se sentant ni chasseur de primes, ni mercenaire alléché. Nagui est mal à l'aise, en désaccord avec lui-même et avec le public. Il possède assez d'atouts pour traverser ce mauvais moment, y compris sur la chaîne privée qui l'accueille. Mais mon intuition me souffle qu'il ne tardera pas à retrouver sa maison d'origine.

La mésaventure de Mireille Dumas est à cet égard exemplaire. Ses débuts furent étincelants. Elle imposa son style avec ses émissions sur les laissés-pour-compte de notre société. Elle ouvrait les antennes à ceux qui n'y avaient jamais accès. Elle vainquit l'indifférence et le mépris. En cela, elle contribua à changer l'histoire de la télévision, et le regard que la société française pose sur tel ou tel. Elle était la démonstration du rôle nécessaire du service public. Mais cela devint un système. Mireille Dumas frôlait la complaisance, parfois le voyeurisme. Elle ne s'en rendait pas compte. Il est vrai qu'elle avait de forts soutiens dans le public, les journaux, au CSA. A force d'être intouchable, elle devint fragile. Son acharnement, son obstination, ses certitudes agaçaient.

Bas les masques se démodait. Elle ne percevait pas le malaise qui gagnait. Nul doute pourtant que Mireille Dumas puisse se renouveler. Sa farouche sincérité, son humanité, et ses engagements tonitruants manquent aujourd'hui à l'antenne.

Louis Bériot lui avait demandé de réaliser quelques rendez-vous de 20 h 50 qu'elle avait dans l'ensemble réussis. Le 16 février 96, elle choisit une nouvelle fois un sujet qui la bouleversait : les transsexuels. Son émission était très digne et solidaire. Trop longue aussi. Refusant de la raccourcir de vingt à trente minutes, elle aurait contraint de la sorte les programmateurs à diffuser très tard le *Bouillon de culture* consacré à Salman Rushdie, Mario Vargas Llosa et Umberto Eco, trois grands de la littérature repoussés à 23 h 30. Je n'étais pas le seul à être choqué. Nous attendîmes d'avoir la confirmation de la présence de Rushdie pour décider d'inverser les deux émissions. Le secret avait été gardé pour des raisons de sécurité. France 2 était sous contrôle et sur les toits de l'avenue Montaigne prenaient place policiers et tireurs d'élite. Je fis annoncer le jour même de la diffusion, le vendredi matin, ma décision à Bernard Pivot qui l'espérait sans oser la réclamer, et à Mireille Dumas qui déclencha contre moi une polémique. Pourtant, il ne s'agissait ni de censure, ni d'une critique dirigée contre les transsexuels. Je ne voulais pas que, sous ma présidence, on méprisât les livres et les écrivains. *Bouillon de culture* fut un peu décevant, malgré le talent de Bernard Pivot. Vargas Llosa et Eco servaient trop de faire-valoir à Rushdie. Après dix minutes d'émission, nous avions déjà perdu 6 millions de téléspectateurs. Mon astucieux confrère Alain Rollat salua dans son billet du *Monde* mon initiative mais il me mit au défi de reproduire l'expérience tous les vendredis et de placer *Bouillon de culture* en première partie de soirée. Je demandai aussitôt à Marc Lavédrine, le responsable

de la régie publicitaire, le coût de la soirée et les conséquences d'une telle modification de programme. Je ne
me faisais aucune illusion. Les annonceurs ne sont pas
des philanthropes. Ils avaient protesté et réclamé une
contrepartie de 1,5 million de francs pour le manque à
gagner. Si Bernard Pivot était déplacé à 20 h 50, il en
coûterait au budget de France 2 entre 150 et 200 millions par an. Y a-t-il plus dissuasif que les réalités? Le
public ne serait pas au rendez-vous. Quand on l'interroge sur ses préférences, il choisit des émissions à caractère culturel, qu'en fait il ne regarde pas. Si nos bilans
avaient révélé de tels déficits, quel journal ou quel
député aurait réclamé qu'on les comble? Rien ne nous
empêchera pour autant de défendre toutes les formes de
culture, là où il le fallait.

En 1993, j'animais *Repères* sur France 3 avec moins
de 400 000 francs pour toute une équipe et cinquante
minutes d'émission. J'avais découvert avec stupeur les
montants des émissions de première partie de soirée.
Avant mon arrivée, France 2 dépensait 4 millions pour
chaque numéro de *Surprise sur prise* le samedi soir, et
Jean-Marie Cavada facturait 1,5 million de francs à
France 3 chaque *Marche du siècle*. Ces investissements
se situaient dans la moyenne. Comment aurais-je imaginé le tollé de 1996, alors que, loin de nous livrer à une
surenchère, nous avions tenu les coûts et que nous
récoltions l'audience et l'argent du succès?

Dans une société qui compte plus de trois millions de
chômeurs, où la pauvreté croît, ces rémunérations et
ces chiffres d'affaires apparaissent comme les manifes-
tations d'une réelle fracture sociale. Peut-être avons-
nous accordé des conditions et des avantages excessifs à
quelques animateurs. En toute bonne foi. La concurrence était terrible, le privé payait et paie ces prix en
toute confidence et sans avoir de comptes à rendre sur
la place publique. Peut-on me reprocher les déséqui-

libres d'un système dont j'héritais? Qui connaît le coût des émissions, des films achetés, des droits sportifs? Qui se soucie des exigences des gens du spectacle, producteurs, acteurs? Chef d'entreprise, j'étais forcé d'accepter les lois du marché, sauf à mettre en danger les budgets et les salariés de France 2 comme de France 3. Je cherchais à en modifier les règles, et à éviter le recours au citoyen contibuable.

En quatre ans, de 1993 à 1997, les pouvoirs publics ont réduit de manière drastique la part de la redevance dans le budget des chaînes. (Elle est passée pour France 2 de 62 % à 47 %, et pour France 3 de 81 % à 67 %.) En 1996 France 2 et France 3 recevaient à peu près la moitié de la redevance télévision payée par les Français. Sur 700 francs de redevance pour un poste couleur, France 2 en percevait 168 et France 3, 231. Le reste aidait les blessés ou payait le luxe d'un système malade. Si on avait supprimé la publicité sur France 2 et France 3, les Français auraient payé 900 francs par an, soit une augmentation de 30 % de la redevance, moins cependant que la redevance allemande! Etait-ce bien le moment, alors qu'on cherchait à réduire les prélèvements obligatoires? Personne ne prendra une telle décision.

Nous devions donc assurer notre financement grâce à la publicité et sans dépendre d'elle! Parlons clairement : pour obtenir de la publicité, il faut gagner de l'audience. C'est une nécessité. Et pas émission par émission : c'est une stratégie d'ensemble, globale. Nous y parvenions aussi grâce aux efforts et au talent de Jean-Luc Delarue, de Michel Drucker, d'Arthur, de Mireille Dumas, de Jacques Martin, de Nagui, sans sacrifier la qualité des programmes. Les Français nous en donnaient acte, toutes les enquêtes d'opinion le prouvaient.

Notre politique concernant les animateurs était le seul moyen de répondre aux objectifs publicitaires et aux exigences d'antenne fixés par la tutelle. France Télévision vit de l'argent du contribuable et de l'argent de la publicité. Mon successeur a hérité de ce système de financement mixte – est-il si mauvais ? – que j'avais moi-même reçu de mes prédécesseurs. Aujourd'hui, il s'aggrave. Et transforme déjà France 2, financée pour plus de la moitié par la publicité, en « chaîne commerciale d'Etat ». Cette fois, c'est vrai !

J'ai la conviction que la gestion d'une entreprise publique, y compris culturelle, se mesure aux conséquences qu'elle a pour le contribuable. A celui-ci, nous n'avons rien demandé. L'exploit est rare. Entre 1992 et 1995, les recettes publicitaires et de parrainage de France Télévision augmentèrent de 47 % dans un marché qui n'avait progressé que de 28 %. Résultat pour le contribuable : en 1993 France Télévision coûtait 301 francs par an et par téléspectateur ; en 1995 France Télévision coûtait 280 francs par téléspectateur, soit une baisse de 7 %.

Contrats : la polémique

Une vague sans précédent de rumeurs et de calomnies déferla sur France 2, sur ses dirigeants, et plus particulièrement sur le président de France Télévision. A l'origine : les contrats passés par France 2 avec quelques animateurs. Les contrats furent jugés exorbitants et impardonnables. En fait, ils allaient surtout servir de prétexte et d'alibi. Ces rumeurs avaient leur véritable cause dans une conjonction d'animosités et d'intérêts forts différents les uns des autres. Elles avaient un même objectif : déstabiliser la télévision publique, et évincer l'équipe qui la conduisait.

Personne ne pouvait critiquer les résultats obtenus : audience en hausse, finances saines, bonne image auprès des Français. Ils ne pouvaient pas nous critiquer non plus sur les programmes : croissance en cours des investissements du groupe dans la fiction, le documentaire et les programmes jeunesse, plus grande place donnée à la culture. Ils ne pouvaient pas attaquer non plus l'information : pluralisme, rigueur, développement régional et local. Mais c'était justement pour eux le moment de nous faire payer le prix de nos succès.

En publiant son rapport, puis un livre [1] au vitriol, Alain Griotteray révélait des secrets d'entreprise. Il estima que tel était son devoir de rapporteur puisque Pierre Méhaignerie lui avait demandé de remplacer le regretté Robert-André Vivien. Au nom de son idée, fausse, du « mauvais état de la télévision publique », et de sa préférence – France 2 privatisée – que la saison ne lui permettait pas encore d'avouer, il s'en prenait à nous avec acharnement et méthode. Non à tous : il protégeait certains responsables de France 3 dont il avait expérimenté autrefois la proximité idéologique. Dès notre premier entretien, annoncé longtemps à l'avance pour que nous nous y préparions, il sut qu'il pourrait rencontrer chaque directeur et avoir accès à tous les dossiers. « La maison sera transparente et tout lui sera montré en confiance », avais-je affirmé.

Monsieur le Rapporteur exigeait cependant d'emporter, de sortir de France Télévision, contrats, notes confidentielles et papiers internes. Les règles prévoyaient leur consultation « sur pièces et sur place ». Nous appliquerions les règles, toutes les règles en la matière, et sans aller au-delà. Les juristes autour de moi estimaient en effet que Monsieur le Rapporteur n'avait pas à établir de photocopies des documents, qu'il pouvait en revanche étudier, réécrire, copier. Pour faciliter son investigation, des bureaux furent installés, pour lui et pour son jeune collaborateur, un administrateur de l'Assemblée nationale, aussi raide et pâle que son maître. Ainsi disposait-il de tous les moyens et de tous les documents, aussi longtemps qu'il le souhaitait.

Il prétendit plus tard que nous cherchions à dissimuler nos dossiers. J'accuse Alain Griotteray d'avoir menti. Nous n'avions rien à cacher. Je compris dès le premier instant que Monsieur le Rapporteur mettrait

---

1. Alain Griotteray, *L'Argent de la télévision,* Editions du Rocher, 1996.

toute son imagination et sa méchanceté à nous détruire. Il y avait en lui cette vibration de haine, une crispation de rage, passionnée, contenue avec peine, que je n'avais jamais perçue ailleurs. Il nous combattait. Bien qu'il se défendît de donner une marque personnelle à ses attaques, il y avait beaucoup chez moi pour lui déplaire. Le soutien de François Mitterrand, qu'il abhorrait par-dessus tout, mon nom, ma personne. En tout cas, il exultait, quand il réussissait à faire mal.

Jean Cluzel avait tenté au cours d'un déjeuner au Sénat de mieux le connaître, et de faciliter entre nous un échange d'arguments fondés. Sans succès. En plus, Monsieur le Rapporteur détestait la télévision et ne la regardait jamais. Drucker, Mireille Dumas, Arthur, Jacques Martin, ne lui convenaient pas, il les harcèlerait. Il continue d'ailleurs à les poursuivre.

« Qu'il ne vous inquiète pas, c'est sa dernière bataille, il y prend tant de plaisir, le pauvre ! » nous répétaient Pierre Méhaignerie – pour quelles raisons mystérieuses l'avait-il désigné ? – François Léotard, Philippe Douste-Blazy, et beaucoup d'autres. « Il n'a aucune influence politique », ajoutaient-ils. Personne n'y attachait d'importance et tous le laissaient agir. Il est de fait que lors des débats à l'Assemblée nationale sur la communication, ses propositions étaient toujours repoussées, elles n'obtenaient que deux voix, la sienne, et celle d'un Laurent Dominati qui soupirait : « Que voulez-vous, c'est mon parrain ! »

Monsieur le Rapporteur soignait son ego, jamais désintéressé. Par chance, il n'a jamais rencontré un autre Griotteray afin d'éplucher tous les comptes et mécomptes de sa vie. Pour promouvoir son rapport et son livre *L'Argent de la télévision* dont personne ne sait les sommes qu'il lui rapporta et dans quelle fondation elles furent investies, il demanda avec insistance à toutes les rédactions, toutes les télévisions et radios, d'organiser des face-à-face. Pendant la crise, Monsieur le Rapporteur était partout. Des confrères complaisants le pressaient de répéter ses arguments, l'encourageaient à aller plus loin. Il s'exécutait et nous exécutait avec aplomb et plaisir. Aucun d'entre nous ne répondait. Des conseillers prudents nous répétaient que réfuter Monsieur le Rapporteur, c'était s'en prendre à la représentation nationale. Il pouvait donc s'exprimer, assuré de n'être jamais contredit. Je pense avoir eu tort, il n'incarnait pas à lui seul tout le Parlement. Ses excès et son isolement le prouvaient. A la rigueur l'extrême droite de la droite. Par quel aveuglement, comment, malgré son extrémisme passionnel, lors de la guerre d'Algérie, de Mai 68, et qu'il développe chaque semaine dans *Le Figaro Magazine*, peut-il être traité comme une source raisonnable? Nous aurions pu combattre ces accusations indignes, qui reproduites chaque jour, sans vérification, firent du dégât. « Attention, répétait-il de télévision en radio, France Télévision, c'est le Crédit Lyonnais! » Mensonge, mensonge, au moment où le service public gagnait de l'argent! Mensonge que nous aurions pu et dû poursuivre en justice. Les finances de France 2 et de France 3 étaient saines, et il osait les comparer aux déficits catastrophiques et abyssaux du Crédit Lyonnais. L'Etat récupérait des centaines de millions sur nos bénéfices, alors qu'il n'a pas fini d'aligner les milliards – 150 – pour sauver de la faillite le Crédit Lyonnais. Comparer était un mensonge doublé de malhonnêteté.

Le 9 mai 1996, il me demanda de lui exposer nos objectifs concernant le numérique. Il me reçut, en compagnie de Didier Sapaut, dans une de ces salles sans âme des commissions du Palais-Bourbon. Au début, il essaya de m'entraîner une fois de plus sur le terrain des contrats. En vain. Je lui répondis que sur ce point nous avions vidé notre querelle, que tel n'était pas le sujet de notre entretien. J'engageai avec lui le débat sur les raisons et les conséquences du numérique pour la France. Il convint que le service public ne devait pas renoncer à cette évolution, qu'il s'y lançait tardivement par la faute de mes prédécesseurs et des autorités publiques, trop aveugles ou trop négligentes. Monsieur le Rapporteur ajouta, à propos de l'accord TPS avec TF1, qu'il aurait préféré à un financement privé/public un engagement financier total de la part de l'Etat. Pour un idéologue « tout-libéral », l'idée ne manquait pas de piquant ! Cette rencontre fut pourtant une heure de discussion de bon niveau, et sans polémiques stériles. A peine avais-je quitté l'Assemblée nationale que l'AFP annonçait que Monsieur le Rapporteur m'avait sermonné sur tel et tel contrat. Alors que nous n'en avions rien dit ! Mensonge, une fois de plus, repris et repris, sans que personne ne se préoccupât de la bonne version, ni de la réalité.

Que me reprochait en fait Monsieur le Rapporteur ? D'avoir eu en matière de contrats une pratique autocratique ? C'est la loi qui donne au président de France Télévision le pouvoir de signer ces contrats dont le caractère confidentiel est impératif. L'article 20 des statuts de France 2 prévoit que « Le président de la société assume, sous sa responsabilité, la direction générale de la société et la représente dans ses rapports avec les tiers. (...) Sous réserve des pouvoirs que la loi ou les présents statuts attribuent expressément à l'assemblée générale ou au conseil d'administration et dans la limite de l'objet social, il est investi des pouvoirs les plus étendus pour agir en toute circonstance au nom de la société. » L'article 17 des statuts de France 2 prévoit que les « conditions générales de passation des contrats, conventions et marchés conclus » sont « approuvées » par le conseil d'administration « sous réserve des délégations qu'il peut consentir ».

Selon les usages en vigueur dans les sociétés anonymes, et donc à France 2 comme à France 3, je me suis vu consentir par les conseils d'administration, le 7 janvier 1994, « de façon énonciative et non limitative » le pouvoir « de conclure, modifier, et résilier, tout contrat, convention, relatif à l'élaboration et la fabrication des programmes, notamment ceux qui ont trait à la production, la coproduction, la commande d'émissions ». Les conseils d'administration des deux chaînes me confirmaient – en toute liberté – ce pouvoir dès leur première délibération du 7 janvier 1994, comme ils le font à tout président d'entreprise publique, comme ils le firent à mon prédécesseur et comme ils l'ont fait à mon successeur. Je n'ai à aucun moment outrepassé mes pouvoirs, pas plus qu'Hervé Bourges avant moi ou Xavier Gouyou Beauchamps après moi. Le rapport Bloch-Lainé comme le rapport du sénateur Jean Cluzel soulignent qu'en l'espèce toutes les procédures légales ont été scrupuleusement respectées. « A aucun moment, précise le rapport Bloch-Lainé, cette stratégie qui a réussi n'a été contestée par les tutelles. »

On a beaucoup glosé sur la confidentialité des contrats – elle était réclamée par deux ou trois animateurs comme Jean-Luc Delarue ou Michel Drucker –, et sur le fait que les équipes juridiques et financières de France Télévision avaient été tenues éloignées de leur négociation. Dans le petit « bocal » de l'audiovisuel, la moindre indiscrétion se paie cher. Comment en aurais-je confié l'élaboration, à mon arrivée, à des hommes que je connaissais très peu ? C'est aussi la petite équipe qui entourait Hervé Bourges qui établit les grands contrats passés avec Nagui, Mireille Dumas, Jacques Martin. A l'été 1996, avec Xavier Gouyou Beauchamps, c'est Jean-Pierre Cottet, son bras droit sur France 2, qui négocia personnellement et secrètement avec Patrick Sébastien et Christophe Dechavanne les conditions de leur arrivée sur France 2. Le secret n'est pas une manie, mais une précaution minimale, dans un univers où les discussions portent sur plusieurs millions de francs, où une rencontre de hasard est déjà interprétée dans toutes les gazettes comme une promesse d'embauche. En respectant cette confidentialité, je ne faisais d'ailleurs que me conformer à une pratique admise par le gouvernement. Le 8 juillet 1994, une réunion interministérielle présidée par Pierre Louette, conseiller technique au cabinet d'Edouard Balladur, le reconnaissait explicitement dans ses conclusions : « Une information du conseil d'administration avant la signature des contrats pluriannuels n'est pas possible, compte tenu des impératifs de confidentialité qui s'imposent pour les négociations de ces accords. » Avant même la signature du protocole d'accord avec Jean-Luc Delarue, le directeur général de France 2 reçut du président une note secrète qui l'informait en détail. A peine Delarue et Drucker avaient-ils prévenu de leur départ, le premier Canal Plus, le second TF1, que les procédures internes fonctionnaient. Chaque direction, celle des finances et celle de la production, préparait aussitôt le chantier des émissions. Elles mettaient en place des décisions stratégiques, prises par le président, dont elles avaient dès lors exactement connaissance.

Les grands contrats sont pluriannuels et s'exécutent sous plusieurs exercices, et même sous plusieurs présidents ! Les contrats que j'ai signés ont été utiles à nos sociétés. J'assume la responsabilité de leur signature. J'ai eu la satisfaction de voir que le plus « scandaleux » d'entre eux, celui de Jean-Luc Delarue, qui fut au cœur de la polémique de mai 1996, a été reconduit dans des conditions qui s'éloignent peu de celles que j'étais sur le point d'obtenir de lui. Les résultats réalisés par Jean-Luc Delarue étaient assez bons pour que mon successeur ne croie pas utile de se priver de ses services. La clause d'exclusivité si nécessaire en 94 coûte en 96 moins cher, mais elle subsiste. En 97, les audiences convenables de Delarue confirment qu'il n'y a pas eu erreur à le placer là. Il est même devenu « porteur de la démarche de France 2 », comme l'indique Jean-Pierre Cottet.

On me reprocha aussi d'avoir engagé France 3 sur des contrats de France 2, ou France 2 sur des contrats de France 3. Absurde : chaque société est responsable de ses propres contrats. France 3 n'a jamais supporté aucune charge financière liée à un contrat conclu par France 2. Rien ne lui fut demandé. Il n'y eut jamais de confusion entre les responsabilités des chaînes. Pourtant il aurait été aberrant que les clauses d'exclusivité du contrat de Jean-Luc Delarue avec France 2 l'empêchent, à tel ou tel moment, de se produire sur France 3 ! Pour cette raison France 3 était préservée de la clause d'exclusivité, qui s'exerçait à l'encontre de toute autre chaîne. Cette prudence, qui était à porter au crédit des négociateurs du contrat, donna matière à des attaques aussi irrationnelles qu'inattendues. Elle était cependant de bon sens. Président-directeur général de France 2 et de France 3, j'écrivis une note – tardive – au directeur général de France 3 qui, oubliant avoir été prévenu oralement à l'époque, s'inquiétait au bon moment. Je l'assurai que France 3 ne serait jamais mise à contribution. Elle ne le fut jamais. L'engagement du président suffisait. A quoi sert la présidence commune, sinon à donner plus de force au groupe ? Le refuser c'est jouer France 2 contre France 3. Impossible d'imaginer un avenir séparé et concurrent pour les chaînes. Ensemble, elles doivent vivre et se renforcer. Celui qui choisirait une stratégie de rupture ou de soupçon verrait très vite sa faute sanctionnée, à moins qu'il n'eût projeté la privatisation d'un pan entier du service public, et choisi de s'en laver les mains. Je n'oublie pas que pour France 3, le directeur général a renouvelé et signé le contrat de Jean-Marie Cavada comme présentateur de *La Marche du siècle,* émission que produisait par ailleurs la société dont il était à l'époque le principal actionnaire et président, Théophraste. Il était déjà le président de la Cinquième. C'est à mon initiative et sous mon contrôle que fut établi le contrat initié par Philippe Guilhaume, confirmé avec les mêmes avantages par Hervé Bourges. Même si *La Marche du siècle* ne remplissait pas toujours ses objectifs d'audience, j'en avais moi-même accepté le prix et le coût au bénéfice de l'image de France 3 et du service public.

Que dire des contrats rédigés sur papier blanc ? Les juristes savent qu'un contrat signé entre deux parties clairement identifiées n'a pas à être écrit sur papier à en-tête. Un ticket de métro est déjà un contrat. Un billet de train aussi. La plupart des contrats français sont signés sur papier blanc. C'était sans doute la première fois que ce fait provoquait une telle émotion dans la presse. Sans doute ceux qui la guidaient n'ignoraient-ils pas que cette attaque était vaine – même si elle n'était pas gratuite !

On dénonça bruyamment l'absence de clauses de résiliation. Il y en avait, et la suite l'a prouvé, puisque les contrats d'Arthur, de Nagui et de Mireille Dumas furent résiliés du jour au lendemain par mon successeur, sans que France 2 se voie condamnée à payer les indemnités colossales que la presse avait annoncées. Sur ce point la désinformation fut sans doute la plus systématique et la plus insistante. Les contrats étaient censés engager la chaîne sans qu'elle pût les interrompre, ou les modifier. Or je les avais moi-même modifiés et renégociés à plusieurs reprises, y compris pour Delarue quand il réduisit *Ça se discute* à un seul rendez-vous hebdomadaire et créa l'émission du dimanche à 19 heures, chaque fois dans le sens d'une baisse du prix des émissions. Aucune de ces émissions n'arrivait toute seule, toute prête, à l'antenne. Elle était décidée, élaborée, imaginée par des professionnels. France 2 avait la possibilité, si nous l'avions voulu, d'arrêter n'importe laquelle des émissions concernées. Lorsque l'orage médiatique se déchaîna, le faux triomphait du vrai, l'approximation l'emportait sur l'exactitude, l'interprétation se donnait libre cours, sans souci des réalités. Mais lorsque les passions retombent, comment ne pas être frappé par l'injustice des polémiques ? Ces contrats « en béton » n'ont-ils pas été – depuis – facilement rompus ou revus ? Et sans que France 2, ni France 3 bien sûr, aient quelque indemnité que ce soit à payer aux animateurs en cause.

Je ne crois pas que la révocation spectaculaire de trois animateurs, Arthur, Nagui, Mireille Dumas, ait été profitable à la télévision publique. On les remplaça donc par Patrick Sébastien et Christophe Dechavanne. Ils faisaient jusque-là de bonnes affaires avec TF1 qui ne les retenait plus. Ils remplacent maintenant ceux qui les avaient démodés et qui s'installent, eux, chez les concurrents, trop heureux de les accueillir et d'en tirer profit. Qui croira qu'ils ont accepté de passer pour rien sur France 2 ? En revanche, en se séparant avec précipitation de Mireille Dumas, de Nagui et d'Arthur, mon successeur prouve que c'était possible. Il démontre que leurs contrats n'étaient pas si mal ficelés !

Qui réclame les montants des nouveaux contrats ? Qui s'interroge sur le prix des émissions ou les chiffres d'affaires des transfuges de TF1 ? Qui s'insurge des pertes de France 2 en publicité qui suivirent les transferts d'Arthur et Nagui à TF1 ? Qui s'inquiète des déficits prévisibles, fabriqués et périlleux, pour le service public ?

Une semaine après le début de la campagne de déstabilisation de mai 1996, je fis une mise au point, dans le journal *Le Monde*, que, candide, j'espérais définitive : « Tous ces contrats sont des contrats à durée détermi- née. Comme toutes les conventions de cette nature, ils doivent s'exécuter de bonne foi et ils peuvent, sinon, encourir la résiliation. » Il était trop tôt, alors, pour être entendu.

Les mêmes qui m'attaquaient en prétendant que ces contrats ne pourraient jamais être renégociés ou inter- rompus n'expliquaient-ils pas que j'aurais dû prévoir une « clause d'audience » ? C'est-à-dire que le contrat aurait dû préciser le niveau d'audience attendu pour chaque émission, afin que France 2 fût libre d'inter- rompre sa diffusion si elle ne l'atteignait pas.

Or, la recherche de l'audience immédiate et à tout prix est contraire aux principes essentiels du service public. Sinon France Télévision devrait immédiatement abandonner ses émissions culturelles ou politico- civiques et tout espoir de créer des émissions « nou- velles » ! L'émission de Michel Drucker mit plusieurs mois avant de devenir un grand succès. De même, celle de Pascal Brunner n'aurait pas tenu trois semaines, si nous lui avions appliqué une « clause d'audience ». Quelques-uns qui s'en prennent à la tournure commer- ciale de France 2 depuis 91 et accentuée ensuite regrettent que l'audience de France 2 ne se soit pas envolée en 95. Fallait-il éviter ou supprimer les rendez- vous politiques – placés souvent à 20 h 50 – malgré leurs médiocres taux d'écoute ? En période d'élection présidentielle, le service public faisait son devoir quoi qu'il lui en coûte !

Prendre le risque de créer, d'étonner, c'est aussi ne pas condamner les artistes et les animateurs à convaincre d'emblée un public trop large, et toujours un peu conservateur. D'une part le succès d'une nou- velle formule est rarement immédiat, d'autre part un succès trop rapide n'assure pas la durée. Construire, en télévision, c'est d'abord prendre son temps. Et libérer les créateurs des pressions.

Cette « patience » n'est possible que sur le service public. C'est ce qui l'oblige à créer, à inventer toujours. Il est le seul lieu où cette liberté de création peut exister. Il n'est pas soumis aux impératifs immédiats de rentabilité. Les professionnels savent que cette liberté se paie.

On a également mis en cause l'absence de « clause d'audit ». Il faut savoir que, là encore, il n'était pas possible d'en prévoir. A partir du moment où les chaînes choisissaient le principe d'un « achat de droits » et n'étaient pas elles-mêmes responsables de la production, ni associées à elle, les contrats ne pouvaient plus comporter de clause d'audit. On peut s'interroger sur le principe de préférer l' « achat de droits » : il est pourtant dans la logique du désengagement progressif des chaînes publiques de la production des programmes, souhaité par les tutelles successives. Avec l' « achat de droits », les sociétés de télévision confient toutes les charges liées à la production d'une émission à une société extérieure, y compris le soin de gérer les conséquences sociales d'un arrêt de l'émission, les conséquences pénales d'une dérive déontologique, les conséquences financières d'une mauvaise appréciation des coûts : c'est le producteur qui prend tous les risques. Et la chaîne est à l'abri des mauvaises surprises. Cette sécurité a un prix : pour écarter tous les dangers inhérents à la production audiovisuelle, les producteurs réclament que les émissions leur soient « achetées » un peu plus cher que si elles étaient « coproduites » ou « déléguées ». C'est logique. Est-ce bien ou mal ? Telle est la loi.

On nous accuse pourtant d'avoir payé les animateurs trop cher. Très cher, oui. Nous étions les premiers à le déplorer. Ils restent rares. Et ils ne s'inventent pas au gré des besoins. C'était le marché. Nous recherchions sans cesse de nouveaux talents. Tous ceux que nous avions recrutés acceptaient des rémunérations inférieures à celles que les concurrents leur proposaient, parce qu'ils préféraient les règles du jeu de la télévision publique. J'avais recruté des animateurs qui lui donnaient un coup de jeune. Dès la promesse de leur arrivée, les recettes publicitaires des deux chaînes firent un véritable bond en avant. Et cette progression se confirma au cours des années suivantes. Nos successeurs continuent d'en bénéficier. Le rééquilibrage historique des comptes de France Télévision s'appuya sur le gonflement des recettes directes de la régie publicitaire, pendant que l'Etat nous accordait une partie de moins en moins importante de la redevance. Nous appliquions les règles du jeu.

Les chiffres parlent d'eux-mêmes et ils ont été repris et certifiés par le rapport Bloch-Lainé. Les recettes publicitaires engendrées par *Studio Gabriel* atteignaient 160 % du coût de l'émission. Elles avaient été multipliées par 3 avec l'arrivée de Michel Drucker. Donc, non seulement ces émissions ne coûtaient rien à France 2, mais encore elles faisaient gagner de l'argent. Pour *Les Enfants de la télé*, le « taux de couverture » arrivait même à 177 %. Les recettes publicitaires avaient été multipliées par 5 ! Là encore, France 2 gagnait de l'argent. Pour Mireille Dumas elle-même le taux de couverture atteignait 124 % en 1995. C'est peut-être parce qu'il était passé en dessous de 100 % en 1996 qu'elle fut écartée par nos successeurs dès juin 1996. On camouflait une logique commerciale derrière des déclarations moralisatrices. Mais son émission s'essoufflait. Elle le savait. Elle reviendra.

Tant que la télévision publique vivra en économie mixte, et aura la mission de couvrir la diversité des genres et des publics, elle devra dépenser beaucoup d'argent pour le faire. Il ne s'agit pas de cadeaux, mais d'investissements. La télévision est chère. Mais faut-il arrêter d'en faire?

Dernier reproche qu'on me fit : comment justifier des avances importantes consenties aux producteurs en début de contrat? Sans doute furent-elles substantielles. Je le reconnais. Rien n'interdisait à une entreprise publique à financement mixte de les pratiquer. C'est, bien souvent, une nécessité de l'économie de l'audiovisuel. Claude Contamine n'avait-il pas aidé Michel Drucker, pour le garder, à créer avec la SFP sa propre société? Quand on demande à un auteur, à un artiste de concevoir et de produire de nouveaux programmes, il faut qu'il dispose des moyens d'engager des frais importants. Il les amortit ensuite sur l'ensemble de sa production. Il arrive qu'on donne plus au début : cela s'appelle une avance. Lorsqu'un producteur de cinéma propose un film à une chaîne de télévision, il n'a quelquefois pas le premier franc des millions qu'il devra trouver pour le tourner. Et la chaîne l'y aide en lui en fournissant une bonne partie! Les avances accordées aux animateurs-producteurs furent entièrement déduites des règlements effectués dès la première année des contrats. Ce fut le cas pour la société de Jean-Luc Delarue. Arthur collaborait déjà à France 2. Ces avances ne constituent en aucun cas des « primes »! Aucune avance ne fut accordée à titre personnel. Le seul moyen d'obtenir que tel ou tel de ces animateurs signe avec le service public était de les aider. Les avances, ils les ont rendues et ils ont apporté beaucoup, car ils restent utiles et attractifs. Mais je regrette parfois de leur avoir offert de telles chances auxquelles ils ont répondu – au moins l'un d'entre eux – par l'appétit du gain, par l'ingratitude et par le cynisme.

D'autres allégations, plus pernicieuses, plus graves aussi, furent suggérées par tel ou tel article. Les audits dont on nous menaçait selon une chronologie agressive avec des formules pleines de sous-entendus ont maintenant terminé leur travail, et rétabli la vérité. Même s'il y eut des erreurs ou des maladresses, je n'ai jamais couvert aucune malhonnêteté. Je n'en couvrirai jamais. Il n'y en eut pas.

Cette campagne diffamatoire nous accusait d'avoir multiplié par 3 les investissements de France 2 dans les programmes de divertissement avec l'arrivée des nouveaux animateurs. C'est absolument faux. Le coût des contrats des animateurs ne dépassait pas sensiblement les sommes qui étaient investies par mon prédécesseur dans les programmes de divertissement. Là encore, les chiffres parlent d'eux-mêmes, et ils étaient à la disposition de tous. Même de ceux qui entretenaient cette polémique ! Les sommes consacrées au divertissement étaient dispersées et choquent moins.

On parla des « 640 millions » (certains en parlent encore). Or les contrats des animateurs-producteurs ne coûtèrent jamais plus de 548 millions par an à France 2 sur un budget général de 5 milliards. Ils correspondaient à plus de 500 heures de programmes. Le coût horaire des émissions de divertissement de France 2 était en dessous de celui des autres chaînes généralistes françaises. En 1995, France 2 payait en moyenne 978 000 francs par heure les émissions des animateurs-producteurs. Et elle y trouvait son compte. Il ne s'agissait pas de dons, de faveurs ou de cadeaux. C'étaient des investissements qui assuraient des retours, importants, en recettes publicitaires, pas forcément liés à chaque émission et à court terme. Au total, si l'on considère toutes les émissions de divertissement, le coût horaire des émissions de France 2 s'élevait à 385 000 francs en 1995. A la même période, les experts évaluaient le coût horaire des mêmes émissions sur TF1 à 500 000 francs ! Soit 25 % de plus !

Le coût d'ensemble de nos grilles de programmes de divertissement n'avait pas beaucoup varié entre 1994 et 1996. Il était prévu qu'ils baissent à partir de cette même année. Comment a-t-on pu parler de « dérive financière » ? En 1996, malgré les coupes spectaculaires annoncées, le coût des animateurs-producteurs sur France 2 n'a à peu près pas varié par rapport à 1995 : 542 millions contre 548, c'est-à-dire 6 millions de moins. Que représentent 6 millions en télévision ? Même pas le prix de la diffusion d'un film récent ! Tout ce bruit pour pouvoir diffuser un film de plus ? Sur 365 jours ? Beaucoup de ceux qui connaissent les chiffres ont compris que la vraie raison de cette opération était ailleurs. Les chiffres sont élevés, c'est vrai, mais ils correspondent à un marché étroit et capricieux. Nous étions en train d'en réduire les montants. Ils rétribuaient en chiffres d'affaires des animateurs-producteurs qui vivaient en indépendants, car le cahier des charges de France 2 exige que la chaîne fasse appel pour moitié à des producteurs extérieurs.

Sans investir tellement plus dans le divertissement, nous étions parvenus à augmenter fortement les recettes engendrées par les programmes, grâce à quelques nouveaux animateurs vedettes dont le succès avait été rapide. Nous les avions formés. Aujourd'hui ils font les beaux soirs du public, mais chez les concurrents. Nous étions-nous pour autant déshonorés ? Avions-nous trahi « l'éthique du service public » ? Non ! Toutes les études d'opinion montraient, même au plus fort de la campagne de dénigrement, que les téléspectateurs nous savaient gré de nos efforts pour renouveler la télévision publique. Et aujourd'hui, ils continuent à lui accorder faveurs et tendresses. Ce n'est pas le service public qui mettait à l'antenne des programmes de variétés racoleurs et indigents. Et quand Nagui dérapait, ses erreurs étaient aussitôt corrigées. Je trouve moins de mépris du public et moins de racolage dans les émissions d'Arthur et de Nagui que dans la *Légende de Mélusine* et dans le « talk-show » de Patrice Carmouze produit par Christophe Dechavanne. Les deux furent supprimés, ou suspendus, selon la formule, pour insuffisance.

Des intérêts se coalisèrent pour s'emparer du prétexte des animateurs-producteurs. Prétexte : les décisions les concernant. Elles furent prises et connues dès notre installation et entourées d'une large publicité. Nos prédécesseurs avaient soit accepté de conclure avec les vedettes du moment des contrats onéreux, et ils les avaient gardées, soit, à force d'hésitations, ils les avaient perdues. Ils finissaient alors avec des déficits. Pour nous, les contrats n'étaient que des instruments, au service d'une stratégie qui, appliquée dès 1994, fournira des résultats notoires. Le tout entraînant une réaction désemparée et agacée de la concurrence. L'initiative changeait de camp. Le service public étonnait. Prétexte : la politique en matière de variétés. Ses coûts étaient déjà sur la place publique depuis sept à huit mois. Une première salve de critiques, suivant le rapport parlementaire d'Alain Griotteray, ne nous avait pas empêchés de travailler, ni de plaire à des publics de plus en plus variés et nombreux, ni de donner de plus en plus nettement l'avantage au groupe France Télévision. Le thème des animateurs-producteurs, facile et démagogique, avait déjà été utilisé contre Hervé Bourges en octobre 1993 pour lui faire comprendre qu'il n'avait pas intérêt à se représenter. Il servira sans doute contre mon successeur, s'il ne donne pas toute satisfaction au pouvoir du moment. Il trouvera un écho facile chez les colporteurs de rumeurs, les polémistes suris, les ambitieux au petit pied qui en déstabilisant les dirigeants de France Télévision cherchent un strapontin à leurs ambitions.

Depuis la dissolution de l'ORTF, les chaînes françaises avaient progressivement souhaité ne plus courir les risques inhérents à la production audiovisuelle. Cette attitude était légitime de leur part. Elles achetaient des « produits finis, clefs en main », qu'elles pouvaient cesser de diffuser en cas d'échec, sans devoir subir toutes les conséquences (sociales ou financières) de la décision.

Dans un deuxième temps, en 1986 la création de la 5, puis en 1987 la privatisation de TF1 changeaient les règles du jeu et exacerbaient la concurrence autour des quelques animateurs dont la popularité garantissait une bonne audience. Si à ce moment-là des animateurs comme Dorothée ou Jean-Pierre Foucault quittèrent Antenne 2, séduits par les surenchères de TF1, d'autres, comme Michel Drucker et Jacques Martin, ne restèrent que parce qu'Antenne 2 leur concédait des contrats d'animateurs-producteurs avantageux ! Jacques Martin n'a jamais cessé d'en bénéficier. Depuis 87, ses contrats furent constamment reconduits. Ils nous servirent quelquefois de modèle pour rédiger ceux de Delarue, d'Arthur ou de Drucker. Les animateurs, devenus aussi producteurs, furent en position de force pour réassurer ces risques auprès des chaînes. Diverses clauses les mettaient à l'abri des conséquences d'une baisse d'audience ou d'un aléa de production.

Nous n'avions pas apporté de modification fondamentale à toutes ces procédures. Le nombre d'animateurs-producteurs sur la chaîne se traduisait simplement par une augmentation du volume d'émissions produites par eux, et donc du niveau d'investissements consacrés à ce type de contrats. Les marges de ces sociétés de production restèrent à peu près les mêmes. Elles sont comparables aux marges affichées les bonnes années par des sociétés de production de fictions comme Progéfi ou Cinétévé. Seules celles de Jean-Luc Delarue apparaissaient trop importantes au vu du prix de revient approximatif de ses rendez-vous dominicaux. Cette particularité a justifié l'action intentée par France 2 contre sa société, Réservoir Prod.

Aujourd'hui, nous sommes à la fin d'un cycle de dix ans, et sans doute à la naissance douloureuse et nécessaire d'une nouvelle époque de la télévision française.

En mai 1996, je me retrouvais dans une situation paradoxale. En butte à toutes les attaques, j'étais pourtant celui qui, depuis plusieurs mois, tentait d'assainir et de changer un système vieux d'une dizaine d'années et dont chacun s'était accommodé au CSA comme au gouvernement.

Le système, je n'en avais pas été l'inventeur. Il est aujourd'hui sclérosé et moribond, parce qu'il a attendu trop longtemps cette réforme, qui ne vient pas. J'en avais pourtant clairement marqué les grands principes devant le CSA. Et il les avait approuvés : aligner les contrats animateurs sur les contrats de production classiques, identifier précisément chaque partie de la rémunération, et se réserver la possibilité de décomposer la prestation entre plusieurs fournisseurs, en faisant jouer la concurrence. Depuis notre départ, personne n'ose prononcer le mot explosif de réforme.

L'aventure du numérique

La guerre des bouquets de chaînes de télévision par satellite est engagée. Nous vivons la phase des investissements considérables et des doutes. Les bénéfices viendront plus tard.

La France, jusque-là terre télévisuelle vierge, et donc convoitée, entre à son tour dans une bataille féroce. Parfois fatale. Pour chaque bouquet la commercialisation commence. Qui placera ses abonnements, son décodeur et son antenne satellite ? Pour séduire, il y faut le meilleur prix, et la palette la plus riche de programmes, films, événements sportifs, informations en tous genres, diffusés grâce à la compression numérique en centaines d'offres sur un nombre restreint de canaux.

Le 11 avril 1996, la France est entrée, non sans mal, dans la modernité technologique. Au-delà des rivalités de personnes et de prestige, de puissants intérêts économiques et des stratégies industrielles s'affrontent.

Ce jour-là fut signé un accord important qui passa complètement inaperçu du grand public. Il ne fut pas étranger au déclenchement de la crise. Les experts savaient qu'il aurait vite des conséquences très concrètes. TF1, M6, France Télévision, la Lyonnaise des Eaux et la CLT s'engageaient à préparer ensemble un «bouquet de programmes» numériques selon l'expression consacrée. Il viendrait concurrencer directement celui qu'Havas et Canal Plus s'apprêtaient à mettre sur orbite sous le nom de CanalSatellite.

Le choix par CanalSatellite d'Astra, position satellitaire largement ouverte aux grands consortiums privés, avait dicté cette décision prise en commun par toutes les télévisions généralistes françaises. Le bouquet nouveau, baptisé TPS, choisissait lui une position satellitaire européenne avec les satellites de la famille Eutelsat. Cependant, il ne s'agissait pas de monter une «machine de guerre» contre Canal Plus.

Y avait-il place pour deux bouquets dans le ciel français? Patrick Le Lay, président de TF1, et moi-même en étions persuadés. Il s'agirait au moins d'une première étape. Nous ne voulions pas faire subir au développement de la télévision numérique en France les contraintes liées au monopole qu'un seul groupe, Canal Plus, prétendait exercer sur le marché de la télévision par satellite dans son intérêt. Ce monopole mettrait en danger à terme l'indépendance audiovisuelle de la France et les intérêts des chaînes dont on grignoterait l'audience, c'est-à-dire les revenus. Il aurait suffi pour que toutes les capacités de diffusion satellitaire fussent confisquées que l'actionnariat de Canal Plus à l'époque associé à Bertelsmann se retrouvât majoritairement étranger. Les financiers nous avaient mis en garde : un tel scénario n'était pas impossible.

Se résigner à laisser Canal Plus dans une situation de monopole, c'était courir le risque de négocier un jour peut-être hors de France le droit pour le service public français de diffuser ses programmes en numérique sur la France! A l'inverse, participer à la constitution d'un bouquet de programmes essentiellement français, dans lequel France Télévision aurait véritablement voix au chapitre, c'était assurer à nos programmes une diffusion durable sur l'ensemble de l'Europe et une partie de l'Afrique du Nord. Comment aurions-nous pu y résister?

Ce raisonnement, recevable pour France Télévision, s'appliquait aussi à TF1 qui ne tenait pas à mendier sa diffusion numérique auprès des dirigeants de Canal Plus. Ces derniers n'avaient pas une attitude très ouverte. Ils avaient déjà prouvé qu'ils n'étaient guère accueillants aux propositions faites par TF1, M6 ou France Télévision. Canal Plus exigeait de France 2 et France 3 qu'elles paient et paient cher leur diffusion sur CanalSatellite et qu'elles adoptent Astra et son décodeur. Beaucoup plus tard, en octobre 96, à cause de la concurrence, Canal Plus changera d'avis et acceptera le transfert gratuit de France 2 et France 3 sur Canal-Satellite dont elle n'avait pas voulu. Le monopole ne va pas sans ce danger naturel, l'excès d'orgueil et d'assurance. Ni TF1 ni France Télévision ne pouvaient accepter qu'un groupe audiovisuel les privât d'un libre accès au public. Canal Plus est en grande partie responsable de la naissance de TPS. La position de Canal Plus a évolué à la fin 96 sous les effets de la concurrence. Canal Plus offrait ce qu'elle avait jusqu'ici refusé. A l'époque, le CSA se taisait, incompétent ou indifférent.

L'accord du 11 avril concluait une série de négociations épiques. Elles avaient été de bout en bout très dures, très tendues, entre des partenaires qui n'avaient jusque-là que des raisons de s'opposer. Les discussions se poursuivirent, de jour et de nuit, pendant plusieurs semaines. Elles associaient des juristes, des conseillers et les plus hauts responsables des entreprises, tous convaincus que la France devait se doter au plus vite d'un deuxième bouquet. Coïncidence peut-être, l'idée était régulièrement combattue par une partie de la presse écrite dépendant d'Havas, en particulier par *Le*

Point et *L'Express*, par Canal Plus, bien entendu, qui, ensemble, avaient fini par convaincre Philippe Douste-Blazy, ministre de la Culture, et Yves Rolland, conseiller audiovisuel du Premier ministre, de l'inutilité de ces investissements. Mais elle était soutenue, en revanche, par un grand nombre d'experts et par l'Elysée, favorable au développement d'un bouquet numérique francophone. Il ferait bénéficier la France et l'Etat de son rayonnement. Alain Juppé, préoccupé par d'autres problèmes, remettait à plus tard ses conclusions. Il se contenta longtemps de nous encourager par courrier à poursuivre les études préalables.

Le jour de mon installation à France Télévision, Didier Sapaut, l'excellent secrétaire général que j'avais confirmé à son poste, me signalait deux dossiers urgents : le premier était le salon du Milia à Cannes, le second était Euronews. Partenaire privilégiée du premier marché international de l'édition interactive, il convenait que France Télévision illustre son intérêt pour les nouvelles technologies de communication, sans céder à l'illusion techniciste, mais en signifiant fortement son engagement dans les transformations inévitables de l'univers audiovisuel.

En 1994, imaginer le développement de France Télévision, c'était avant tout concevoir de nouvelles chaînes thématiques, pour accompagner les chaînes généralistes. D'où l'importance d'Euronews, chaîne d'information en continu, et de France Supervision, seule chaîne française en écran large 16/9. Les autres projets étaient une chaîne fiction et une chaîne histoire. La chaîne fiction, Festival, émet depuis juin 1996, avec à sa tête Didier Decoin, ancien directeur de la fiction sur France 2, que je nommai président, et avec Roger-André Larrieu pour la faire fonctionner. France Télévision est l'actionnaire majoritaire de cette chaîne, à laquelle participent aussi des partenaires anglais et américains. Avec Festival, nous réussissions à associer des groupes privés étrangers au capital d'une chaîne thématique publique diffusant sur la France. Une petite révolution. Nous utilisions des ressources anglo-saxonnes pour renforcer la production hexagonale! L'Etat n'était pas préparé à de telles évolutions, menées à pas forcés. Nicolas Sarkozy, ministre, avait soutenu notre initiative à l'Assemblée nationale, en encourageant le développement de la télévision publique. Il nous demandait cependant de le financer sur nos ressources propres.

J'eus très vite conscience que France Télévision ne parviendrait pas, isolée, à créer un nombre suffisant de programmes. Associer TF1 était une solution. Cette évolution aurait beaucoup d'opposants, au sein même de France 2 et de France 3. Elle semblait inimaginable. Nous n'avions aucune faiblesse à l'égard de TF1. La première chaîne privée nous combattait, y compris auprès des pouvoirs publics, des élus, des journaux. Elle coopérait avec Canal Plus pour Eurosport, et LCI, La Chaîne Info, dont la réussite s'affirmait. Pierre Lescure ne tarissait pas d'éloges sur Patrick Le Lay. Les temps ont changé depuis!

A l'automne 95, Patrick Le Lay fit le premier geste vers moi, via Patrick Clément. Ils s'appréciaient depuis longtemps. Un de ses experts, Jean-Pierre Paoli, entretenait des relations techniques suivies avec Didier Sapaut, que j'avais nommé directeur du développement de chaque chaîne et du groupe. Patrick Le Lay était déjà en avance dans sa réflexion, encouragé par Martin Bouygues. Il envisageait, non sans difficulté, une alliance avec France Télévision, c'est-à-dire avec les chaînes publiques. Grâce à leurs performances et leur bonne santé financière, il les prenait au sérieux. Les deux groupes représentaient en France une part écrasante du marché et de l'audience. Alliés, ils devenaient l'instrument efficace d'une stratégie de préservation des intérêts audiovisuels de la France.

Au sein de TF1, Martin Bouygues mis à part, rares étaient les collaborateurs de Patrick Le Lay qui partageaient ses vues. Seuls quelques-uns furent mis dans la confidence. A France Télévision aussi, les esprits n'étaient pas prêts à ce rapprochement stratégique. Certains n'en comprennent toujours pas la nécessité ! Nous avancions, peu à peu, en apprenant à nous connaître.

Les Guignols de Canal Plus, sans le savoir, allaient aider au rapprochement de nos groupes. Ils tirèrent à vue, pendant plusieurs semaines, sur Patrick Le Lay et Etienne Mougeotte, et sur les excès de Patrick Sébastien. Personne ne put arrêter les Guignols, pas même les menaces de procès qu'agitèrent un temps les dirigeants de TF1. Canal Plus, dans le même temps, tenait la dragée haute à TF1 dans le domaine du numérique. Pierre Lescure avait la certitude de disposer d'un avantage, et de dicter bientôt ses exigences financières, d'imposer son décodeur pour la diffusion satellite en numérique.

Avant d'accepter ma première rencontre secrète avec Patrick Le Lay, je consultai longuement des experts indépendants, français ou étrangers, les directeurs généraux de France 2 et de France 3, et Maurice Ulrich à l'Elysée. Le ministère de la Culture, tout acquis à Canal Plus, ne comprenait pas la nécessité de ce rapprochement inattendu. Je savais que le choix, en dernière analyse, me reviendrait, et à moi seul : France Télévision pouvait-elle renoncer ? Envisageait-elle de s'imposer, seule, sur le marché des chaînes numériques ? En aurait-elle la force et la volonté ? Gagnerait-elle vraiment à s'allier avec un ou plusieurs groupes privés dont les intérêts se sépareraient peut-être des siens ? La promesse d'une entente n'était-elle pas une manœuvre de TF1 pour faire pression sur Canal Plus et se réconcilier avec Havas dans des conditions plus favorables ?

A différents signes, je pris conscience de la sincérité de Patrick Le Lay. Elle ne s'est jamais démentie. Il trouvait intérêt, personnellement et pour son groupe, à notre accord. Patrick Le Lay avait des difficultés avec la justice. La réputation de TF1 était malmenée, attaquée de manière répétitive et exagérée, alors que se profilait la négociation avec le CSA pour le renouvellement de sa convention de diffuseur. L'alliance avec France Télévision aiderait TF1 à retrouver son statut et son image.

J'acceptai un petit déjeuner, organisé chez Patrick Clément, seul à seul avec Patrick Le Lay. Nos proches attendaient dans un salon voisin. L'accord se fit entre nous. Chacun découvrait que l'autre, qu'il avait provoqué, attaqué, vexé parfois, valait mieux que sa caricature. Je me souvenais de l'incident qui nous avait opposés à M6, chez Jean Drucker, en 1994. Nous avions failli en venir aux mains. Susceptibilité et passion, Breton et Méditerranéen, aussi tenaces, fougueux, et fiers, l'un que l'autre... Et loyaux. Dans notre petit milieu, comme dans toute l'Europe audiovisuelle, l'annonce de notre accord fit l'effet d'une bombe. Nous avions décidé de lever le secret au cours d'une conférence de presse commune, qui eut lieu à l'hôtel George V à l'automne 95. Dans un salon plein à craquer, où toute la presse avait essayé d'entrer, nous expliquions et justifions notre accord... Au premier rang figuraient Corinne Bouygues, Etienne Mougeotte, les dirigeants de TF1, comme ceux de France 2 et de France 3. Les journalistes n'en croyaient pas leurs yeux. Les adversaires de chaque soir s'engageaient côte à côte, sous la bannière de l'intérêt général. Télévision publique et chaînes commerciales françaises s'apprêtaient à s'entendre pour mettre en œuvre leur développement, sans que cela diminuât en rien l'âpreté de leur compétition sur le marché national... Les deux présidents répondaient à tour de rôle, avec une certaine émotion, aux questions qui fusaient.

Le protocole d'accord prévoyait la préparation concertée d'une société commune de commercialisation de programmes numériques. Il laissait jusqu'au début 1997 pour passer à la phase suivante, celle de la constitution de cette société. C'était déjà considérable. Mais l'été 96 bouscula les calendriers, avec une série d'alliances et de regroupements spectaculaires aux Etats-Unis et en Allemagne. Les grands prédateurs audiovisuels internationaux commençaient à se partager le marché du numérique, en s'adjugeant les plus gros catalogues de droits. En une journée, à Paris, un homme comme Rupert Murdoch avait rencontré l'un après l'autre tous les acteurs français : Pierre Dauzier, Pierre Lescure, Patrick Le Lay, Albert Frère, et moi. En fin d'après-midi, il s'était installé à son aise, avec deux jeunes avocats, dans mon bureau :

« Vous êtes la télévision du gouvernement, me dit-il. Et on me raconte que vous faites plus de 40 % d'audience, c'est une blague ?

— Nous ne sommes pas la télévision de tel ou tel gouvernement. Nous sommes la télévision des Français, et c'est pourquoi nous en sommes à 42 %. Et nous continuerons à monter !

— Mais tout n'est pas financé par la redevance ! Vous avez les droits de retransmission du Tour de France, du tennis, du rugby... Au fait, jusqu'à quand le rugby ?

— Nous venons de renouveler notre accord avec la Fédération française. Le rugby appartient à tous les Français, c'est pourquoi il est à nous pour longtemps. Nous n'avons aucune envie d'en partager les droits.

— C'est dommage... Il riait. Le rugby est à moi dans tout l'hémisphère austral. Son organisation mondiale ne me convient pas, elle va changer très vite, vous verrez. L'avenir, pour les bouquets numériques, reposera sur le cinéma et les sports. Surtout le football. Vous ne l'avez pas, tant pis pour vous ! »

Murdoch avait accepté ma proposition d'une rencontre à Paris de tous les grands patrons des groupes multimédias mondiaux : Jerry Levine, Leo Kirch, Arnon Milchan m'avaient eux aussi donné leur accord. Depuis, Philippe Douste-Blazy a repris à son compte l'idée de ce sommet. Peut-être aura-t-il lieu un jour !

La pression montait. Patrick Le Lay et moi la ressentions chaque jour. Ne pas avancer, c'était prendre un retard qui serait fatal à nos projets. Nous décidâmes d'accélérer. Nos experts et nos collaborateurs passaient leurs journées ensemble, au sommet de la tour de TF1, à Boulogne, ou à la présidence de France Télévision, avenue d'Iéna. Ils progressaient lentement, butant sur le choix du décodeur et des alliés. Canal Plus continuait de pavoiser, expliquant un peu partout que CanalSatellite caracolait en tête, que TPS ne parviendrait pas à choisir un décodeur et un système de contrôle d'accès. Le 3 avril, ils avaient prévu de lancer leur régie numérique, et de présenter ainsi leur force de frappe.

Patrick Le Lay m'invita à un week-end dans sa maison familiale près de Saint-Malo. Geste amical, que j'acceptai, il facilita des conversations plus personnelles. Entre nous, la confiance et l'estime réciproques progressaient : nous nous surveillions de moins en moins. Le long de la plage ou sur les remparts de Saint-Malo, balayés par le vent froid du printemps, les Bretons qui nous croisaient ne cachaient pas leur surprise de nous voir côte à côte, et ils nous encourageaient. Le hasard voulut que ce dimanche matin, le président Chirac cherchât à joindre les présidents de France Télévision et de TF1, pour leur annoncer qu'il avait l'intention de s'exprimer en direct sur leurs antennes. Nos deux secrétariats l'avaient orienté sur le même numéro ! Et il nous trouva, en effet, réunis à l'heure du petit déjeuner. Il exprima sa surprise et sa satisfaction de ce rapprochement et de cette alliance pour l'avenir des images françaises. Il promit de nous recevoir bientôt pour évoquer devant lui le numérique et les stratégies communes que nous voulions développer.

Les difficultés paraissaient pourtant insurmontables : Patrick Le Lay parlait peu, réfléchissait, et avec son stylo ou le mien, il crayonnait des graphiques, des schémas... C'était son habitude d'ingénieur : structurer, classer, projeter, résoudre. Nous corrigions le lendemain matin, puis pendant la journée, en multipliant les contacts et les études. Son activisme témoignait de son engagement.

J'écoutais chacun, et j'expliquais, avec Didier Sapaut ou Patrick Clément, aux personnels, aux dirigeants de France 2 et de France 3 et aux conseils d'administration, la logique qui guidait cette stratégie d'alliance. Au cours du comité exécutif du 27 mars, une fois les objectifs présentés, j'organisai un tour de table pour que chacun s'exprime. Pas une voix ne s'éleva contre cette ligne. Xavier Gouyou Beauchamps à qui je donnai la parole en premier ne ménagea pas ses encouragements. Le soutien de tous les cadres du groupe fut unanime. Beaucoup souhaitaient accélérer le rythme de ce rapprochement : si France Télévision voulait sa place sur les nouveaux réseaux et participer à la conception de l'avenir de la télévision, nous n'aurions jamais de meilleure occasion. Tout engagement en la matière reposait sur le consentement de l'ensemble de mon état-major, en premier lieu des directeurs généraux. Les réalisations que nous étions sur le point d'entreprendre réclamaient une mobilisation des deux chaînes, du haut en bas de leur hiérarchie. Elle était acquise au sein de l'équipe dirigeante. C'était la condition première de ces accords.

Il fallait également l'assentiment de l'Etat. France Télévision ne s'engage pas sur le long terme sans avoir au préalable consulté son actionnaire. Ce soutien arriva de l'Elysée, puis de Matignon, qui s'efforcèrent, sans bruit, de convaincre Bercy du bien-fondé d'une alliance dont ils faisaient une mission nationale. J'avais une nouvelle preuve des contradictions entre l'exécutif et sa propre administration. Ignorant les appuis du sommet de l'Etat, les cabinets combattaient notre dessein commun, en utilisant leurs relais au Parlement et dans la presse. Heureusement, l'administration était elle-même divisée : il y avait en son sein des partisans résolus. Francis Brun-Buisson en faisait partie. Responsable du SJTI (Service Juridique et Technique de l'Information) qui, pour le compte du Premier ministre, regroupe et anime les contrôles et les tutelles des principaux ministères, Francis Brun-Buisson siégeait en face de moi dans les conseils d'administration de France 2 et de France 3, et négociait les budgets avec nos experts. A mes débuts, avec sa voix de bronze et même de bonze, dont il jouait à plaisir pour des exposés interminables qu'il savait à son gré rendre plus courts, avec son excellente pratique des rouages et astuces administratifs, Francis Brun-Buisson m'effrayait. Bien vite, il m'apparut pour ce qu'il est : un haut fonctionnaire inspiré, imaginatif, dévoué à l'intérêt général, malhabile à déjouer les pièges et les mesquineries de ses rivaux dans l'appareil de l'Etat. Je le découvris à mes côtés, lors de chaque grande bataille – y compris la toute dernière. Parfaitement informé de nos projets sur le numérique, c'est lui qui adressa à Alain Juppé, coup sur coup, les 3 et 9 avril 96, des notes documentées et plutôt favorables à notre action. Restait, justement, le volet financier de nos accords. Jusqu'à quel niveau le ministère des Finances autoriserait-il notre engagement dans TPS ? Les 25 % négociés nous assuraient d'avoir notre mot à dire lors des choix de programmes et de l'établissement du bouquet, ainsi que dans l'orientation stratégique de TPS. A mes yeux, France Télévision pouvait, s'appuyant sur ses bons résultats, financer elle-même et progressivement son développement, garantir ainsi l'emploi de ses salariés malgré les mutations technologiques, et maîtriser l'évolution des comportements publics.

Maurice Ulrich, le sage, qui répondait en peu de mots, et encore moins de lyrisme, avait formulé son avis en ces termes : « Il faut progresser, choisir le mouvement contre l'immobilisme, et utiliser pour aller plus loin vos résultats et vos propres recettes... » Lui aussi rêvait d'un service public responsable, qui se rende maître de son destin et cesse d'attendre de Bercy l'autorisation de décider et d'avancer.

Philippe Douste-Blazy commençait à s'intéresser au numérique et au bouquet en projet. Il sentait que l'Elysée y était favorable. Il voulait faire le bon choix, mais il hésitait. Un jour, il m'invita à passer au ministère de la Culture, dans son bureau, rempli de jolies photos, évidemment celles du successeur d'André Malraux et de Jack Lang !

« Le Président de la République m'a demandé de lui parler du numérique. Donnez-moi de bons arguments. En tout cas les vôtres. Essayez de me convaincre. Imaginons la situation : moi, je suis Jacques Chirac.

– !!!

– Vous, vous êtes Douste-Blazy

– Monsieur le Ministre, je suis flatté de cette rapide promotion, de la mienne. Avec votre autorisation, je vais tenter modestement d'être vous-même ! »

Pendant deux heures nous travaillâmes – sérieusement – sur cet enjeu : l'avenir du numérique en France. Par intervalles, il me regardait, avec bienveillance, et il souriait. A la fin, agacé de ses sourires, je lui demandai ce qu'il trouvait drôle dans ma démonstration.

« Je ne peux pas m'empêcher de penser, répondit le ministre, que pendant notre conversation sur le deuxième bouquet, vos futurs alliés vous trahissent déjà. Ils négocient, j'en suis sûr, en secret leur rallie-ment à Canal Plus. »

Jusqu'au bout, il douta de la réalité et des chances d'un accord France Télévision avec TF1, M6, la CLT et la Lyonnaise. Peu après, il fut bien obligé de reconnaître la solidarité des nouveaux partenaires. N'avoir personne en face de soi pour traiter des progrès du XXIe siècle est une erreur. Ni soutien, ni résistance, ni vision. Je l'ai vécu, j'en ai souffert. La suppression du ministère de la Communication, voulue comme un pro-grès politique, fut finalement une fausse bonne idée. Sans doute sera-t-elle corrigée lors d'un prochain rema-niement ou changement de gouvernement.

Le 3 avril 1996, Canal Plus fêtait avec 3 000 invités le lancement de son bouquet numérique, dans une soirée parisienne où le tout-audiovisuel se bousculait. Le même soir, nous signâmes, dans la discrétion, le pacte d'actionnaires qui constituaient le bouquet TPS. Nous étions convenus, avec Patrick Le Lay, de nous retrouver chez lui. Tout l'état-major de TF1 y attendait déjà quand j'y arrivai, avec Michel Delloye pour Albert Frère, Cyrille du Pelloux pour la Lyonnaise, Nicolas de Tavernost et Jean Drucker pour M6. Nous étions tous installés autour de la table dans la salle à manger, à peine éclairée, conspirateurs de l'avenir. La scène tenait de Balzac, mise en scène par Patrice Chéreau. Si tous se connaissaient, chacun laissait percer ce soir-là des senti-ments contradictoires : connivence, méfiance, rivalité. « Nous nous souviendrons tous de ce rendez-vous, de sa date, de son lieu, et de sa forme », déclara Patrick Le Lay, qui fit distribuer un projet de convention. C'était la première version. Il y en aurait tant d'autres avant la signature du 11 avril ! Mais personne n'aurait cru que tout irait si vite. Les événements et la concurrence nous poussaient à accélérer. Cyrille du Pelloux souligna l'importance que son patron, Jérôme Monod, attachait à cette coopération nouvelle. C'était, selon lui, un combat économique et culturel d'ampleur nationale. Et il l'expliquait à son ami Jacques Chirac.

Chacun ce jour-là s'observait. Les enjeux apparaissaient de plus en plus nettement. La maîtrise du marché numérique serait dans les prochaines années le grand défi audiovisuel, donc culturel. Tout faux pas ferait perdre un temps précieux à ceux qui le commettraient. Si nous faisions alliance, c'était pour longtemps, et pour être immédiatement plus efficaces.

Etions-nous en train de choisir les bons partenaires ? D'un certain côté, nous ne pouvions pas en douter : toutes les chaînes généralistes étaient là, les principaux groupes audiovisuels français. D'un autre côté, le soir même, Canal lançait son bouquet. Les seuls absents de cette réunion n'avaient-ils pas pris une avance déterminante ? Malgré toutes les sécurités, le pari était là. Nous le savions tous. Cette part d'incertitude donnait à l'aventure tout son sel et toute sa portée. Il pouvait s'agir d'un coup de maître ou d'un coup fourré. L'avenir en déciderait. Et la volonté que les différents alliés continueraient de manifester.

Nos équipes ne prirent pas beaucoup de repos. Patrick Clément joua un rôle important. Concentré, implacable, attentif aux détails, il prenait du recul pour comprendre les manœuvres détournées de nos partenaires, pour prévoir leurs intérêts futurs et les rapprochements objectifs. Il veilla, avec Didier Sapaut et moi-même, à la qualité du travail de nos experts. Tous avaient l'expérience des veilles, des tensions, des allées et venues, des apartés, et de cette excitation mentale qui entoure les grandes négociations. Didier Sapaut était notre Talleyrand, pour ce Congrès de Vienne improvisé, et s'appuyait en permanence sur Patrick Clément, notre Fouché. Il fallait à chaque instant trouver le bon argument, défendre sans faiblesse la part de France

Télévision dans les responsabilités du futur ensemble, veiller aux intérêts de nos chaînes, celles qui existaient, et celles que nous projetions de créer. Il y eut plusieurs retournements spectaculaires. Nous étions sur le point de renoncer ou d'abandonner les discussions.

Le week-end de Pâques fut déterminant. J'abrégeai un voyage prévu de longue date en Espagne, pour rejoindre les négociateurs qui œuvraient sans désemparer. Nos avocats ne se quittaient plus. Les versions corrigées du futur accord se succédaient de plus en plus vite. Nous devions accélérer pour éviter que des fuites ne favorisent une menace ou une contre-offensive des adversaires de TPS.

En temps réel, j'informais le cabinet du Premier ministre, et réclamais des instructions ou des autorisations qui arrivaient directement, et régulièrement. Le président de France Télévision ne prend aucune initiative sans l'aval de Matignon. Tel conseiller, toujours le même, était contraint, une fois de plus, de s'y résoudre. Il prendra plus tard sa revanche. Le mardi soir, à M6, Jean Drucker avait bien fait les choses. Il nous accueillit à son habitude par quelques paroles très claires. Nous approchions de la rédaction finale... ou de la rupture. Les suspensions de séance se succédaient, souvent provoquées par France Télévision. Parfois nous avions peur de notre audace.

L'accord finit par se faire sur un partage du capital en quatre quarts, chaque groupe à égalité. Aucun n'était en mesure de dicter sa loi aux autres. Tous devaient nécessairement préserver les intérêts de chaque partenaire. Il était impératif pour France 2 et France 3 qu'aucun des associés ne possède à lui seul la majorité, et qu'une coalition de deux associés, comme M6 et TF1 ou M6 et la CLT, n'impose ses choix contre la volonté des autres. La formule d'une société détenue à parts égales par tous ses actionnaires apparaissait donc de bon sens. TF1 avait exactement le même souci que France Télévision. Notre entente se fit donc naturellement sur cette base. Sous la forme d'un pacte d'actionnaires, l'équilibre des responsabilités au sein de la future structure TPS fut ainsi réparti : le président de la société serait Patrick Le Lay, et le président de France Télévision serait pour sa part président du comité des programmes. Il serait aussi chargé de désigner le vice-président de TPS.

Nous obtenions ainsi, en échange de nos 25 %, un rôle et un contrôle effectif sur la société, à la mesure de la puissance du groupe public. Cela ne s'était pas fait sans menaces de rupture. Elles étaient d'autant plus nécessaires que je ne voulais pas défendre l'accord TPS devant mon actionnaire avant d'avoir obtenu toutes les garanties d'efficacité et d'indépendance pour France 2 et France 3.

Ce 11 avril fut donc le moment culminant de ces journées où pied à pied, clause par clause, les négociateurs s'étaient affrontés. Patrick Le Lay voulait signer l'accord à l'heure dite. Il s'activait pour y parvenir. Notre tactique, subtile, pressante, nous la déterminions et nous l'appliquions ensemble, dans son bureau ou dans le mien. Nous avions le soutien auprès du chef de l'Etat de Maurice Ulrich qui, le premier, avait compris l'importance de ce projet. Il s'agissait à ses yeux de l'intérêt national.

Chaque jour risquait de faire prendre du retard au lancement de notre bouquet. Dans cette concurrence sauvage, comme me l'avait dit Leo Kirch, « il ne faut ni lambiner, ni tergiverser. La condition du succès est la rapidité. Les premiers seront les vainqueurs ». Jérôme Monod, président de la Lyonnaise Communication, co-propriétaire de M6, poussait également à une conclusion rapide. Jean Drucker le souhaitait mais n'osait pas y croire. Il fut tout surpris lorsque je lui annonçai vers

17 heures que le gouvernement m'autorisait à signer et que nous serions prêts à 18 heures comme prévu.

Jusqu'au bout, Jean Drucker et Nicolas de Tavernost, tatillon second, avaient cru que l'Etat n'accepterait pas de laisser France Télévision prendre 25 % de la société TPS qui allait naître de notre entente. « 10 % peut-être, me disait Jean Drucker le matin de la signature, 25 % jamais. » Et pourtant nous avions réussi à convaincre Matignon et le ministère de la Culture en démontrant qu'à moins de 25 % le service public serait dans une position d'otage au sein de cette structure. Ce 11 avril, ils s'étaient donc rangés à nos explications. Les jours suivant mon départ du service public donnèrent à d'autres le temps de les faire changer d'avis, malheureusement pour France Télévision.

Jean Drucker fut à la fois stupéfait et heureux d'apprendre que nous avions le feu vert du gouvernement. La force de conviction de Patrick Le Lay ajoutée à la mienne avait pu ouvrir les yeux de la tutelle sur ce qui apparaissait comme l'intérêt de tous. La décision finale avait été communiquée en fin d'après-midi par téléphone. Un accord de cette importance revêtait à nos yeux une signification historique. Il allait contrarier des intérêts très puissants. Je réclamais donc une autorisation écrite du gouvernement pour engager France Télévision aux conditions que nous avions obtenues. Maurice Ulrich m'approuvait. Philippe Douste-Blazy, finalement convaincu, cherchait désormais à passer pour le maître d'œuvre de l'accord. Il voulait pour sa part s'en réserver l'annonce publique. Je n'y voyais que des avantages pour peu que la lettre du Premier ministre me parvînt à temps. J'avais décidé de ne signer qu'après l'avoir reçue.

Le soir même Philippe Douste-Blazy parlait sur RMC. C'était pour lui l'occasion rêvée d'annoncer avant tout le monde la signature de l'accord TPS.

Combattant de la vingt-cinquième heure, il n'en était que plus pressé de voler au secours de la victoire et de s'en attribuer la gloire. Mais la lettre de Matignon arriverait-elle à temps? Sinon devions-nous différer la signature?

Un motard de la gendarmerie vint me la remettre en main propre, dans mon bureau de l'avenue d'Iéna, alors que tous les signataires de l'accord s'y trouvaient rassemblés. Alain Juppé donnait le signal : nous pouvions nous engager. Elle confirmait les « oui, allez-y! » répétés par son directeur de cabinet, Maurice Gourdault-Montagne au téléphone. Un souffle de satisfaction et de joie traversa la pièce. Nous ressentions une émotion bien légitime. Cet accord, c'était notre enfant, et il naissait après tant de semaines de gestation. Siégeaient pour la première fois réunis dans mon bureau : Martin Bouygues, rejoint par Patrick Le Lay, Jérôme Monod avec Jean Drucker. Tous les diffuseurs français, à l'exception de Canal Plus. Tous les partenaires de TPS, sauf Albert Frère, président de la CLT, dont nous attendions le représentant.

Ces hommes s'étaient combattus, certains d'entre eux s'étaient associés pour gêner la télévision publique. Aujourd'hui ils préparaient ensemble, et avec elle, la constitution d'un groupe puissant au service du public et du rayonnement audiovisuel de la France. C'était une révolution culturelle. Elle exigeait du courage, de même il avait fallu un grain de folie pour l'imaginer. Mais cette solution, malgré les difficultés à venir, s'imposait désormais comme la meilleure, celle que dictait le bon sens. Il est difficile parfois de voir ce qui saute aux yeux, de comprendre ce qui est le plus évident. L'avenir audiovisuel de la France à l'étranger doit passer par la coalition de toutes les ressources en images. Privées, publiques, qu'importe, dès lors qu'il s'agit de faire barrage aux programmes américains et asiatiques de faible coût et de moindre qualité qui seront déversés de plus en plus largement sur notre pays.

Dans la salle voisine, celle du comité exécutif de France Télévision, les directeurs généraux des chaînes, les conseillers des différents présidents, les juristes et les experts s'agitaient, impatients de voir leurs efforts couronnés par cette signature. Entre les deux pièces, les secrétaires photocopiaient les onze pages de cet accord dont il y avait une bonne douzaine de versions. L'ultime mouture synthétisait les négociations acharnées qui avaient eu lieu jusque tard dans la dernière nuit. Un à un, les exemplaires arrivaient.

La tension s'était apaisée quand la nouvelle nous parvint. Albert Frère qui tenait tellement à cet accord – il l'avait affirmé en particulier à chacun d'entre nous – ne nous rejoindrait pas ce jour-là. Il demandait un délai de quelques heures pour engager la CLT. Devions-nous l'attendre ? « Oui, il faut attendre », dit Jean Drucker, inquiet de cette ultime surprise. Jérôme Monod répondit tout de suite avec l'assurance des stratèges : « Non ! évidemment nous allons signer ! Et la CLT signera demain. En politique je ne connais que le fait accompli. C'est la seule tactique qui réussit. » Martin Bouygues fut du même avis. Les dernières hésitations étaient oubliées quand Anne-Marie Moreau, mon chef de cabinet, apporta une dépêche AFP qui passa de main en main : Philippe Douste-Blazy venait d'annoncer sur RMC que l'accord était déjà signé par nous tous.

Au milieu de l'éclat de rire général, Jérôme Monod conclut : « Ne donnons pas tort au ministre. Puisqu'il a annoncé que c'était chose faite, il ne nous reste plus qu'à signer. » Quelques minutes plus tard, sortant du studio de radio, Philippe Douste-Blazy nous appelait : « Vous m'avez tous fait faire une connerie, c'est ça ? » Je pus le rassurer : « Non. Vous l'avez annoncé avec un peu d'avance, mais l'accord a bien été signé. Vous avez précipité les événements ! »

Dans la salle où nous nous retrouvions tous, convention en main, régnait une sorte d'euphorie. Chaque mot de ce long texte avait été pesé. Fallait-il le relire une dernière fois tous ensemble ? Jérôme Monod s'exclama avec un mélange d'autorité et d'humour : « Onze pages à lire ! Mais c'est trop long ! Vous y avez tout mis n'est-ce pas ? Alors félicitations ! » Et il apposa sa signature. Tous souriaient, soudain détendus. Raphaël Hadas-Lebel me rejoignit. Didier Sapaut rayonnait. Il avait mis beaucoup de son énergie et de son habileté dans ce texte. Ensemble, nous avions livré un bon combat. Xavier Gouyou Beauchamps me félicita. France Télévision pouvait désormais considérer l'avenir de ses chaînes avec sérénité. Avec des cultures différentes, des objectifs et des intérêts complémentaires, tous les participants sentaient que cette rencontre avait noué entre eux des liens personnels, dont certains, je le sais, se sont encore renforcés depuis.

Philippe Douste-Blazy reconnut que l'accord décroché de haute lutte était exemplaire, donc évidemment acceptable. Il donnerait les moyens de promouvoir les principes du service public sur cette nouvelle offre de programmes numériques. L'Etat ne cachait pas sa satisfaction.

Depuis le début, Patrick Le Lay et moi-même avions cherché à associer France Télécom, d'abord dirigée par Marcel Roulet, puis par son successeur Michel Bon. Marcel Roulet n'avait jamais donné suite à nos démarches, son état-major y étant hostile. Mais Michel Bon considérait nos accords avec davantage d'intérêt. Il était prêt à une collaboration, à condition que TPS choisisse le décodeur Viacess de France Télécom. Bien qu'il ait été utilisé en Scandinavie, le décodeur Viacess n'avait pas, en l'état, très bonne réputation par rapport à celui de Canal Plus, et surtout à celui de Nethold, choisi par Leo Kirch pour son propre bouquet.

Nous voulions protéger les ingénieurs français, qui, eux-mêmes, s'étaient laissé distancer. Nous étions convaincus que le meilleur système était un croisement du Viacess et du Nethold, qui serait un décodeur plus ouvert, comparable à celui que Leo Kirch avait choisi face à l'alliance Bertelsmann/Canal Plus/Murdoch. Son choix n'était pas si mauvais, puisqu'il rallia finalement tous les alliés de Canal Plus en Allemagne, laissant le groupe français sans partenaires outre-Rhin. En quelques semaines, en juin-juillet 1996, on vit s'effondrer tous les rêves allemands de Canal Plus et d'Havas. Apparaissait un nouveau pôle numérique, autour de celui qui était depuis plusieurs années l'allié et l'ami de France Télévision, Leo Kirch. Sa stratégie allemande échouant, Canal Plus essaya bien de garder la main en proposant un dimanche d'avril à Leo Kirch un renversement d'alliances. Bertelsmann, le partenaire, serait abandonné au profit de Kirch. Ce dernier refusa. Plus tard, les groupes allemands s'accordèrent, et laissèrent la chaîne cryptée, trop gourmande, sur le bord du chemin. Canal Plus serait obligée de mettre de l'eau dans son vin, et de se rapprocher à la fois de Nethold et de Leo Kirch. Demain, les différents décodeurs seront bien plus ouverts et plus adaptables que celui que Pierre Lescure cherchait à nous imposer. Nous ne sommes pas au bout des changements.

Je décidai de dîner en Suisse, à Zurich, avec l'influent et richissime Sud-Africain Johann Rupert, et ses proches chargés des filiales télévision. Johann Rupert a hérité de son père les cigarettes Rothmans et construit une immense fortune où figurent entre autres Cartier, Dunhill, la télévision privée sud-africaine et Nethold, la société chargée de la télévision numérique en Europe. Rougeaud, affable, courtois, multipliant bourrades et clins d'œil, Johann Rupert ne cessait de répéter qu'il n'y connaissait rien en télévision... tout en empêchant soigneusement ses spécialistes de placer la moindre phrase. Autoritaire, tranchant, sûr de lui, Johann Rupert avait un grand ennemi : Murdoch. Son regard devenait effrayant quand il l'évoquait. Soudain, cet homme cultivé, d'une grande sensibilité littéraire, passionné de musique, devenait implacable : « Murdoch et ses hommes n'ont pas respecté leur promesse de nous laisser maîtres chez nous, en Afrique du Sud. C'est un Hitler des médias : nous ne cesserons de combattre son expansionnisme. » Johann Rupert encouragea l'inventeur et magicien qui avait réalisé son décodeur à travailler avec des techniciens de France Télécom pour rendre les deux technologies compatibles. Après quelques balbutiements, et quelques réticences, ces discussions prirent forme... sans aller très loin.

France Télécom devait trouver sa place, meilleure encore, au sein de TPS, après mon départ. Pendant l'été 1996, le gouvernement décida que le groupe de télécommunication prendrait 17 % des 25 % du capital de TPS réservés à France Télévision. Ce nouvel accord changeait bien des choses, et plaçait le service public dans une position inconfortable au sein de la société. Quelle oreille prêter à un groupe qui ne pèse plus que 8 % et qui n'est pas assuré de les garder ? Nous nous étions battus pour obtenir des participations équitables, qui légitimaient l'engagement de la télévision publique dans cette aventure. Le nouvel équilibre, arbitrairement décrété, et difficilement justifiable, est une sorte de cote mal taillée. France Télévision devient le dindon de la farce dans des conditions contre lesquelles j'avais voulu la prémunir. Rien n'assure une longévité à ces 8 %, et à France Télévision dans TPS. Le débat parlementaire de décembre 96 sur le budget audiovisuel et celui de février 97 sur la loi démontrent que les adversaires actifs du service public ne désarment pas. Ils ne se contentent pas de demi-mesures et de demi-victoires. Ils prendront leur temps et affaibliront coup après coup la télévision publique.

Le Président de la République avait lui-même béni notre stratégie, au cours d'une longue audience qu'il accorda, à Patrick Le Lay et à moi, le 16 avril 1996. Auréolés de ce qui paraissait une victoire sur nous-mêmes et sur le conformisme ambiant, nous étions venus à sa demande expliquer à l'Elysée les enjeux de l'alliance. Maurice Ulrich et Jacques Pilhan étaient à ses côtés, nous harcelant de questions, sur les effets prévisibles de cette révolution médiatique en cours, sur les chances de la France d'y imposer sa voix et ses images. Jacques Chirac réaffirma à cette occasion son soutien personnel et celui de l'Etat. Il avait compris quelles pouvaient être les conséquences de cette gigantesque bataille sur le point d'être livrée, et à laquelle notre pays devait prendre part avec toutes ses forces, dans l'intérêt de sa culture, de son indépendance, de sa présence. Pour Patrick Le Lay et pour moi, que les journaux appelaient les « pères fondateurs » de TPS, cette audience fut un moment de bonheur, après l'épreuve : la mission que nous nous étions donnée était reconnue. Nous affronterions les obstacles, confiants et moins seuls.

L'accord TPS eut un réel retentissement en Europe. Mais il fut douloureusement accueilli par Havas, Canal Plus et par une partie de l'administration de l'Etat, qui avait toujours soutenu la stratégie de Canal Plus. Une fatalité veut en effet que l'administration française fasse souvent les mauvais choix en matière technologique, et en veuille à ceux qui le lui prouvent.

Quand nous proposions de ramener Nethold vers l'Europe, quand nous établissions le contact entre Nethold et la tutelle, ou entre Nethold et France Télécom, il y avait souvent un de ces technocrates, qui influencent, eux-mêmes à l'abri, les politiques, pour répéter : « Nethold est un groupe sud-africain. » La dénomination voulait tout dire. On ne cherchait à connaître ni son passé favorable ou défavorable à l'apartheid, ni sa puissance, ni son futur rayonnement hors d'Afrique, ni son rôle auprès de Nelson Mandela. De son petit bureau de la rue de Varenne, le conseiller d'Alain Juppé, Yves Rolland, laissait tomber d'une voix fielleuse : « Qui est Nethold ? quelle surface ? Je ne veux pas d'alliances avec les Sud-Africains. Il ne faut pas de place pour eux au sein de TPS. » Encore une occasion manquée, une exploration ratée ? Les mêmes technocrates applaudiront plus tard à l'accord spectaculaire de Canal Plus avec Nethold, et encourageront la presse amie à louer Rupert et sa filiale Nethold. L'ennemi devenait le meilleur allié : le jugement était aussi partial et mal fondé que le précédent. On mesurera plus tard les effets de ces choix. Je comprends les politiques qui incriminent l'influence technocratique, sa malfaisance, protégée par l'anonymat, l'irresponsabilité et l'impunité.

Les Guignols se firent le premier instrument d'une véhémente campagne dirigée contre moi. Elle s'appuya sur le prétexte facile des « contrats » des animateurs-producteurs. Ils ironisèrent durement sur le lancement de notre futur bouquet, et redoublèrent d'ardeur contre les « voleurs de patates » et le « clan mafieux » de TF1... Pense-t-on, lorsque l'on s'amuse de leurs moqueries, que les Guignols, par leur génie de la formule, servent aussi des intérêts qui sont bien loin d'être innocents ou gratuits ? Quand ils seront usés et affaiblis, les audacieux tardifs, libérés de la peur et de la rancune, dégaineront leurs poignards.

Quelles qu'en aient été les conséquences personnelles, la France aura son bouquet de programmes qui ne sera ni ce que Canal Plus imaginait, ni ce que nous avions l'espoir de bâtir. C'est sans doute la règle. Les adversaires d'un jour sont souvent appelés à se retrouver du même côté. Canal Plus a dû renoncer par étapes à sa stratégie en Allemagne. Elle pourrait bien être invitée à s'accorder avec TPS, alors qu'elle a tout fait pour l'empêcher de naître, mais à de nouvelles conditions. ABsat qui a surgi du tempérament imaginatif et matamore de Claude Berda y sera associé. Tous ensemble pour promouvoir les couleurs nationales... A l'avantage du public qui n'aura pas à accumuler chez lui des décodeurs coûteux. Un seul suffira. La télévision publique ne doit renoncer ni à son rôle, ni à sa place. En sacrifiant les responsabilités que nous lui avions assurées dans TPS, elle perdra l'avance prise : une faute qu'elle regrettera longtemps si elle y est franchement contrainte. Et que ses personnels auront un jour à payer.

La montée en puissance de Jean-Marie Messier, l'Entreprenant stratège de la Générale des eaux dans Havas et Canal Plus favorisera de prochains changements. Les impatients n'auront pas beaucoup à attendre.

TROISIÈME PARTIE

La crise

La tyrannie de l'émotion

Notre réussite ne se démentait pas. Je savais, par de multiples échos, par des mises en garde amicales, par des avertissements discrets, qu'elle commençait à impatienter certains concurrents. Elle leur faisait redouter que je fus reconduit à mon poste, lorsque se terminerait mon mandat, en décembre 1996. Ils auraient été étonnés d'apprendre que je n'étais pas certain, moi-même, de me représenter. Contrairement à ceux qui me prétendaient atteint du syndrome de la réélection, j'avais toujours considéré qu'il n'y aurait pas d'autre heure pour le bilan que celle de la fin de mon mandat. Je n'avais pas encore eu le temps d'y réfléchir, emporté par une action de tous les jours où chaque décision en entraînait une autre, sur le rythme accéléré qui gouverne l'actualité. Mais chaque décision était envisagée et prise avec le souci de l'avenir.

Je n'étais pas naïf au point de croire que les augures qui me prévenaient d'une campagne de déstabilisation avant le terme du mandat étaient simplement paranoïaques ou mal inspirés. J'avais clairement conscience que l'automne 1996 serait difficile. Ce serait le moment où quelques attaques bien menées, dans les journaux, ou auprès de certains politiques, pourraient décider de ce poste de président de la télévision publique, le poste qu'on prétend le plus envié de tout l'univers des médias. Je me préparais à ces orages prévisibles sans me douter que je serais pris plus tôt dans cette tornade terrible et fatale !

A Cannes, le 20 avril, au cours d'une de ces conférences de presse rituelles qui scandent l'année audiovisuelle, j'expliquai dans quelles conditions j'avais conclu avec Martin Bouygues, Patrick Le Lay, Cyrille du Pelloux, et Jérôme Monod l'accord qui donnait naissance à TPS. L'accord permettait à France Télévision de s'offrir une place dans le ciel, au cœur d'un bouquet numérique francophone dont le président de France Télévision serait en fait l'un des deux maîtres d'œuvre avec le président de TF1. Cet accord historique était la clef de voûte de la stratégie que je conduisais : il projetait la télévision publique dans le futur et lui assurait des téléspectateurs au-delà même de nos frontières.

Je me trouvais, avec Patrick Le Lay, dans une situation exceptionnelle. Très peu de ceux qui assistèrent à ma conférence de presse de Cannes auraient pu se douter de l'attaque qui se préparait. Nous étions comme sur un nuage. Certains commençaient à se demander ouvertement si, à ce train-là, ma reconduction ne serait pas devenue tout simplement automatique en décembre. Les échos qui parvenaient des coulisses du pouvoir étaient encourageants.

Pourtant ce dernier succès de France Télévision ne faisait pas que des heureux : il inquiétait beaucoup Canal Plus et le groupe Havas, qui voyaient se fédérer, face à CanalSatellite, une offre numérique puissante et diversifiée. Il inquiétait aussi tous ceux qui rêvaient, dans les allées des pouvoirs, d'une télévision publique plus facile à contrôler, et moins indépendante. Il mécontentait enfin les impatients dont un changement de têtes dans l'audiovisuel pouvait servir les ambitions :

soit ils voulaient mon fauteuil, soit ils imaginaient assez bien la place qui leur serait offerte par mon successeur. Certains d'entre eux ont misé juste !

La roche Tarpéienne est près du Capitole. La plus éclatante réussite est aussi souvent la dernière. Les jalousies, les intérêts contrariés, les ambitions retardées, forment soudain comme une coalition objective à laquelle il suffira d'un prétexte. Or le prétexte était là, comme un feu couvant sous la cendre depuis novembre, depuis les premières diatribes du député Alain Griotteray contre les animateurs-producteurs. A Cannes, précisément, quelque part dans ce décor luxueux et clinquant des grands hôtels de la Croisette, où la tribu médiatique vient établir son campement et marquer son territoire, quelques-uns décidèrent de ranimer ce feu, et d'allumer l'incendie.

Le 22 avril, dans l'avion qui ramenait ces deux directeurs d'Europe 1 de Cannes, Jean-Pierre Ozannat confia à l'inventif Michel Cacouault : « Ils ont décidé d'abattre Elkabbach. Ils vont mettre le paquet ! » Je souris en l'apprenant. J'ignorais qui étaient ces « ils », résolus à ma perte. Ce n'était pas la première fois. Je n'imaginais pas encore que ce serait la bonne.

Depuis le spectaculaire rapprochement de France Télévision et de TF1, au sein de TPS, les animateurs-producteurs avaient compris qu'une page de l'histoire de la télévision était en train de se tourner. Ils ne seraient plus jamais en mesure de faire monter les enchères en passant d'une chaîne à l'autre. Le temps des animateurs-rois était révolu. Les partenaires de France 2, qui avaient profité de l'inflation des coûts de programmes, acceptaient, l'un après l'autre, de réviser leurs prétentions, et de faire des économies. Depuis la fin de l'automne 1995, Louis Bériot et moi-même avions engagé une désinflation des émissions et des magazines de divertissement qui permettait d'envisager de mettre davantage de moyens au service de la fiction.

Arthur avait accepté de revoir ses contrats à la baisse, en abandonnant certains projets confiés à Case Production. Mireille Dumas acceptait de renégocier en profondeur à la fois le format et le prix de revient de ses émissions. Michel Drucker, dont les profits étaient les plus raisonnables, baissait son chiffre d'affaires prévisionnel avec France 2. Jacques Martin, conscient qu'il devait lui aussi participer à l'effort de rigueur collectif, avait donné son accord à une diminution de sa part d'antenne et de ses revenus, renouvelés par trois présidents, avant moi. Nagui était prêt à reconsidérer les conditions dans lesquelles il fournissait, depuis de nombreuses années, des programmes de divertissement, de jeux, de musique, à France 2.

Ce n'était pas un excès de générosité de leur part, ni une poussée d'avarice de la nôtre. Comme les cours de l'immobilier, les prix des programmes de télévision répondent aux lois du marché. Si tous ces animateurs acceptaient de baisser leurs prix, c'est parce que personne sur le marché n'aurait continué à acheter leurs émissions à ce prix-là. Pour cette raison, les contrats qu'une chaîne de télévision passe avec ses producteurs sont fréquemment révisés, soit à la hausse, soit à la baisse. Personne ne connaît les conditions du marché dans six mois, un an, deux ans. Dans une économie aussi fluctuante que celle de l'audiovisuel, où le succès d'un jour peut être démenti le lendemain, où la vogue d'un animateur comme l'image d'une chaîne restent toujours provisoires, il n'y a rien de plus naturel que de renégocier des contrats : loin d'être l'exception, c'est la règle.

Depuis septembre 1995, la règle, justement, connaissait tout de même une exception : Jean-Luc Delarue. Dès la première de sa nouvelle émission du dimanche, Louis Bériot m'avait exprimé son inquiétude : manifestement, on ne voyait pas dans le magazine de Jean-Luc

Delarue l'argent qu'il avait promis d'y investir. Le tournage, les thèmes, les sujets, les invités, tout était banal et calculé à l'économie. France 2 n'avait pas payé pour cela. Je lui demandai de rencontrer Jean-Luc Delarue avec Carlo Freccero, pour le convaincre d'accepter les adaptations que nous jugions indispensables. C'est en suivant les conseils de Carlo Freccero que Delarue avait réussi à faire de *Ça se discute* un succès. Il en serait de même, selon nous, pour *Déjà dimanche,* s'il acceptait d'y apporter certaines modifications. Mais quelque chose avait changé : Jean-Luc Delarue ne supportait plus les conseils. Avec âpreté, il soignait sa marge et ses gains. Cela devenait une de ses obsessions. Etait-ce la peur de manquer ?

La télévision donne très vite une assurance qui peut être fatale. A force d'être adulé, l'animateur ne supporte plus d'être remis en question. Delarue était arrivé à ce point critique où personne ne pouvait plus lui faire d'observations sur la qualité de ses émissions. D'octobre à mars, Louis Bériot, sans discontinuer, essaya à sa manière, sur un ton excédé, de lui faire entendre raison : s'il ne voulait pas diminuer le prix de ses émissions, qu'au moins, il y place l'argent qui devait être consacré à leur production ! Une enquête interne et confidentielle prouvait qu'il était très, très loin du compte. Il ne suffisait pas d'ajouter au décor un bouquet de fleurs, un fauteuil ou un divan pour être quitte avec les sommes versées.

A la fin du mois d'avril 1996, le contrat de Jean-Luc Delarue était le seul contrat que nous ne parvenions pas à rediscuter à l'amiable. Nous savions que ce contrat serait critiqué par nos adversaires, qui n'avaient plus guère que ce prétexte à enfourcher pour nous attaquer. Si nous l'avions oublié, les Guignols, chaque soir, se chargeaient de le rappeler, en popularisant l'image des animateurs insatiables du secteur public, toujours en quête de « pognon », face à un Elkabbach toujours prêt à leur en offrir davantage. Image qui avait toujours été fausse, et qui le devenait de plus en plus. Cette image martelée allait néanmoins finir par convaincre.

Je consultai longuement Louis Bériot. Il s'était progressivement irrité contre Delarue, à force de le voir mépriser ses avis. Louis ne pouvait supporter qu'un animateur dictât sa loi, et utilisât à son gré, sans contrôle de la chaîne, un temps d'antenne concédé pour une émission précise. Il ne s'en trouve pas pour autant propriétaire. Louis était partisan d'attaquer Delarue devant le tribunal de commerce, pour le forcer à reconnaître qu'il n'honorait pas correctement son contrat.

Je pris le conseil des juristes de France 2, et des avocats de la chaîne, regroupés autour de Philippe Bélingard, directeur des affaires juridiques. Leur avis fut unanime : France 2 disposait des éléments nécessaires pour faire prévaloir son bon droit. Le contrat n'était pas exécuté de bonne foi et méritait donc d'être interrompu, ou révisé. Philippe Bélingard, après avoir longuement motivé son avis, me dit en substance : « France 2 peut attaquer en justice. La justice, ce n'est pas une loterie, c'est un ensemble de règles et de lois. Nous avons tous les arguments de droit pour faire entendre raison à Jean-Luc Delarue. » Je choisis de faire confiance au juriste le plus compétent de France 2. Négligeant l'air du temps, forts de notre bon droit, et impatients, nous commîmes notre première erreur, je le reconnais : nous décidâmes de faire appel au juge du tribunal de commerce. A tort. Nous rendions public un différend interne, et nous montrions une incapacité à le résoudre à l'amiable. Nous offrions des armes à nos adversaires, au moment précis où ils en avaient besoin : ils se hâteraient de s'en servir. J'ai lu souvent que je voulais modifier ces contrats « pour assurer (ma) réélection ». Si j'avais vraiment été en campagne, je m'y serais pris autrement. N'aurais-je pas choisi un meilleur moment ? Et un meilleur terrain que celui du luxe, de l'argent, de la jeunesse, des top-models, toutes ces fariboles qui fascinent la société, et dont elle se venge en les condamnant ?

Nous eûmes alors des discussions très difficiles avec Patrick Clément et Carlo Freccero. Tous deux pensaient que le contrat de Delarue méritait d'être réduit, mais qu'il ne fallait pas déclarer la guerre à l'animateur. A cause de sa popularité, il nous ferait porter la responsabilité de ses fautes. Pourtant, chargés tous deux de faire changer d'avis Delarue, ils étaient bien forcés de reconnaître, malgré leurs efforts et leur amitié, qu'ils n'y parvenaient pas. J'en fis moi-même l'expérience avec eux, au cours d'un déjeuner amical. L'attitude de Jean-Luc Delarue confirma qu'il était englué dans ses intérêts à court terme et coupé, dans son petit monde clos, des réalités. Une image me revint qui m'avait pour le moins surpris. En novembre 1992, nous étions quelques-uns d'Europe 1 à commenter en direct de New York l'élection de Bill Clinton. Une chambre d'hôtel servait de studio commun. Quand Jean-Luc Delarue avait envie de fumer, il tendait le bras, sans se retourner ou regarder, et son assistant allumait la cigarette, inhalait les premières bouffées, et la tendait prête à son maître. « Etonnante cette génération, avais-je pensé, tout lui tombe tout cuit dans le bec ! »

Le 25 avril, nous décidions donc, pour crever l'abcès, d'attaquer Delarue en justice. Patrick Clément s'y opposa jusqu'au dernier moment. Puis il se rallia à l'option que j'avais prise et il devint tout à coup le plus acharné à la défendre, souhaitant absolument, « puisque c'est la bonne solution », qu'elle soit connue de tous, immédiatement. Les services juridiques ne tenaient pas tellement, à ce moment-là, à une publicité faite autour de la plainte déposée en référé auprès du tribunal de commerce : on indispose souvent la justice en tentant de faire pression sur elle par médias interposés. Paradoxe apparent, Patrick Clément voulut absolument qu'un communiqué très net soit adressé à l'AFP.

La rédaction du texte prendra deux jours. Louis Bériot, absent de Paris, en refusa les premières versions. Il n'était pas favorable au principe du communiqué. Il estimait lui aussi qu'il n'est jamais bon de faire trop de bruit autour d'une procédure judiciaire. Il rejoignait sur ce point les avis réitérés de Philippe Bélingard, et réclamait, « à tout le moins, que ce communiqué soit très sobre ». Je m'opposai donc à la diffusion de ces textes, d'autant que dès le vendredi 25 avril je partais pour La Rochelle visiter la station locale de France 3. J'avais l'intention d'y passer le week-end. Pour moi, il n'était pas question d'un éventuel communiqué avant le lundi.

Seul à Paris, Patrick Clément ne renonça pourtant pas à la publication de ce communiqué. Le texte qu'il mit au point était très court, très froid, informatif. Il ne pouvait pas faire grand bruit. De toute façon, il faudrait bien en aviser la presse, le lundi... Alors, si sa diffusion, un dimanche, à une heure où personne ne lit les dépêches, rassurait Clément... Je donnai mon accord à mon chef de cabinet, Anne-Marie Moreau, pour qu'elle envoie les quelques lignes à l'AFP, dans l'après-midi de ce dimanche 27. Et je ne m'en souciai plus.

Je repris le train pour Paris. Je n'avais plus de nouvelles de personne. Je fis, sans inquiétude particulière, ce voyage qui, pour quelques heures, me mit hors d'atteinte de tout appel téléphonique. J'arrivai à Paris autour de 21 heures. Il était déjà trop tard.

La diffusion du communiqué n'avait pas suffi à Patrick Clément. Il avait estimé utile d'attirer l'attention en lançant une série impressionnante d'appels téléphoniques, réclamant à toutes les rédactions qu'elles reprissent les termes du communiqué dans leur édition du lundi matin.

Il dérangeait ainsi, sur leur lieu de week-end, en Normandie, en Alsace, en Provence, toute une tribu de journalistes médias qui ne comprenaient pas les raisons de cette hâte, ni pourquoi il faudrait qu'ils reviennent en catastrophe à Paris rédiger leur article. France 2 et France 3 ont aussi leurs rédactions. Patrick Clément appela dans la foulée les deux directeurs de l'information, Jean-Luc Mano et Henri Sannier, ainsi que les deux directeurs généraux, Xavier Gouyou Beauchamps et Raphaël Hadas-Lebel, qui restait injoignable. Il leur demanda que le communiqué fût lu à l'antenne le soir même au cours des journaux.

Les journaux de France 3 ne le reprendront pas. Avec raison. A France 2, en revanche, Patrick Clément intervint directement auprès du présentateur à qui il donna ses consignes : « C'est du sérieux, il faut que tu lises ce communiqué sans en changer un mot, et sans avoir l'air de plaisanter. Chaque mot a été pesé par les avocats. » A la fin du journal, en essayant de prendre le ton le plus neutre et le plus « sérieux » possible, Daniel Bilalian lut, pendant une éternité, et sans en changer un mot, ce communiqué de presse glacial et empesé. France 2 annonçait qu'elle poursuivait Jean-Luc Delarue devant le tribunal de commerce.

L'effet fut immédiat, et déplorable : le présentateur congelé semblait lire un arrêt de mort avec un revolver sur la tempe. A quoi correspondait cette mascarade ? Pourquoi laver ainsi, solennellement, son linge sale en public ? On ne pouvait s'empêcher de penser à ces présentateurs des anciens pays totalitaires lisant quelque déclaration de guerre : on y trouvait la rigidité bureaucratique, la peur qu'inspiraient les messages du Kremlin sous Staline. Qu'est-ce qui pouvait bien justifier un tel procédé ? Quel était le sens, au fait, de ce communiqué ? Personne ne comprit. Les hypothèses les plus folles commencèrent à être échafaudées.

La première, qui les résumait toutes : « Pour agir ainsi, de quoi ont-ils peur ? » Et ce doute, « ils ont perdu leurs nerfs, ils se sentent menacés ! », donna le signal de la curée à un monde médiatique qui jusque-là retenait ses flèches. Paraître faible, ou montrer une précipitation injustifiée, était, à ce moment précis, laisser croire que les chiens étaient lâchés, et que la chasse était ouverte. Epouvanté, je prévoyais aisément les effets de cette décision. J'assume en effet toutes les fautes, échecs, erreurs, défaillances, celles de mes collaborateurs les plus proches ou les miennes. Cela ne se discute pas. Si nous avions continué à régler par négociation notre différend avec Jean-Luc Delarue, nos erreurs tactiques auraient-elles provoqué un tumulte national et notre départ ? En matière de télévision, la personnalisation est telle que le président est aussitôt désigné, voire dénoncé. Tous ceux qui fourbissaient encore leurs armes pour l'automne virent avec joie le calendrier avancé. Et ils profitèrent de l'occasion offerte pour porter les premiers coups, à tour de rôle, avant d'y aller tous ensemble.

Alors que j'arrivais à Paris, le monde médiatique était déjà en ébullition. Il me faudrait un bon mois pour maîtriser l'incendie et tirer ma révérence. Un mois de délires et de combats incessants pour essayer de faire entendre ma vérité contre les mensonges et les calomnies. Chacun entretenait ce torrent continu injuste et gonflé à l'excès. Chacun l'alimentait de ses certitudes et de son conformisme.

Pourquoi Patrick Clément, qui s'opposait encore le vendredi à l'attaque de Delarue en justice, s'était-il ainsi résolu, en l'espace de quelques heures, à proclamer partout et de toute urgence que nous accusions l'animateur ? Dire qu'il n'était pas conscient des conséquences négatives qu'aurait son action serait mésestimer à la fois sa pratique de la presse et sa connaissance du milieu. La réalité est ailleurs. Elle tient à sa personnalité.

Il exigeait de moi une écoute exclusive. Il supportait mal qu'on me donnât des conseils dont il n'aurait pas eu lui-même l'idée. Il voulait parvenir à instaurer entre nous une affection possessive, à l'intérieur de laquelle il aurait eu, seul, influence sur mes décisions.

A propos de Jean-Luc Delarue, alluma-t-il l'incendie pour prouver que son avis était le meilleur? Arrivé le premier sur le feu, il prétendra ensuite qu'il était le pompier le plus efficace. Mais il n'avait pas suffisamment tenu compte de la force et de la direction du vent qui soufflait sur les flammes.

Dès le lendemain, lundi 29 avril, Jean-Luc Delarue introduisit une action en référé pour obtenir la lecture d'un communiqué rectificatif à la fin du journal de 20 heures de France 2. Cette demande lui sera accordée le mardi 30 avril. Les Français étaient ainsi pris à témoin, à la fin des journaux télévisés de France 2, des démêlés économiques et judiciaires de la chaîne et de son animateur. Ce même 30 avril, le petit déjeuner de France-Inter recevait Philippe Douste-Blazy, qui déclara avec ambiguïté : « Il faut savoir s'il y a eu malversation ou pas. Si oui, il y aura des sanctions. »

Malversation? Un mot de trop. Où, quand, comment, par qui? Ce sera désormais le jeu de la presse : sous-entendre qu'il y aurait des malversations, et qu'elles seraient découvertes. Et susurrer que la Cour des comptes conduisait une investigation... Qu'un conseiller, Jean-Michel Bloch-Lainé, était chargé d'un audit pour remettre de l'ordre dans des finances et des mœurs opaques... alors que l'enquête concernait tout le secteur de l'audiovisuel public et non seulement France 2 et France 3 !

En fait, le ministre, l'air de ne pas y toucher, récidivait. N'avait-il pas affirmé, déjà, le 10 octobre 1995, lors d'une séance nocturne de la commission des Affaires culturelles de l'Assemblée nationale : « On peut légitimement s'interroger sur la présence d'animateurs-producteurs sur les chaînes de service public, ainsi que sur leur trop grande proximité avec les personnes chargées des programmes sur ces mêmes chaînes. » L'accusation avait été lancée sans preuves, et sans recherche de preuves. Elle ne fut suivie d'aucune enquête d'urgence, d'aucun contrôle particulier. Philippe Douste-Blazy avait cédé à la rumeur. De quelle « proximité » s'agissait-il ? Qui l'avait si mal informé ? Qui ces insinuations malheureuses visaient-elles ? Elles avaient déclenché aussitôt les protestations de Louis Bériot, de Jean-Pierre Cottet, les directeurs d'antenne, et de Carlo Freccero. Je l'écrivis aussitôt au ministre de la Communication : « C'est trop ou pas assez ! Si vous savez, citez les noms des gens concernés. Sinon, cela relève de la diffamation. » Il m'avait affirmé que ses mots avaient été improvisés.

Après la faute du communiqué lu en direct, le second signal donné à la presse fut donc celui de la petite phrase de Philippe Douste-Blazy. Ce second signal était capital : si le premier laissait croire que nous avions perdu nos nerfs, le second paraissait confirmer notre fragilité. Le ministre suggérait en direct, sur l'antenne de France-Inter, la vraie raison de notre précipitation : nous étions dans une situation inconfortable à cause d'éventuelles malversations. Non seulement des maladresses, des excès, des erreurs de stratégie, mais des malversations ! Il sonnait la curée.

La petite phrase sera assassine. Amplifiée, déformée, ressassée, interprétée, surinterprétée, développée, elle donnera toute licence aux médisances et aux calomnies. D'une certaine manière, elle les appelait et les autorisait. Philippe Douste-Blazy est un politique dans le vent, comme un drapeau peut l'être. Il flotte dans la brise, dans l'humeur du moment, l'accompagnant d'une formule qui ne l'engage jamais. Il doit pouvoir revenir en arrière. Il essaiera d'ailleurs, trop tard, et sans grande conviction, de corriger l'effet déplorable de sa première déclaration.

A ce moment-là, j'appris que deux hebdomadaires du groupe Havas, *Le Point* et *L'Express*, relayant (quel hasard !) les Guignols de Canal Plus (groupe Havas), s'apprêtaient à consacrer leurs gros titres, et un traitement de faveur, au « scandale des animateurs-producteurs ». Je connaissais bien, et de longue date, les rapports privilégiés que Philippe Douste-Blazy entretenait lui aussi avec les équipes de Canal Plus. Je commençais à mieux voir se profiler une attaque qui visait à enlever à la télévision publique les moyens d'investir dans le numérique, domaine où Canal Plus exigeait la première place, et à me déstabiliser. A quelques confrères qui s'apprêtaient en novembre 95 à écrire sur les contrats des animateurs, le ministre de la Culture conseilla plutôt d'attendre juin 96. « Vous ne le regretterez pas, vous verrez ! » Tout cela ne devait pas m'empêcher de remplir mes engagements. Je m'envolai le 1ᵉʳ mai pour le Maroc, un déplacement prévu depuis longtemps, pour l'émission *Invité spécial Hassan II* que devaient présenter Alain Duhamel et Jean-Luc Mano. J'estimais qu'il fallait laisser venir les attaques, et se tenir prêt à en dénoncer l'exagération, voire la fausseté.

Les étapes suivantes s'appelaient Fès, Ouarzazate, Marrakech. Je croyais prendre un peu de champ et me donner le temps d'analyser la situation, pendant que les remous se calmeraient. Les appels téléphoniques pleuvaient, m'apprenant toujours de nouvelles attaques.

A Fès, d'abord. Le 1ᵉʳ mai, l'un des organisateurs de ma rencontre avec Hassan II, André Azoulay, que je connaissais bien, conseiller du roi, m'entraînait pour une longue promenade, en fin d'après-midi, à travers le cimetière juif de Fès, au pied des remparts du palais royal. Je lui expliquai la campagne qui s'organisait contre moi. Le soleil descendait peu à peu sur l'horizon, et la lumière dorait les tombes blanches. Il n'y avait pas un souffle de vent. L'espace autour de nous semblait étonnamment calme, recueilli, protecteur.

Je commençais à redouter une de ces réactions en chaîne, dont la presse française semble avoir le secret, une sorte de déflagration prolongée. La violence en était imprévisible. Cependant elle dépendait aussi de l'actualité, il n'était pas exclu que la presse se trouvât, dans les jours suivants, un nouveau cheval de bataille, une nouvelle polémique, et qu'elle oubliât France Télévision et le cas Delarue. Sinon comment faire face à la marée des éditoriaux, des couvertures, des commentaires, des questions, des analyses, des projections, des révélations, des exclamations ? J'avais vu de telles crises blesser, parfois emporter, des hommes politiques, des chefs d'entreprise, soudain désemparés devant le débordement d'accusations injustifiées, et partout reprises, partout répétées. Répondre, bien sûr, répondre clairement et point par point aux accusations. Mais encore faudrait-il qu'elles se précisent, qu'elles ne restent pas allusives et détournées ! Comment répondre à un doute sans tête ni corps qui rôde sans se démasquer.

Le lendemain, je retrouvais à Ouarzazate l'équipe de tournage d'un épisode de *La Bible*, cette production échelonnée jusqu'en 2001, et coproduite par Leo Kirch. La signature de cet accord avait transformé mes relations avec Kirch. Nous avions lancé ensemble la plus grande entreprise de fiction télévisée de tous les temps : toute la Bible, à travers ses grands personnages, tournée pour la télévision. Un défi à la mesure de France Télévision, aux sources de notre imaginaire et de notre spiritualité. Après *Abraham*, *Joseph* et *Moïse*, nous en étions à *Samson et Dalila*. Toute la journée, je visitai, en plein désert, les différents ateliers de production. J'y rencontrai tout ce que le monde audiovisuel compte de plus créatif, et de plus compétent : des techniciens italiens, allemands, français, qui travaillaient au coude à coude, sur les décors, l'éclairage, les costumes, les textes. Toute la matinée j'assistai au tournage d'une scène avec Elizabeth Hurley et Dennis Hopper.

Sans cesse mon portable sonnait. On me racontait les conséquences des premières attaques. Le jeudi 2 mai, Jean-Luc Delarue, dans une conférence de presse, dévoilait ses comptes, et exposait ses résultats. Il essayait ainsi de justifier, devant la presse, le prix auquel il facturait à France 2 ses émissions. Mais les bénéfices qu'il affichait sans pudeur contribuèrent à légitimer les actions intentées contre lui par la chaîne. Il apparaissait choquant qu'un jeune homme fît de tels profits, en vendant des programmes à une chaîne publique. L'effet fut à l'opposé de celui qu'il espérait. Mais la presse, en continuant à l'attaquer, ne nous oubliait pas, nous qui avions signé les contrats. Jouant sur l'importance des chiffres, sans calculer les heures d'antenne, sans les comparer au prix des autres émissions, aux tarifs des autres chaînes de télévision, ni même aux droits sportifs ou aux droits de diffusion des films, les journalistes montaient en épingle les sommes annoncées par Delarue et dénonçaient la complaisance des dirigeants qui lui avaient accordé un tel pactole.

C'est justement parce que ces sommes ne correspondaient plus au marché actuel que nous nous opposions à Delarue. Personne ne le signalait. Personne ne rappelait notre volonté de diminuer le prix de ses émissions. L'attention de tous se focalisait sur la rédaction du contrat de l'animateur. Personne ne signalait que les contrats ressemblaient à ceux que mes prédécesseurs avaient signés avec d'autres animateurs, d'abord la Société Jacques Martin, que les conditions accordées étaient du même ordre, qu'elles étaient parfois plus contraignantes. Personne ne mentionnait que grâce à cela les contribuables n'étaient plus sollicités. Je suis revenu longuement sur toutes ces accusations juridiques. Plus elles se précisaient, plus je me résolvais à faire, le plus vite possible, sous la forme d'un article, une mise au point. Etait-il encore temps de ramener tous les commentateurs aux réalités, en les empêchant de céder aux rumeurs?

Le samedi 4 mai, *Le Point* affichait sur tous les kiosques de Paris sa couverture : « Télé publique : les dessous d'un scandale ». Cette Une était en elle-même une infamie. Le 4 mai, il n'y avait pas de scandale : *Le Point* créait de toutes pièces un événement qui n'existait pas. Et les dessous qu'il prétendait révéler formaient un tissu inouï de contrevérités, d'amalgames, et d'allusions injustifiées, y compris à l'égard de Patrick Clément. Je lus l'article avec stupéfaction et je mesurai aussitôt le mal qu'allaient faire dans l'opinion et au sein de France Télévision les accusations saugrenues, totalement dénuées de fondement et encore plus de preuves.

Le journaliste du *Point,* Michel Pascal, prêtait par exemple à Alain Griotteray l'idée que j'aurais pu marchander en janvier 94 la production de *La Marche de Radetzky* par Christine Gouze-Rénal contre l'interview de François Mitterrand sur sa maladie et son expérience de Vichy réalisée le 12 septembre de la même année. Comme si un Président de la République avait besoin de monnayer ses interventions, pour passer sur une chaîne publique! Comme s'il me fallait passer par un intermédiaire, fût-ce Christine Gouze-Rénal, belle-sœur de François Mitterrand, pour m'adresser au Président! L'insulte, à mon égard comme vis-à-vis de lui, était tellement énorme que le général de Bénouville, Compagnon de la Libération, proche à la fois de François Mitterrand et de Christine Gouze-Rénal, écrivit lui-même à

Alain Griotteray pour lui reprocher d'aller trop loin et pour lui demander raison de ce qu'il aurait laissé entendre. Monsieur le Rapporteur démentira plus tard ce propos devant moi, mais jamais publiquement. Quant au général de Bénouville, héros authentique, il me raconta lui-même combien ces accusations lui avaient paru stupides.

Christine Gouze-Rénal, offensée, finit par obtenir de l'hedomadaire embarrassé un droit de réponse, puis un autre, la première publication ayant été incomplète. Cela valait excuses de la part du *Point*. Comment en aurait-il été autrement?

En fait la décision de tourner *La Marche de Radetzky* avait été prise en 1989 par Claude Contamine. En 1992, mon prédécesseur, Hervé Bourges, en avait arrêté le budget et les conditions. Louis Bériot n'y avait ajouté qu'une modeste rallonge « technique », 250 000 francs, nécessitée par le décès, en cours de tournage, du réalisateur Axel Corti, qui laissait inachevée sa dernière grande œuvre. La bassesse, la bêtise de l'attaque, et l'ignorance, ne se démentaient pas au fil de ces pages scandaleuses. Chaque accusation portée allait ensuite courir de gazette en gazette. Cet article était une machine de guerre. Il en eut l'efficacité meurtrière.

Sous le coup de cette lecture, je décidai de préparer une interview pour *L'Evénement du Jeudi*. Une cellule de crise se réunit le dimanche 5 mai au troisième étage de la présidence. Il y avait là Patrick Clément, Louis Bériot, Philippe Bélingard, David Kessler directeur délégué auprès du directeur général de France 2, Anne-Marie Moreau. Nous rédigeâmes un communiqué pour annoncer que France Télévision poursuivait le journal *Le Point* en diffamation. Cette action en diffamation suivra son cours, trop lentement. Un jugement plus rapide aurait permis d'effacer d'emblée les calomnies contenues dans l'article. Mais il est difficile à un journaliste d'attaquer des confrères en justice. Pendant l'été, je finirai par retirer ma plainte : mon successeur avait souhaité l'arrêt de la procédure. Plus tard, le directeur du *Point*, Claude Imbert, qui voyageait au Canada lors de la crise de mai, reconnaîtra que ses journalistes avaient eu tort, le mal était fait ! Ce même dimanche, j'effectuai les dernières corrections de mon interview à *L'Evénement du Jeudi*, et je décidai de l'adresser en avant-première à tout le personnel, accompagnée d'une lettre.

Il s'agissait d'empêcher que ces attaques ne démobilisent nos troupes et ne découragent les salariés, en particulier à France 2. France 3 tissait ses fils dans un coin du groupe public. Peu à peu, la toile s'élargissait, l'araignée mettait en place sa stratégie. Ce n'est qu'au bout d'une vingtaine de mois qu'apparurent chez Xavier les inévitables démangeaisons que provoquent le pouvoir et l'appétit de pouvoir. Symptômes entretenus par ses zélateurs qui lui répétaient « pourquoi pas vous ». Il recommença à croire en son étoile et son comportement changea. Je l'observais à mes côtés dans les réunions, appliqué mais irascible. Il n'était plus le même. Il s'était mis au régime. Dans notre univers d'apparences, j'y vis un premier signe, en tout cas, une coïncidence. Je ne me trompais pas.

Je tentais d'apporter les réponses les plus fermes possibles aux ragots. Malheureusement, l'interview était trop longue. Seule la lettre fut lue. Elle fut détournée et mal interprétée : on y vit une tentative d'appel à la rescousse des personnels. L'article du *Point* commençait à semer le doute parmi eux. Certains se demandaient à haute voix dans les couloirs s'il n'y avait pas un peu de vrai dans ces insinuations. En particulier tous ceux qui estimaient avoir à se plaindre, trop heureux de tenir leur revanche. Ils interprétèrent cette lettre comme un coup de bluff. Ils ne prêtèrent aucune attention aux explications données dans *L'Evénement du Jeudi*.

Chaque jour, désormais, apportera son lot d'articles et de rumeurs, nourries par des déclarations ambiguës de certains responsables. Le lundi 6 mai, Philippe Douste-Blazy déclare dans un entretien aux *Echos* : « Nous tirerons toutes les conséquences de l'audit de France Télévision. » Cette phrase ne veut rien dire. Elle n'infirme ni ne confirme. Mais ce détachement peut suggérer une fois de plus que le ministre de la Culture en sait déjà plus long qu'il ne veut bien le dire. C'est évidemment faux : si une malhonnêteté avait été connue, établie, ses déclarations ne seraient plus sur le registre de l'implicite. Il serait affirmatif. Mais en ne déclarant pas, ce qui était la vérité, qu'aucune malversation n'était apparue, le ministre laissait planer un doute suffisant pour que les médias comprennent qu'il leur offrirait le champ libre. Et les articles se multiplieront, tissés d'affabulations.

A cette date, 6 mai 1996, tous les filons qui seront exploités sans interruption jusqu'en juin sont à ciel ouvert. D'abord, les critiques contre les contrats : leur rédaction, jugée maladroite, permettra de faire passer le président de France Télévision et ses proches pour une bande d'incompétents. Ensuite, les chiffres répétés d'article en article sont le plus souvent faux. De plus, ils mentionnent les dépenses, mais ne signalent jamais les économies ou les recettes substantielles qu'elles entraînent. Ils donnent de nous une image de gaspilleurs. Les insinuations perverses laissent flotter le doute sur certaines transactions. Enfin, les accusations personnelles visent d'abord Patrick Clément, Louis Bériot, mes proches, et s'effaceront comme par enchantement dès lors que je serai tombé. Ainsi des bruits que l'on commence à colporter, sur telle société de production, qui aurait fait l'objet de largesses. A toutes ces attaques, nous préparions des réponses précises, comptabilité en main, procédures d'appels d'offres ressorties des archives. Tout avait été fait dans les règles, parfois avec quelque excès, mais de bonne foi. J'ai encore, à ce moment-là, la certitude de pouvoir le démontrer : il suffit de garder son sang-froid, et de présenter les pièces du dossier. J'ai trop cru en la force de la raison.

Ce même 6 mai, je retrouvai les responsables de télévision engagés dans l'aventure TPS, entre les conseils d'administration de France Espace, et de France Télévision Distribution. Nous préparions sur la terrasse de M6, au bord de la Seine, une photo de famille pour célébrer les accords sur le numérique. Martin Bouygues, Jérôme Monod et Patrick Le Lay me donnèrent un conseil salvateur, que Jacques Chirac et François Mitterrand m'avaient déjà donné en d'autres temps : ne rien lire, continuer d'avancer sans m'en occuper, et surtout bien dormir. « Ceci nous est arrivé ! Puis c'est passé. » La presse était entrée dans une logique folle : elle s'était désigné une victime à abattre. Elle allait s'acharner sur elle, sur tous les tons, sur tous les modes. Garder le sommeil, et maintenir le cap.

Le 6 mai, je commençais à ressentir, à travers l'attitude des uns et des autres, les effets des calomnies. Je retrouvais des sentiments mêlés que j'avais éprouvés en 1981. La cérémonie des Molières eut lieu au théâtre Marigny. Elle fut retransmise en direct sur France 3. J'étais assis au premier rang, à ma gauche Nicole Avril, à ma droite Ludmila Mikaël, présidente de la soirée, près d'elle Philippe Douste-Blazy. Il s'excusa mollement et maladroitement : il ne voulait pas dire ce qu'on avait cru, il ne doutait pas de mon intégrité, et promettait de démentir publiquement à la prochaine occasion, dans *Invité spécial*. Il y avait beaucoup de monde dans cette salle. Le Tout-Paris des médias et de la culture réunis. Beaucoup venaient ostensiblement me parler, comédiens, réalisateurs, amis, pour montrer qu'eux ne craignaient rien. D'autres s'en dispensaient, redoutant de paraître trop proches de moi devant le ministre de la Culture ou devant la confrérie, et cédaient au poids des regards.

M'approcher semblait d'un coup réclamer du courage. Les lâches, les habiles, ou les faibles, préféraient se détourner. La formidable campagne de presse progressait, le petit univers des médias se réveillera plus tard comme halluciné par sa propre violence. Et pourtant, j'observais déjà les regards fuyants, et j'entendais les paroles compatissantes des amis, l'engrenage de tromperie, de veulerie.

Lorsqu'un sujet ou un personnage fait la Une, il devient un refrain inépuisable. Les journalistes, soucieux des ventes, dénués d'imagination, ne manquent pas de composer leurs couplets. Après *Le Point,* ce sera donc au tour de *L'Express* de décorer tous les kiosques à journaux avec ma photo en couverture, la tête courbée, symbole de défaite ou de désarroi, et un titre éclatant : « Télévision : L'explosion du système Elkabbach ». *L'Evénement du Jeudi* ne sera pas en reste, titrant « La télévision perd la tête ». *Le Nouvel Observateur* fera chorus. Tandis que, chaque jour, *France-Soir* en fait sa Une et présente de nouvelles pseudo-révélations sur le salaire des stars ou le scandale des contrats, tandis que Bernard Morrot consacre quelques éditoriaux à me défendre.

Pourquoi de temps en temps un tel déchaînement devient-il monomaniaque et hystérique ? Chacun a sa raison et tous s'y mettent... Pour Michel Pascal, *Le Point* devint le lieu de sa vengeance. Il ne pardonnait à personne que sa candidature à la télévision n'ait pas été retenue. Je n'y étais d'ailleurs pour rien. Il déployait une médiocrité hargneuse à collecter et à rapporter des médisances sans se soucier de leurs effets. Peu lui importait que les faits démentissent ses allégations. Il comptait sur l'oubli pour tout effacer. Un mensonge chasse l'autre. Le lecteur absorbe puis passe à autre chose. On appelle journalisme cette malfaisance sans sensibilité et sans éthique. L'accusation et la délation remplacent l'investigation légitime.

Le cinéma nous a habitués à l'arroseur arrosé. Certains dans la presse tombent dans le piège du manipulateur manipulé. Ils s'acharnent, ils pourchassent, ils harcèlent. Parfois, ils tuent, pour marquer des points contre la concurrence et mieux s'attribuer des prix de vertu. N'est-ce pas, Renaud Revel de *L'Express,* vous qui expliquiez froidement que vous ne mettiez en doute ni mon professionnalisme, ni ma probité, mais que vous deviez tenir compte de la surenchère entre journaux ? « Que voulez-vous, nous ne devons être sur un bon sujet ni en retrait, ni en retard ! » N'est-ce pas, Edwy Plenel, vous qui ne manquiez pas de secouer les enquêteurs du *Monde* : « Réveillez-vous ! Lisez les confrères ! Attaquez ! Allez-y ! » ? N'est-ce pas, Jacques Julliard du *Nouvel Observateur,* vous qui dénonciez, en orfèvre, mon narcissisme et qui êtes mieux inspiré quand vous parlez du théâtre de Claudel ? N'est-ce pas, Emmanuel Schwartzenberg, vous qui distilliez jour après jour dans *Le Figaro* de fausses révélations inspirées par des officines ? S'il y avait un Jury de la Mémoire, ne croyez-vous pas que vous rougiriez d'avoir tant triché ?

Que d'absurdités faut-il lire ou entendre, qui se répètent, se diffusent et se propagent ? Une information, fausse et non vérifiée, publiée ici, reprise là, commentée en réaction et reproduite là-bas, avec le même ton de certitude et de condescendance, voltige d'un média l'autre, avant d'effectuer son tour cruel des dîners. Quand elle se pose à la fin du jour, fatiguée d'avoir fait mal, elle est démentie, abandonnée, oubliée. Mais elle laisse une trace, ce « rien » qui intrigue, éveille les soupçons et change jusqu'au regard de ses intimes.

Dans ce déchaînement, ni *Libération,* ni *Le Monde* ne

furent – au moins au début – les plus ardents ou les plus zélés. Ils rejoignirent la cohorte pour faire comme les autres. C'est cette obsession d'être dans le ton, de nier, d'abaisser, d'entretenir, ou de prophétiser le malheur qui crée le conformisme et la lassitude du déjà lu. S'y ajoute pour ces Saint-Just d'un jour, accusateurs en toute impunité, le syndrome Watergate. Abattre les puissants, les gens en place. Pour eux un bon journaliste est un « tueur de géants » et il y a un Nixon qui sommeille en chaque dirigeant de l'Etat, d'entreprise, en chaque élu. Que ce soit parfois vrai, qu'on éprouve du plaisir à détruire les idoles, n'interdit pas, sans les ménager, de respecter les personnes. Les Jacques Fauvet, Pierre Viansson-Ponté, Jean Daniel, Alain Duhamel, m'ont, malgré leur sévérité, inspiré un journalisme de dignité qui n'a pas besoin de se nourrir de proies ou de victimes pour s'affirmer. Je l'exprime avec autant de peine que de confiance. Il ne s'agit pas de prêcher. Je parle de mon métier, et de la passion d'une vie, exercé des deux côtés du miroir. Dans l'intérêt de tous, ces pratiques doivent changer. La presse n'est ni juge, ni prêtre, ni élue. Certes, elle a tous les droits. Elle doit les protéger et les étendre contre toutes les menaces. Mais elle a aussi un devoir de respect et d'équité.

Une étude plus fine de l'évolution des thèmes abordés dans cette polémique mettrait en évidence un glissement progressif de l'agression. Dans un premier temps, le scandale dénoncé porte exclusivement sur les contrats des animateurs-producteurs. L'affaire est uniquement placée dans la perspective de l'élection d'un nouveau président, à la fin de mon mandat. Chaque jour, l'article d'Yves Mamou, du *Monde*, sans apporter de révélation, développe quelques amalgames imprécis, et se termine par la même rengaine, obsessionnelle : « Le mandat de Jean-Pierre Elkabbach à la tête des chaînes publiques prend fin en décembre 1996. » On ne peut mieux indiquer l'horizon de ces premières mises en cause. Il s'agit, explicitement, de déconsidérer ma gestion afin de rendre plus difficile, voire impossible, ma réélection.

Dans un deuxième temps, s'appuyant sur les contre-vérités et les insinuations de l'article du *Point*, les journalistes pratiquent une offensive généralisée et personnelle en me prêtant d'autres erreurs : pratique autocratique du pouvoir, goût du secret, autoritarisme, interventionnisme. A partir de ce moment-là, ces critiques deviennent irréfutables : aucun commentateur n'imagine plus que je puisse me représenter à ma propre succession.

Enfin, dans un troisième temps, la polémique s'amplifiant, les commentateurs laissent de côté toute hésitation. Ils s'appuient d'une part sur le soupçon de « malversation », entretenu par l'annonce des conclusions (que l'on prévoit terribles) du rapport Bloch-Lainé, et d'autre part sur quelques calomnies astucieuses portant sur des collaborateurs proches, et en premier lieu sur Patrick Clément. Des bruits circulent en permanence dans les sociétés, et résonnent un peu partout, le plus souvent par allusions. A cette troisième phase correspond une tentative de déstabilisation complète, jouant sur l'agitation interne de France 2. Désormais l'objectif de ces attaques n'est plus : « Il ne pourra pas se représenter », mais : « Pourra-t-il ne pas partir ? »

Ceux qui fomentent cette corrida journalistique n'ont pas prévu jusqu'où elle irait. Ces excès ont peut-être dépassé les plans qui s'établissaient, prenant de court et de vitesse les initiateurs cachés.

Le passage de la première étape à la deuxième se situe autour du 10 mai. En effet, dès le jeudi 9 mai, je fais paraître dans *Le Monde*, daté du 10, une ferme mise au point. Je réponds aux accusations en les démontant l'une après l'autre. La publication de cette tribune libre correspond à un tournant de la crise. J'ai compris trop tard l'enjeu de la bataille médiatique. Elle marque en même temps une rupture dans ma stratégie de défense : désormais, je me justifierai. Je reprends l'initiative pour une contre-offensive délibérément placée sur le terrain institutionnel.

La course d'obstacles

Cette deuxième étape de la crise sera une course d'obstacles. Je me l'imposais à moi-même, en réclamant d'être entendu par la commission des Finances et la commission des Affaires culturelles du Sénat, par le CSA, par la commission des Finances de l'Assemblée nationale, et à nouveau par le CSA.

Le 7 mai, je recevais à France 2, avec Louis Bériot, le sénateur Jean Cluzel en début de matinée. Rapporteur de la commission des Affaires culturelles au Sénat, Jean Cluzel est un connaisseur exigeant de l'audiovisuel français, pour lequel il mène un combat incessant et trop peu écouté. Ses prises de position en faveur d'une télévision publique de qualité et forte sont chaque année, à l'occasion du vote du budget de l'audiovisuel public, un rappel des réalités. Les ministres en charge de l'audiovisuel ont souvent du mal à répondre à ses admonestations fondées. C'est aussi un homme d'honneur et de parole qui ne prend pas plaisir à hurler avec les loups. C'est un homme de convictions, qui travaille pour préserver le petit écran des dangers qui le menacent. C'était sur la loyauté exigeante de quelques élus de cette trempe – je pourrais citer également Gilles de Robien, Louis de Broissia, Christian Kert ou Adrien

Gouteyron – que je cherchais à m'appuyer pour mettre en échec la campagne de diffamation.

Jean Cluzel, qui, pour le Sénat, incarne « la tutelle de France Télévision », avait eu connaissance des contrats en même temps qu'Alain Griotteray, pour l'Assemblée nationale. Il n'en fit pas le même usage. Il savait que des contrats de droit privé communiqués à un parlementaire dans le cadre de sa mission ne doivent pas se retrouver, peu après, à la Une de *France-Soir* ou du *Parisien*. Peut-être se souvenait-il aussi que, pour des indiscrétions du même type, Alain Griotteray, décidément récidiviste, avait déjà été vertement rappelé à l'ordre, en 1972, par Valéry Giscard d'Estaing. Mais, tout se passait comme si les principes républicains n'avaient plus la même force, ni la même valeur. Certains accordent une prime de notoriété à celui qui les bafoue !

Jean Cluzel m'invita à défendre ces contrats, en toute clarté, devant les sénateurs. L'audition eut lieu le 14 mai, première d'une longue série. La contre-offensive était lancée. Il souhaitait que je m'exprime devant la commission des Affaires culturelles. Et pour que cette audition eût encore plus d'efficacité, s'agissant d'affaires commerciales et financières, il proposa qu'elle fût en même temps ouverte aux membres de la commission des Finances, qui le réclamaient. Cette procédure est très rare. Mais l'importance des attaques et la matière dont elles traitaient méritaient la mise en œuvre d'une procédure exceptionnelle.

Mes obligations de président ne cessaient pas pour autant : le même jour, en fin de matinée, je retrouvai les autres présidents de chaîne pour la préparation de la soirée Sidaction 1996. Je tenais à cette soirée. J'avais eu l'initiative de la première soirée commune, en 1994, qui provoqua un choc dans l'opinion, et accéléra la prise de conscience des risques de contamination. Le maître d'œuvre en serait, en 1996, Jean-Marie Cavada, président de la Cinquième. Notre réunion fut terne et ennuyeuse. Déçu par le programme présenté, je redoutais que la soirée ne tourne à la litanie de propos lénifiants, et qu'elle ne baigne dans un climat d'autosatisfaction télévisée. Les bons sentiments ne sont pas toujours la clef d'une émission réussie. J'avais peur que certaines séquences ne fleurent la grandiloquence et la bonne conscience paternaliste. Tout ce que nous avions eu soin d'éviter, deux ans plus tôt, en nous tenant, avec pudeur, au plus près de la vérité des malades. Nous nous étions ralliés à la proposition de Jean Drucker et d'Etienne Mougeotte de laisser carte blanche à Jean-Marie Cavada. Je pronostiquais que cette soirée serait un échec. L'avenir le confirmerait : la collecte des fonds indispensables pour les associations engagées dans la lutte contre le sida fut un échec.

Je rejoignis alors Maurice Ulrich qui me réconforta et m'encouragea à me défendre, au nom du Président de la République. « Vous dérangez la presse écrite. Elle a toujours détesté une télévision qui réussit. Elle est persuadée que vous lui prenez la publicité dont elle a besoin. Aujourd'hui, la presse se venge. Vous devez tenir bon ! » Parce que Maurice Ulrich a été président d'Antenne 2, il connaissait mieux que personne les conditions dans lesquelles je travaillais : « Faites comprendre que la télévision est un marché, comme l'édition. Que ce marché est régi par des textes et des statuts dont vous n'êtes pas l'initiateur ! » Ses paroles me rassérénèrent. Il y avait donc auprès de Jacques Chirac un collaborateur écouté qui lui expliquait en détail notre action, ses principes, ses moyens et son environnement.

Le même soir, France Télévision avait organisé une soirée exceptionnelle, dans un cinéma parisien, pour fêter deux films coproduits par nos filiales cinéma, et qui se retrouvaient en sélection officielle du Festival de Cannes : *Un héros très discret*, de Jacques Audiard d'après le roman de Jean-François Deniau, et *Stealing Beauty*, de Bernardo Bertolucci. Jean-François Deniau était là, affaibli mais courageux, heureux de voir son livre porté à l'écran. Beaucoup d'invités s'étaient décommandés, ou avaient au dernier moment renoncé à venir, avançant des prétextes qui ne m'abusaient pas. La plupart des spectateurs présents travaillaient à France 2 ou France 3. Ce qui promettait d'être une fête offerte à nos invités devenait une réunion de famille un peu triste. Je me souvenais des paroles de Pierre Juillet, après qu'il eut perdu le pouvoir qui avait été le sien sous Georges Pompidou : « Avez-vous lu Vaulabelle ? » François Mitterrand, en d'autres temps, m'avait aussi conseillé cette lecture. *L'Histoire des Restaurations*, de Vaulabelle, est une formidable leçon sur les hommes, leurs fidélités et leurs amitiés, leurs revirements et leurs lâchetés prévisibles, lorsque le pouvoir change de mains. Vaulabelle avait avec la première moitié du XIXe siècle un champ d'exploration fructueux. Ce même soir, pendant l'entracte entre les deux films projetés, je travaillai encore, avec Nathalie Coppinger et Olivier Zegna Rata, à la dernière version de ma tribune libre du *Monde*.

La fin de la semaine se passa en allées et venues entre Paris et Cannes pour soutenir les films coproduits par les deux filiales. Le dimanche 12 mai, je déjeunai avec une douzaine de producteurs de cinéma. Certains d'entre eux parlèrent de pétition pour défendre France 2 contre les attaques dont elle faisait l'objet, et pour rappeler les efforts en faveur de la création. Daniel Toscan du Plantier me confirma qu'il essayait de faire passer une libre opinion dans le *Figaro* pour prendre ma défense. Je le remerciai. Il ne s'engageait pas pour moi, mais pour que la télévision publique reste aussi dynamique et conquérante qu'elle l'était depuis deux ans. De tels soutiens – car Toscan n'avait rien à attendre de moi – me firent chaud au cœur. L'article annoncé finira par sortir plus tard. *Le Figaro* refusait de le publier... A qui craignait-il de déplaire ?

Le 14 mai, ce fut l'audition au Sénat. En entrant dans la salle où siégeaient une centaine de sénateurs, parmi lesquels les trois présidents de commission, Adrien Gouteyron, Christian Poncelet, Jean Cluzel, et des ténors du Sénat, Michel Charasse, Henri Weber, je souhaitais réussir cette épreuve. Louis Bériot était à mes côtés, Nathalie Coppinger et Louise d'Harcourt non loin de moi. Après un tableau introductif que nous avions voulu aussi net que bref, je répondis à toutes les questions d'un jury d'autant plus exigeant qu'il se savait observé.

Elles étaient directes, dures, incisives sur tous les points : les réalités économiques de la télévision publique, les coûts, les droits, les règles, les statuts, les obligations, les achats de films, de programmes, les productions, les coproductions, la diffusion des sports, les retransmissions, les procédures, les négociations, les accords avec le cinéma ou l'industrie audiovisuelle, les systèmes d'amortissement des investissements, l'état des stocks, les principes de programmation d'une télévision généraliste... Pour beaucoup de sénateurs, il s'agissait de révélations. Une nouvelle rediffusion de *La Grande Vadrouille* coûte 5 millions, le même prix que cinq émissions de Delarue. TF1 payait 10 millions *Le Grand Bleu*, Canal Plus débourse 7,5 millions pour un match de football du Championnat de France. Comment juger notre action si l'on ne garde pas en tête le coût moyen d'une émission de télévision, et le prix des programmes ! Les sénateurs appréciaient la réalité du marché et de la concurrence. La télévision ne peut pas être comprise sans une vision économique globale. Elle ne correspond plus à rien si on la dissèque en secteurs, en genres, en types d'émissions.

Avais-je convaincu ? D'après les communiqués rédigés par les sénateurs, mes raisons avaient été entendues. Plusieurs, le soir même ou les jours suivants, me confirmèrent leur soutien. Les déclarations que les uns ou les autres firent à la presse montrèrent que ce soutien était réel, parfois nuancé, souvent sincère.

Nous n'avions pas de temps à perdre : le deuxième obstacle à franchir, ce jour-là, était une audition devant le CSA. Elle avait également réclamé une préparation aussi minutieuse que complexe. Je ne savais pas trop comment prendre les neuf sages du CSA. Je ne leur ferais pas l'offense d'imaginer qu'ils découvraient en même temps que la presse l'existence des animateurs-producteurs, et le type de contrats qui les liaient aux chaînes. Hervé Bourges avait été lui-même l'auteur ou l'inspirateur d'un certain nombre de contrats : ceux de Jacques Martin, de Mireille Dumas, de Nagui, et, dans un autre domaine, celui de Bruno Masure, portaient son sceau. Nous ne les avions pratiquement pas modifiés, en deux ans et demi, sinon pour apporter les adaptations nécessaires, en fonction des formats et des horaires des émissions. Les autres membres du CSA le savaient aussi bien que moi. Certains étaient gênés du rôle de censeurs que leur président leur faisait jouer à mon égard. De ces prétendus crimes, l'ensemble de la société médiatique aurait pu répondre coupable avec moi.

A l'entrée du CSA, j'étais attendu par plus d'une centaine de journalistes. Tenus à l'écart de l'audition du Sénat, ils n'auraient à aucun prix manqué cette occasion de saisir mon expression, entre ces deux rounds. La corrida continuait. Les aficionados voulaient voir le taureau, blessé à mort.

Je m'aperçus très vite, à leurs questions, que les huit

sages et leur président étaient embarrassés par cette campagne de déstabilisation. Certains redoutaient de se déconsidérer dans l'opinion s'ils ne me demandaient pas des comptes. D'autres craignaient de se ridiculiser davantage en m'en demandant... Ils savaient qu'ils m'avaient eux-mêmes enjoint de résister, à ma place, au développement des télévisions commerciales, pour assurer l'avenir du service public. Pouvaient-ils aujourd'hui m'en tenir rigueur, alors que j'étais parvenu à rétablir la parité entre privé et public et à placer notre principale concurrente, TF1, en seconde position ?

Devant le CSA, j'adoptai donc un discours plus simple. Sans présenter un grand tableau du marché audiovisuel français, je me contentai de rappeler les chiffres : où en était France Télévision à mon arrivée, quand Hervé Bourges m'en avait passé les commandes, où nous en étions aujourd'hui. Le déficit des bilans financiers à son départ, et au contraire la santé de nos sociétés en mai 1996, les bilans durablement bénéficiaires que nous avions assurés, en 1994 comme en 1995, et que nous pouvions déjà estimer sur les premiers mois de 1996. La bonne gestion d'une société ne se mesure pas au prix qu'elle paye tel ou tel de ses fournisseurs. Elle se mesure à ses résultats financiers et à son efficacité économique. France Télévision affichait en mai 1996 des résultats en nette progression, et une « productivité » exceptionnelle, face aux autres télévisions, privées ou publiques, européennes. Ces données de fait, il me suffisait de les rappeler pour voir pâlir Hervé Bourges, qui s'irritait d'un bilan qu'il avait du mal à contester. Il se souvenait de l'état dans lequel il avait laissé le groupe ! Il se taisait, pesamment.

Je sentis très vite que la sympathie de la majorité des membres du CSA m'était acquise. Ils cherchaient une porte de sortie, sans paraître couvrir d'éventuelles maladresses. Ils s'affrontèrent. Je vis Hervé Bourges relativement isolé, dans un Conseil qui prenait plutôt mon parti, à deux ou trois exceptions près. Geneviève Guicheney, émue et grandiloquente, me demanda quelle solution j'avais à proposer pour calmer la presse. Je n'avais pas de solution toute trouvée : « Si vous voulez ma tête, répondis-je, en souriant, ne comptez pas sur moi. Chacun est face à ses devoirs. Ce sera à vous de décider... » Philippe Labarde, Monique Dagnaud, Georges-François Hirsch, Roland Faure répondirent aussitôt et fermement : « Il n'en est pas question. Personne n'envisage ici de révocation ni de démission. Nous sommes ici dans une réunion de travail, afin de trouver des solutions communes : prenons notre temps. – C'est trop grave, ajouta Monique Dagnaud, nous sommes disposés à y passer la nuit. – Impossible, s'écria le président du CSA. Vous n'y pensez pas ! » Cela ne faisait pas les affaires d'Hervé Bourges. Il ne mettait pas une réelle passion à trouver une solution. Il rappela le Conseil à l'ordre : « Il faut que nous terminions pour les JT de 20 heures ! » J'avoue que je fus surpris, déçu, par la futilité et la légèreté des propos qui s'échangèrent lors de cette audition. Cela contrastait tristement avec le sérieux et la précision des questions des sénateurs. Ici, chacun savait très bien que les attaques lancées contre moi étaient injustes. Le seul souci de l'honorable conseil était de se couvrir. Le CSA ne me condamnait pas (comment, et au nom de quoi l'aurait-il fait ?), on ne me révoquait pas, on ne me confortait pas non plus (certains l'auraient peut-être souhaité, mais Hervé Bourges désirait tellement mon départ). Et finalement, le CSA était réduit à en appeler à moi pour que j'improvise un moyen de sortir tout le monde de l'impasse. L'un des conseillers, Georges-François Hirsch, ne cessait d'intervenir. Le regard fureteur, le cheveu coupé ras et la silhouette mince entretenue par la course matinale, Georges-François Hirsch peut passer pour un être léger et fantasque. François Mitterrand le prenait pour un ami loyal et compétent, mais il estimait qu'il lui manquait l'expertise du juriste pour pouvoir présider le CSA. Georges-François Hirsch fut avec Philippe Labarde la personnalité la plus consistante et libre du CSA, j'en fis souvent l'expérience. Il ne cessait de repérer les « combinazione » du président du CSA, d'en moquer l'autoritarisme vétilleux et de s'opposer à lui. Il se rêvait ailleurs. Il supportait mal la lourdeur, le formalisme, les artifices de l'institution. La fourberie et la jactance l'agaçaient. Quand les dirigeants de France Télévision étaient auditionnés, il écoutait, impatient, les périphrases ampoulées de ses collègues, chacun enfermé dans sa spécialité. Hirsch ironisait et par des pirouettes rapides les ramenait à l'essentiel. Hervé Bourges le détestait mais essayait de le séduire pour le tenir à sa main. En vain.

Georges-François Hirsch hasarda : « Peut-être pourrions-nous demander à Jean-Pierre Elkabbach de revenir devant nous pour faire des propositions ? » Hervé Bourges : « Oui, oui, c'est ça, très bien ! » Il tenait son 20 heures, chacun se sentit soulagé. Très vite l'accord se fit sur cette fausse solution. A défaut de traiter le problème posé à fond, on avait simplement préféré différer son examen ! Je fus donc relâché, avec la mission de réformer le régime des relations entre les chaînes et leurs fournisseurs de programmes. En une semaine ! Une semaine pour renouveler de fond en comble un système dont tout le monde s'était arrangé jusque-là. Instauré depuis plus de dix ans, il devenait soudain inacceptable.

A la fin de cette audition, Hervé Bourges m'invita à le rejoindre dans son bureau. Il me reprocha de ne pas faire directement appel à lui, me dit qu'il ignorait si je pourrais résister aux attaques de la presse. Il fallait tout envisager. « C'est aussi à vous de prendre vos responsabilités, lui dis-je, et de me défendre, si vous pensez ce que vous dites ! » Hervé Bourges répétait qu'il souhaitait me protéger. Il me donna des conseils : « Vous voyez, vous devriez appeler Georges Vanderschmitt comme directeur général de France 2. Hadas-Lebel ne fait pas l'affaire. Ecartez Bériot, Mano et Clément. Ils vous desservent. Je vous le répète depuis 1995 ! » C'était vrai, il le colportait même à travers Paris !

Le rêve, inaccompli, d'Hervé Bourges était de revenir au poste qui avait été le sien, ou d'y mettre l'un de ses proches collaborateurs. Il aurait ainsi accompagné son travail depuis le CSA. Ainsi serait-il resté le « Maître des horloges et des écrans ». Il dévoila à demi-mot son dessein en ajoutant : « Jean-Pierre, je ne souhaite pas vraiment que vous démissionniez maintenant, car nous n'avons pas encore de solution de remplacement. Nous ne voulons ni de Labro, ni de Cavada, ni de Beauchamps. Ce ne sont pas de bons candidats. Ils n'ont pas la carrure de l'emploi. Ils manquent d'envergure. Prenez Vanderschmitt. Tenez jusqu'en décembre ! »

Comprendre Hervé Bourges, c'est comprendre Janus, créature à double face, qui en même temps sourit des deux côtés, ou bien sourit et grimace à la fois. Bourges est un prince du double langage. Il ne faut pas se demander s'il est sincère. Il l'est toujours. La sincérité n'a pas de sens pour lui. Il est fidèle à son dessein secret, qui n'a que peu de chose à voir avec les paroles qu'il prononce. Il a autant de vérités que d'interlocuteurs dont il prend les couleurs. Au cours de cette crise, certains virent dans ses interventions une volonté de renforcer l'institution qu'il préside, le CSA. Mais il est indifférent au sort du CSA : c'est à son propre renforcement qu'il vise.

Après cette discussion, le président du CSA me raccompagna, par l'ascenseur. Il rectifia ma cravate, bousculée pendant la séance d'explication. J'en fis autant avec la sienne. Très détendus, nous nous parlions sur le ton de la confidence et de la confiance. Il y mettait beaucoup de gentillesse. Moi aussi. Aucun de nous n'était dupe. Il agissait et militait pour mon départ. Je m'efforçais de masquer, dans mon regard, le dédain qu'il m'inspirait, dans ces circonstances.

Nous nous sommes très vite mis d'accord sur les deux phrases que nous dirions ensemble aux journalistes : « Nous avons travaillé pour l'avenir du service public. Et nous aurons un autre rendez-vous, dans les jours qui viennent. » Ces deux phrases très « langue de bois » furent reprises par toute la presse !

Ce soir-là, je me détendis avec le sentiment du devoir accompli. Je croyais m'être fait comprendre des sénateurs. Mais leur soutien sera détourné par quelques journaux peu disposés à lâcher prise. Exprimant une ironie exagérée à l'égard des deux commissions sénatoriales, la tonalité des articles du lendemain se résumait en quelques mots : « Il a fait preuve de cran et de culot. Mais il les a roulés. » Quant à la décision du CSA de prendre un deuxième rendez-vous, la presse en fit un ultimatum : « Une semaine pour corriger ses erreurs. » Mais je ne lisais pas la presse. Seul comptait de faire partager mes solutions.

Le lendemain de cette journée décisive, j'étais à Cannes, de nouveau, pour y annoncer aux côtés du ministre de la Culture et des responsables du Festival l'engagement exceptionnel de France Télévision en 1997, à l'occasion du cinquantième anniversaire. J'ai toujours tiré une certaine fierté du dynamisme de France Télévision, qui investit régulièrement dans des films français, en privilégiant les jeunes auteurs, ou les réalisateurs de talent. Au service du grand écran, nous mettions toute l'ingéniosité de nos deux filiales cinéma, et 1996 marquait une première puisque nous avions six films en compétition au Festival.

Le ministre de la Culture arriva en retard, l'esprit un peu ailleurs, hésitant. J'apprendrai plus tard, de sa propre bouche, qu'il avait de bonnes raisons. A l'invitation de Daniel Toscan du Plantier, Philippe Douste-Blazy vint s'asseoir avec moi dans le bureau, fermé, d'Unifrance. Parfois, quelqu'un entrait, et, surpris, ressortait, confus de son indiscrétion. Il régnait autour de cet aparté une atmosphère de roman d'espionnage et de vaudeville. Et Philippe Douste-Blazy raconta les pressions contradictoires auxquelles il était soumis. Il se plaignit de Michel Péricard, président du groupe RPR, qui l'avait prévenu qu'il ferait poser par un député une question orale à l'Assemblée nationale. Pour cette raison il était en retard : il avait dû faire demi-tour d'Orly pour assister, au Palais-Bourbon, au début de la séance des questions au gouvernement, pour répondre à Louis de Broissia dont le soutien ne nous manquait jamais. « La question du député de la Côte-d'Or n'a pas été, me dit-il, trop violente à votre égard. » Il avait profité de son intervention pour atténuer les effets de son utilisation maladroite du mot « malversation ». Mais ce n'était pas l'essentiel : il me répéta le propos véhément de Michel Péricard : « Y'en a marre, il faut en finir dans les trois jours, Elkabbach doit sauter. Bon sang! Qu'attendez-vous! » Et il me confirma qu'en même temps il recevait de l'Elysée et de Matignon un avis exactement contraire : « Elkabbach ne doit pas tomber, il n'y a pas de raison qu'il tombe! »

Je mesurais l'embarras de Philippe Douste-Blazy, poisson qui ne supporte que les eaux douces du consensus poli. C'était moi qui le consolais. Il ne savait pas quelle attitude adopter, disait-il. Certes, l'influence politique du président du groupe RPR n'était pas très grande. Quelques groupes de pression s'exprimaient à travers lui. Je ne tirai pas Philippe Douste-Blazy de son doute, mais je l'assurai de ma détermination absolue à défendre à la fois mon honneur et mes responsabilités.

L'attitude de Michel Péricard me contrariait beaucoup. J'avais de l'estime pour ce journaliste gaulliste, devenu parlementaire. En 1975, la réforme, décidée par Valéry Giscard d'Estaing, supprimait le monopole de l'ORTF et donnait naissance aux trois chaînes TF1, Antenne 2 et FR3. Elle apportait de l'air au système, brisait le monopole syndical, écartait quelques récalcitrants, dont j'étais, qui n'avaient aidé aucun candidat à la présidentielle de 1974. Encouragé par Jacqueline Baudrier, Michel Péricard qui dirigeait l'information de France-Inter accepta que je rejoigne sa rédaction : il me laissa libre d'exprimer mes délires, mes audaces. Sous la cohabitation, il marqua son opposition radicale à François Mitterrand, mais il ne cachait pas non plus son hostilité à l'encontre d'Edouard Balladur. Il avait choisi Jacques Chirac qui en fit le président du groupe RPR à l'Assemblée nationale. Michel Péricard supporta mal mon élection à la présidence de France Télévision, mais il eut longtemps l'élégance de n'en rien manifester. Je fis beaucoup d'efforts. La présence à mes côtés de son « fils spirituel », Louis Bériot, qui avait pour lui plus d'égards que de secrets, retarda les attaques, elle ne les empêcha pas. Lors des conseils d'administration de France 2 où il siégeait depuis longtemps, il ne contestait jamais les décisions stratégiques, au contraire, il trouvait de bonnes raisons de les approuver. Il reprochait seulement ce qu'il appelait notre « obsession de TF1 ». J'appliquais la mission qui m'avait été confiée par l'Etat et le CSA. TF1 ne nous obsédait pas, elle livrait une guerre à ses rivales, et sa victoire se soldait par des déficits pour la télévision publique. Peut-être Michel Péricard estime-t-il qu'aujourd'hui il est plus facile de s'accorder avec une télévision commerciale et de la contrôler. Il avait vu France 2 s'affaiblir, souffrir et réclamer du secours : il était urgent d'arrêter son déclin. Et pourtant, il ménagea la puissante rivale. Avant moi, il avait combattu Hervé Bourges avec courtoisie. Il participait rarement aux conseils d'administration de France 2, il y restait de moins en moins. L'absentéisme et le dilettantisme ont nui à l'image des conseils que nous préparions avec une minutieuse assiduité. Certains débats eurent lieu sans lui, par exemple ceux sur les contrats des animateurs-producteurs. Il nous reprocha ensuite de ne pas les avoir organisés. En mai 96, je recevrai un coup de téléphone de Michel Péricard : « Tu as refusé de me montrer les contrats et tu as laissé Griotteray les examiner ! Je ne te le pardonne pas. Tu as commis une faute mortelle que tu regretteras, elle va te coûter très cher ! » Je ne les avais pas montrés à Alain Griotteray pour le favoriser ou le séduire. Il était rapporteur spécial du budget de l'audiovisuel. Michel Péricard ne l'était pas. Le respect des procédures, particulièrement en matière de droit privé, est le commencement de la démocratie. Comment pouvait-il me reprocher de n'avoir pas permis, fût-ce en sa faveur, un passe-droit ? De plus, il avait eu maintes occasions d'utiliser ses prérogatives d'administrateur de France 2, et d'autres... plus personnelles de les obtenir et de les consulter.

Blessé, irascible, il mit son acharnement et son poids politique à me combattre, m'isoler et me pousser au départ. En haut lieu, on l'écoutait moins : Jacques Chirac cherchait à devenir le Président de tous les Français, Michel Péricard le voulait Président de tous les RPR. Son influence décroissait, non sa capacité de nuire. En mai 96, il le démontra. Pour lui, vidé par les socialistes, mais rappelé en pleine cohabitation par Balladur-Mitterrand, je ne pouvais être qu'un individu suspect. Il fallait à la tête de France Télévision un homme à lui, ou en tout cas un homme sûr. C'est plus commode et expéditif, et les méthodes expéditives, il connaît. Depuis, il n'a cessé d'illustrer sa conception autoritaire et étriquée d'un journalisme sans âme. Avec tristesse, je l'observe caricaturer son ancien métier et le trahir. Cette opiniâtre passion qu'il met à détester les autres lui fait perdre auprès des politiques tout crédit. Il apparaît désormais tel qu'il est.

Le 15 mai, à Cannes, je reçus un appel d'Arnon Milchan : « Vous êtes fous, en France : tu es en train de faire la seule télévision publique au monde qui gagne des points, qui défend les artistes et la culture. En plus elle gagne de l'argent, et elle réussit. Et au lieu de te féliciter, ils t'injurient. Quelle folie ! Cela aurait été facile, pour toi, de te couler dans le moule d'une télévision publique déclinante, qui perdait chaque année de l'argent. Tu as voulu agir sans te laisser ligoter. Ils ne le supportent pas ! Si tu n'as pas le droit d'être présent face à la concurrence, tu peux leur dire de donner les clefs de France Télévision au patron de M6 ou de TF1. N'oublie pas que tu es un guerrier ! » Il m'amusait. Le 16 mai, je retrouvai Milchan à Antibes. Il descendait du bateau brise-glace de l'archimilliardaire australien Kerry Pecker, son partenaire dans Regency. Nous nous installâmes face à face dans un petit bistrot sur la plage. Il me rappela les termes du contrat qu'il avait signé avec Hervé Bourges et ceux du nôtre, qui était plus avantageux pour France Télévision. « S'ils insistent, je veux bien revenir aux anciennes clauses. Avec ce contrat, vous êtes libres de me suivre, ou non, et toujours à des conditions préférentielles, sur tous les films que je crée ! As-tu lu les journaux, ils voudraient que je donne les titres des films, plusieurs années à l'avance ? Mais je ne les sais pas moi-même ! »

Quelques journaux sous influence dénonçaient nos relations avec Arnon Milchan qu'ils traitaient de trafiquant d'armes. L'accusation le surprenait. Elle revenait probablement à cause des origines de Milchan né en Israël où il a grandi, où vivent sa mère et des amis. Il garde un attachement passionnel pour sa terre natale et des liens avec ses dirigeants qu'il a dû aider, Shimon Pérès, Yitzhak Rabin, lors de la guerre du Golfe par exemple. Au même moment, le ministre de la Culture le traitait avec prévenance, Canal Plus renouait avec Regency, le Festival de Deauville annonçait qu'en septembre 96, il consacrerait une soirée d'hommage à ses films et Jan Mojto, l'homme de confiance de Leo Kirch, préparait un accord Regency/Beta Taurus/Kirch qui renforcerait encore les Européens, mais pas les Français.

Le même soir, après *Invité spécial*, je dinais à Cannes chez La Mère Besson avec Jean-Luc Mano, Alain Duhamel, Anne-Marie Moreau, Pierre Géraud. Le dîner fut sympathique, chaleureux même. Je verrai au cours des jours se resserrer autour de moi mes collaborateurs les plus loyaux, les plus honnêtes, les plus libres aussi.

Alain Duhamel est mon ami, un ami véritable, impartial, sûr, à travers les épreuves. J'ai en lui une absolue confiance. Depuis des années nous prenons ensemble notre café matinal, à l'Athénien, à côté d'Europe 1. Cet artiste de la raison dialectique est avant tout exigeant : pour lui-même, et pour ses proches. Il ne laisse rien passer, ne pardonne aucune faute, même de goût. L'austérité intellectuelle qu'il s'impose, les principes et les règles de comportement qu'il s'est fixés et auxquels il ne faillit jamais, autant de qualités qui déclenchent l'admiration et l'agacement. Je le retrouvais pendant cette campagne, tel qu'en lui-même, inchangé, créatif, rigoureux, toujours présent pour me donner, au bon moment, un conseil précis et avisé. Alain Duhamel est le contraire d'un homme froid : c'est un passionné tempéré. Il sait instantanément prendre du recul, pour mieux comprendre une situation et la conceptualiser. Puis il invente ou suscite l'initiative qui convient. Son esprit est encore plus agile et lucide dans les périodes de crise, où d'instinct il trouve le chemin du détachement, de la modération, de la tenue. Il n'aime pas les affrontements inutiles, les gesticulations, les débordements d'états d'âme. Tout cela pèse et pose. Sans l'exprimer, il a profondément ressenti les blessures que j'ai reçues. Il écrira, après mon départ, l'un des meilleurs papiers sur ces événements, en démontant ce « psychodrame bien français ».

Le 19 mai, les déclarations d'Hervé Bourges sur RTL et à *L'Evénement du Jeudi* marquèrent un nouveau tournant de la crise. En tant que président d'une instance de régulation, Hervé Bourges est déontologiquement tenu à la plus grande réserve. Il ne devrait pas s'exprimer, en tout cas pas aussi souvent, pas plus que les autres membres du CSA. Pourtant, il intervint d'une manière qui paraît inadmissible à beaucoup. Il n'imaginait pas qu'il aurait un successeur et que ce successeur serait un professionnel. Notre défaite était planifiée. A tout prix, il chercha à empêcher la reconduction du mandat qui aurait fait de moi le seul président de France Télévision assuré d'une longévité exceptionnelle. Il ne l'acceptait pas. En quinze ans, on a assisté à une valse des patrons, la durée moyenne d'un président a atteint tout juste les deux ans. Dans cette perspective il usa de sa séduction pour rendre plus précaire notre situation. Le poison était distillé goutte à goutte ou avec générosité selon les moments ou les interlocuteurs. Auprès de la puissance publique, au sein du CSA, dans les dîners parisiens ou dans les contacts qu'il avait gardés avec quelques confrères, relais gracieux, flattés de servir un si haut personnage de la République. Désormais, il attaquait ouvertement la politique de France Télévision dans le domaine du numérique, parlait d' « excès en matière de gestion », ce qui n'a strictement aucun sens, et évoquait la perspective d'une « agitation sociale » telle que le CSA aurait à intervenir. Après l'émission de RTL, il se livra à une soudaine diatribe contre moi : « Il faudrait le démettre au plus vite », répétait-il. A *L'Evénement du Jeudi*, il pronostiqua allégrement : « Il va falloir qu'il s'en aille. » Lui, obligé à la plus stricte neutralité, ne se retenait plus d'entrer dans la mêlée. Il me rappelait très exactement les exhortations de Georges Fillioud, en juin 1981, aux syndicats de la chaîne : « Secouez le cocotier ! » C'est sans doute un mauvais tour qu'il me jouait, mais aussi un mauvais service qu'il rendait au CSA, structure qui a vocation à la constitutionnalisation. Par son engagement, il affaiblissait son institution.

Dès le mardi 21 mai, les autres membres du Conseil, qui mesuraient l'effet produit par ces paroles irresponsables, provoquaient une violente explication, à huis clos, au sein même du CSA. Philippe Labarde y avait déjà imposé sa présence et sa voix. Il ne s'emberlificotait pas pour exprimer ses vérités. Derrière sa moustache à la Brassens, direct, il défendait des principes. Il s'empourprait en mimant la colère quand il l'estimait utile. Il eut assez vite la réputation d'un être imprévisible et agaçant comme le chef politique qui l'avait désigné, Philippe Séguin. En juillet 96, Philippe Labarde sera le seul à voter, non contre TF1, mais contre l'attribution de faveurs remarquées à la chaîne commerciale. Il aime bien déranger et qu'on le craigne. Au fond, il s'ennuie lui aussi dans cette enceinte. Et il espère reprendre notre métier si malmené. Il rêve en effet à forte voix d'un journalisme qui retrouverait exigence et éthique. Il reste libre. Philippe Labarde déclencha le tir : « Vous appelez à la grève. C'est une honte. Ce n'est pas à vous, président du CSA, d'agir de la sorte. Nous sommes une instance de régulation. Il n'appartient pas à une assemblée générale de dicter notre action. Notre rôle n'est ni d'allumer des incendies, ni de couper des têtes !

– On ne m'a jamais parlé comme vous le faites.
– Ça vous a manqué ! »
Roland Faure et Georges-François Hirsch intervinrent à leur tour pour donner raison à Philippe Labarde. Jamais le CSA n'était allé aussi loin dans l'affrontement interne, et l'opposition au président. L'Elysée et Matignon furent choqués eux aussi par cet appel non dissimulé à la grève. Alain Juppé redoutait plus que tout les conséquences d'un affrontement social dans l'audiovisuel public. Et s'il faisait tache d'huile, avec l'approche des négociations salariales de juin...

Le 21 mai, un grand patron d'entreprise s'étonna devant moi : « Vous êtes trop bon avec Bourges... » Je décidai de dévoiler et de dénoncer les manœuvres du président. Alain Minc m'y aida (sans le savoir) en accusant Hervé Bourges, dans *Communication CB News*, d'avoir commis là une faute majeure, « en donnant aux syndicalistes le droit de vie ou de mort sur les dirigeants de leur entreprise ». Placé lui-même sous le feu des critiques et des remontrances, y compris celles de l'Etat, bientôt Hervé Bourges prit peur. Il modifiera prudemment, et en dernière minute, la conclusion de son interview à *L'Evénement du Jeudi*, qui deviendra au contraire : « Il faut qu'il finisse son mandat. » Mais il restait les paroles qu'il avait prononcées à RTL. Certains syndicalistes, qu'il connaissait bien, et qu'il pratiquait de plus en plus depuis le début de l'année, les comprirent aussitôt comme un appel à la déstabilisation des dirigeants de France 2. Ils y obéirent. Ce phénomène interne, largement factice, constituerait l'ultime étape de cette crise.

Le 20 mai le jugement du tribunal de commerce tomba comme un couperet. Notre demande de nomination d'un expert pour étudier les comptes de Réservoir Production, la société de Jean-Luc Delarue, était rejetée. Le matin même, la question avait été débattue avec les juristes de la chaîne : devions-nous poursuivre l'action en justice, alors que le tribunal se prononcerait en pleine polémique. Il n'y avait pas la sérénité nécessaire à un jugement équitable. Je n'étais pas hostile à renoncer à la procédure. Cela suffisait. Delarue avait déjà été contraint à s'expliquer sur ses comptes et ses bénéfices. Mais les juristes ne voulaient pas que France 2 semblât reculer. Je leur laissai la liberté d'interpréter.

Ce fut une erreur de ma part. Le jugement refusa la nomination d'un expert, en assortissant sa décision de considérations peu aimables pour France 2. C'était l'air du temps. Cet échec judiciaire portait un second coup : nous en avions espéré un répit, et, sans que ce jugement sanctionnât en réalité la moindre faute de notre part, les commentateurs présenteraient cette décision de justice comme l'esquisse d'une future condamnation des fameux « contrats ». D'autant que l'avocat de Delarue, fier de l'avoir bien défendu, maniait habilement l'ironie à notre égard.

Le 22 mai eut lieu la grande épreuve : l'audition devant la commission des Affaires culturelles de l'Assemblée nationale. Là encore, je devais affronter une longue séance de questions-réponses. Peu à peu, je me rendis compte que les parlementaires présents étaient ouverts aux explications, précis dans leurs demandes. Ils ne s'embarrassaient pas de formules, et allaient droit au fait. En quoi consistaient les contrats ? Quel était leur poids réel sur le budget de France 2 ? Quelle était la répartition de nos investissements ? Et leur évolution sur trois ans ? Sur chaque point, je réfutai les accusations fantaisistes. Non, la part des sommes consacrées aux divertissements n'avait pas augmenté, mais au contraire les investissements dans la fiction et le documentaire seraient privilégiés. Non, les « grands contrats » ne pesaient pas plus que l'ensemble des émissions de divertissement qu'ils avaient remplacées. Non, il n'y avait pas eu explosion des coûts. La brutalité des questions me forçait à des réponses brèves, fortement argumentées, nourries d'exemples. Les députés écoutaient. Pour beaucoup d'entre eux, les conditions économiques réelles de l'audiovisuel étaient une découverte. C'était ma seule et unique défense. Puis je lançai, l'une après l'autre, quelques petites phrases sur l'attitude du président du CSA, soigneusement préparées. Il ne s'agissait pas d'une attaque, de la dénonciation en règle de son comportement, mais d'un simple tir de dissuasion. Il fallait l'empêcher de nuire publiquement. « Encourager l'agitation dans les entreprises, à plusieurs reprises, de différentes façons, y compris publiquement, n'est pas le meilleur moyen de les aider à préparer les vraies réformes. Je demande au président du CSA de se comporter comme le sage qu'il doit être, et non en permanence comme mon prédécesseur à la tête de France Télévision. C'est paradoxal d'être jugé par celui dont j'ai hérité et dont je connais moi aussi tous les aspects de la gestion. » A l'issue de l'audition, à laquelle la presse, fait exceptionnel là encore, avait été conviée, les dépêches titraient : « Elkabbach égratigne Bourges. » Pendant quelques jours, les journalistes se servirent de ce nouveau rebondissement pour rédiger leurs papiers.

La journée du jeudi fut consacrée à peaufiner la réforme que je comptais engager. Sa philosophie était simple : nous étions parvenus à imposer aux producteurs de programmes de fiction et de documentaires un type de contrat où les droits de chacun étaient préservés. Je proposais d'appliquer aux contrats des animateurs-producteurs les mêmes règles. Sous la direction de Nathalie Coppinger, toute notre équipe : Pierre Bertrand-Jaume, Philippe Bélingard, Martine Taieb, excellente experte de la présidence, étudia les implications économiques et juridiques de ces propositions. Jean-

Pierre Cottet y prêta sa compétence. Louis Bériot les soumit, pour avis, aux représentants des producteurs indépendants regroupés au sein de l'USPA. L'unanimité s'établit sur une réforme de bon sens, propre à simplifier le statut des animateurs-producteurs, et à clarifier, à l'avenir, leurs rapports avec les chaînes.

Le vendredi 24 mai, à 11 heures, deuxième audition en quelques jours devant le CSA. Accompagné par Raphaël Hadas-Lebel, Nathalie Coppinger, Pierre Bertrand-Jaume, François Héricourt, directeur technique de France 2, je décidai d'aller à pied jusqu'à l'immeuble du quai de Grenelle. Nos propositions étaient suffisamment fournies pour que les discussions soient longues. Je fus très sec à l'égard d'Hervé Bourges, sans provocation inutile mais prêt cette fois à dévoiler ambiguïtés et hypocrisies et à en découdre. A son habitude, il n'ouvrit pas la bouche. Il se contenta d'un propos liminaire. Le vrai travail de sape, il le faisait avant et après les séances, avec l'aide de ses correspondants qu'il tenait informés et en haleine. C'était sa principale occupation. Au sein d'un CSA divisé sur l'attitude adoptée par son président, je n'entendais pas me montrer agressif et provoquer un réflexe de solidarité en sa faveur. J'étais venu pour traiter, sans faux-semblants, des moyens de mettre sur pied des relations d'un nouveau type entre les diffuseurs et les producteurs de divertissements.

A l'issue de cette audition, le communiqué diffusé par Hervé Bourges reconnaissait que nous disposions en effet des bases de la réforme envisagée, et que le Conseil travaillerait à partir de ces propositions. Hervé Bourges m'avait demandé d'attendre avant de rendre publique ma réforme. Je décidai de ne pas la donner aux syndicats, comme j'avais prévu de le faire. En guise de commentaire, il est vrai maladroit, j'affirmai, avec un zeste de provocation, que je serais le réformateur d'un système à bout de souffle. Les syndicats n'acceptèrent pas que je fusse l'acteur du changement. Ils ironisèrent : « Nous n'avons pas besoin de lui comme chevalier blanc. »

J'escomptais en effet présenter une proposition de réorganisation complète de France 2 aux syndicats, lors d'un comité d'entreprise convoqué pour le mardi 28. La réforme dessinée serait appliquée par un nouvel état-major, resserré, mieux structuré, répondant à certaines critiques légitimes, formulées par les syndicats. Je croyais avoir écarté tous les obstacles d'ordre institutionnel. Je sortais de cette série d'auditions harassé, mais soulagé. Successivement, les sénateurs, les députés, le CSA, avaient été amenés à m'exprimer leur soutien. Maurice Ulrich, du côté de l'Elysée, me rassurait, Jacques Chirac ne se laissait pas impressionner par cette campagne.

Il restait un ultime défi : restructurer France 2, pour qu'une direction plus efficace, mieux organisée, remobilisât le personnel troublé par ce mois de rumeurs et d'accusations. Il restait trois jours, avant le comité d'entreprise de France 2, pour faire accepter au pouvoir le nouvel organigramme et pour emporter l'adhésion des intéressés et des syndicats. Cette ultime étape paraissait la plus aisée. Elle ne présentait pas de difficulté particulière.

Pourtant je fus bloqué, juste avant la ligne d'arrivée. Certains conseillers de Matignon eurent-ils peur des menaces proférées par les syndicalistes de France 2, répétées à plaisir par le président du CSA, ou bien agirent-ils comme s'ils les redoutaient? Firent-ils une erreur d'appréciation sur la situation sociale à l'intérieur de France 2? Avaient-ils été trompés par les comptes rendus alarmistes d'Hervé Bourges? Attendaient-ils la belle occasion? Peu importe. Ils m'empêchèrent de mettre en œuvre la réorganisation qu'attendait France 2. Ils ne connaissaient pas assez la réalité de l'entreprise, sa psychologie, et la faible combativité des organisations syndicales pendant cette crise. Une seule déclaration aurait suffi à tout arrêter. Elle ne fut pas faite. Sans doute les politiques y trouvaient-ils leur compte.

L'ultime défi : remobiliser les sociétés

Tant que l'équipe restait soudée par un projet commun, que chacun était quotidiennement poussé par les défis nouveaux, son unité n'avait pas posé de problème. Les désaccords internes se résolvaient aisément à l'intérieur d'une même volonté générale. Rien n'était moins autocratique que ce pouvoir décentralisé qui visait l'équilibre en luttant pour des convictions, apaisant les crispations ou les rivalités entre coteries, usant de « la jalousie de l'un qui sert de frein à l'ambition de l'autre » pour citer une formule de Louis XIV à son fils. Mais l'exercice des responsabilités et la crise avaient brisé net l'élan. Les dissentiments avaient grossi. Chacun était livré à ses activités, se laissait aller à ses défauts ou à ses excès, appliquait des règles au nom d'un président qui ignorait souvent comment les uns ou les autres se comportaient. Mais c'est une caractéristique des entourages les plus fidèles. Les uns et les autres eurent assez d'autonomie pour jouer leur rôle et réussir. Je constatais que quelques-uns y parvenaient mieux que d'autres.

Les personnalités s'étaient désunies. Il y avait ceux dont les noms, livrés à la vindicte populaire, apparaissaient comme compromis dans un « système » dont aucun journaliste n'aurait pu décrire les rouages, et la réalité. On en parlait comme d'un clan, d'une mafia, d'une bande sujette à toutes les dérives. Ceux-là avaient été très vite désorientés par la polémique, et s'étaient révélés incapables d'y résister. Patrick Clément paraissait à la fois désemparé et combatif. Dès le 8 mai, au cours d'une réunion improvisée, tenue chez Louis Bériot, j'avais compris sur qui je pouvais désormais compter. Ecœuré par la perspective de se voir directement mis en cause, Patrick Clément demandait déjà que nous démissionnions pour éviter « la campagne ordurière qui nous couvrirait tous de boue ». Louis Bériot s'était très vite rallié à sa position. La meilleure façon de mettre un terme à cette crise irrationnelle était, pensait-il, de quitter nos fonctions. Le déchaînement de haine nous salirait trop.

Pour ma part, l'idée de quitter précipitamment ma fonction me répugnait. Je n'avais pas démérité. J'avais même la certitude d'avoir, avec eux et avec tous les collaborateurs, donné du souffle et de l'espoir à cette télévision publique, trop souvent présentée comme une structure vieillie et condamnée. Plus que tout, je considérais que démissionner aurait été avouer des fautes que nous n'avions pas commises, reconnaître comme des errements des choix tactiques et économiques que je me sentais au contraire capable d'expliquer. J'ai bien sûr pu faire des erreurs, je le reconnais. Qui n'en fait jamais ? Mais elles furent corrigées où elles pouvaient l'être. La stratégie était la bonne.

La crise était vécue de manière très différente par les autres dirigeants : Raphaël Hadas-Lebel, effrayé par la violence des attaques, avait pour ainsi dire fait le mort, et pour une grande part déserté ses responsabilités. Pour la télévision, ses immenses qualités ne suffisaient pas. Son excès de sensibilité pouvait même lui nuire. Dans cet univers cruel, sans cesse en conflit, qui ne respecte que le fort, il lui manquait un peu de dureté et d'esprit de décision. Les réunions ressemblaient plus aux saloons des westerns qu'aux salons de la vieille Europe. Il n'y trouva pas vraiment sa place. Il renvoyait à des comités ultérieurs des décisions urgentes dont il pensait qu'un peu de temps et de patience les rendrait inutiles. Sa prudence et ses scrupules étaient devenus irrésolution. Les reproches qu'elle lui valut transpirèrent hors des murs de la chaîne. France 2 est depuis toujours sensible, fragile comme une matière inflammable. Il lui faut une présence et des soins constants. Les carences du directeur général plaçaient le P-DG en première ligne, et finissaient, tant il était sollicité, par l'user et l'affaiblir. Je trouvais rarement le directeur général à mes côtés quand j'avais besoin de lui. Je ne doutais pas de l'amitié de Raphaël. Je ne voyais pas comment il pourrait, dans les jours suivants, reprendre en main France 2.

Je ne fus jamais un homme seul, même lorsque deux ou trois de mes proches faiblirent. Au contraire : je m'aperçus très vite que l'épreuve regroupait les énergies et rapprochait les membres de mon équipe qui avaient choisi de combattre pour faire respecter notre bon droit. Je tiens à les citer parce qu'ils eurent tous leur part de travail et de courage.

Je pus m'appuyer sur la fidélité, le courage, la constance, des conseillers de la présidence : Nathalie Coppinger, d'abord, rigoureuse et entière, qui traitait, à mes côtés, les questions budgétaires, financières et publicitaires. Didier Sapaut, ensuite, le directeur du développement du groupe. Louise d'Harcourt, dont la connaissance du monde institutionnel et politique fut pour beaucoup dans ma décision de m'adresser directement, sans rien leur cacher, aux députés et aux sénateurs. Philippe Bélingard et David Kessler, respectivement directeur des affaires juridiques de France 2 et directeur de cabinet de Raphaël Hadas-Lebel. David Kessler joua un rôle important dans la conduite de la chaîne pendant la crise. Il participa en permanence aux cellules de travail regroupées autour de moi avant chaque grande échéance. Il met aujourd'hui ses compétences et son habileté de conseiller d'Etat dans son nouveau rôle de directeur général du CSA. Germain Férec, conseiller aux affaires sociales, fin négociateur, bon connaisseur des difficultés sociales qui minent l'audiovisuel. Marie-Laure Sauty de Chalon, subtile et franche directrice générale adjointe de France Espace, fournissait les chiffres qui démontraient que nous avions adopté une ligne de gestion rentable. Olivier Zegna Rata utilisait ses qualités d'universitaire pour défricher les dossiers difficiles que je devais exposer de la manière la plus claire et explicite possible. Anne-Marie Moreau, mon chef de cabinet, gardait un œil sur tout, et m'empêchait de rien oublier, tout au long de journées qui commençaient pour elle souvent plus tôt que pour moi, et finissaient encore plus tard.

Pendant un mois, je me trouvai partagé entre deux options fondamentales : d'un côté Louis Bériot et Patrick Clément soutenaient, ensemble ou séparément, l'hypothèse d'une démission collective. Elle mettrait fin aux polémiques et aux mensonges, qui n'avaient pour but que notre chute. De l'autre, tous les collaborateurs qui avaient le sentiment que les crises ne sont rares ni dans l'Etat, ni dans les entreprises. Si nous surmontions cette campagne en réorganisant France 2, nous ne serions plus remis en cause, même à la fin de mon mandat.

Pour être exact, Patrick Clément et Louis Bériot n'étaient pas toujours sur la même longueur d'onde. Louis Bériot s'associa bien souvent aux efforts d'argumentation déployés par l'autre « groupe », même s'il eut en permanence le sentiment qu'ils étaient vains. Contre la mauvaise foi de nos accusateurs, il ne servait à rien d'être convaincants. Il comprit très tôt qu'il était nécessaire, en toute hypothèse, pour sortir de l'impasse, et vider l'abcès, que nous demandions à Patrick Clément de s'écarter, au moins un temps, de la présidence. Dès le début du mois de mai, nous lui demandions ensemble d'accepter une mission à l'étranger, afin d'éteindre le feu. Pour lui, il n'en était pas question. Accepter cela, c'était perdre la face. Mieux valait une démission de toute l'équipe que l'exil d'un seul, si ce devait être lui.

Ma résolution était prise : confier à Patrick Clément une mission, remplacer le directeur général, sans faire de lui une victime, modifier les structures pour améliorer l'articulation entre la présidence et France 2, en supprimant toute apparence de double commande, volontaire ou non.

Il ne saurait être question, à ce moment-là, de faire venir à la direction de France 2 quelqu'un de l'extérieur. Un moment, j'imaginai de nommer Xavier Gouyou Beauchamps et Jean-Pierre Cottet sur France 2. Mais j'aurais réglé une difficulté en en créant une autre sur France 3. J'y renonçai. Je pensai alors à Nathalie Coppinger pour le poste de directeur général. Je l'observais depuis longtemps : elle en avait le caractère et l'étoffe. Je placerais à ses côtés pour l'aider Germain Férec. Vendredi 24 mai en fin d'après-midi, je proposai ce poste à la principale intéressée. Interloquée, elle resta silencieuse un long moment. Elle ne s'y attendait pas. Même en pleine tempête, le poste de capitaine d'un vaisseau comme France 2 se refuse difficilement. Elle demanda à réfléchir. Proche du refus, elle prit de l'assurance pendant le week-end, et fixa ses conditions, pour accepter la direction générale : avoir les mains libres, l'autorité sur l'antenne, et réorganiser vite la rédaction. En accord avec elle, Germain Férec me réclama, comme préalable à leur double nomination, la mise à l'écart de Patrick Clément et de Jean-Luc Mano. Pour Patrick Clément, je m'y étais déjà résolu. Il n'existait pas d'autre chemin. Pour Jean-Luc Mano, je trouvais la demande injuste. Et je la repoussai.

Le samedi 25 mai, je m'accordai une journée complète de repos, afin de laisser chacun reprendre ses forces, et réfléchir à cette réorganisation importante. Le dimanche 26 mai fut une journée de consultations : Nathalie Coppinger, encouragée par moi, prit contact avec Roland Faure et Georges-François Hirsch, au CSA. J'avais eu le temps de leur exposer mes projets. Ils les approuvaient. Je voulais qu'elle recueillît de leur bouche l'assurance qu'ils la soutiendraient pour mener à bien sa tâche. Solidarité de corps, elle rencontra Jean-Michel Bloch-Lainé, inspecteur des finances comme elle. Au cours d'un déjeuner, le lundi 27, il lui révéla ce que contenait son rapport sur l'audiovisuel public. Il rassura lui aussi Nathalie Coppinger : son rapport ne serait pas défavorable à notre gestion, dès lors que nous aurions levé l'hypothèque des « contrats ». S'il y avait eu la moindre « malversation », il était évident que Jean-Michel Bloch-Lainé aurait dissuadé Nathalie Coppinger d'accepter le poste de directeur général. Il n'y en avait pas. Après mon départ, le rapport Bloch-Lainé, dont le ministre de la Culture et la presse avaient tellement agité la menace, ne nous condamnera pas, même s'il nous sermonnait par endroits.

En prenant toutes ces précautions, Nathalie Coppinger se donnait les garanties qu'elle estimait nécessaires pour continuer d'avancer, pour vaincre les réticences de ses proches ou de ses parents, et sa propre appréhension. J'avais choisi de laisser au tandem les coudées franches. Je lui accordais, dans sa future gestion, une vraie autonomie, pourvu que les décisions répondissent aux principes et à la stratégie que j'avais définis pour France Télévision. Comme je le faisais pour France 3.

Dans le même temps, Germain Férec sondait discrètement les syndicats fédéraux sur la manière dont ils accueilleraient cette nouvelle direction. Elle ne rencontrait pas d'opposition de leur part, à condition de voir Patrick Clément écarté de la présidence. Louis Bériot trouvait des partisans et d'abord moi ! Je tenais à ce qu'il fût confirmé à son poste de directeur d'antenne où il réussissait.

Le lundi 27 mai au soir, je présentai donc cette nouvelle direction à Maurice Ulrich. Il m'encouragea à progresser. Le nom de Nathalie Coppinger ne surprit pas Philippe Douste-Blazy, puisqu'il avait lui-même souhaité l'avoir à son cabinet. Yves Rolland, conseiller d'Alain Juppé, me dit qu'il n'y avait pas d'« objection de principe ». Il me demanda toutefois une heure pour consulter. Je me décidai, puisque les dés étaient jetés, à recevoir Raphaël Hadas-Lebel. Je lui proposai un poste de conseiller près de moi, à la présidence, chargé des affaires stratégiques. Il comprenait qu'il était nécessaire de réorganiser. Il accepta cette solution, le cœur gros.

En même temps, Patrick Clément, absent depuis trois jours, réapparut. Il se disait prêt à négocier le retrait de son poste de délégué général, supprimé du nouvel organigramme, ce qui équivalait à un départ définitif et, pour lui, injuste du groupe.

Entre 19 et 20 heures, ce lundi 27 mai, un vent d'euphorie soufflait. Yves Rolland mit fin à cette embellie : qui avait-il consulté – ou influencé – dans l'intervalle ? Il ne jugeait plus possible d'annoncer la perspective de réorganisation au comité d'entreprise. Les nouveaux dirigeants devaient d'abord être investis par le conseil d'administration de France 2. Logique. Mais celui-ci ne pouvait pas être convoqué avant un délai d'au moins quinze jours. Par ailleurs, le directeur de cabinet du Premier ministre me fit savoir qu'il était inopportun de convoquer le conseil d'administration de la chaîne avant la remise du rapport Bloch-Lainé. Et j'appris qu'en réalité Jean-Michel Bloch-Lainé prenait son temps avant de remettre son document. Il sera daté du 31 mai, le jour de mon départ, et remis le 3 juin. Il fallait attendre, avant de pouvoir convoquer le conseil d'administration. Impossible, car chaque jour aggravait la crise. Les politiques avaient tranché.

Notre élan fut arrêté. Comment exposerais-je le lendemain aux syndicats cet organigramme, puisqu'on m'empêchait de révéler les noms des futurs responsables? Comment leur annoncer implicitement le départ des dirigeants de France 2, et laisser ensuite l'entreprise sans pilote pendant quinze jours? Dans ces conditions, que me restait-il à proposer le lendemain, en comité d'entreprise? Qui se contenterait de vagues allusions ou de promesses, après un mois de crise, au moment où le personnel réclamait une relance?

On m'interdisait de mettre en œuvre ma réforme. Que redoutait donc tellement l'Etat? Les syndicats, tout simplement. Alarmé par les prévisions noircies d'Hervé Bourges, qui dépeignait la situation interne à France 2 comme pré-insurrectionnelle, inquiet des perspectives de contagion qu'une grève aurait sur l'audiovisuel public à l'époque de Roland-Garros, et, qui sait, sur toute la fonction publique, le cabinet du Premier ministre hésitait à donner son assentiment à ma réforme.

Rien n'était perdu, mais la tâche qui m'était assignée pour le lendemain était hasardeuse sinon impossible : convaincre les syndicats de se rallier à une nouvelle équipe dont je n'avais pas le droit de révéler les noms. Dans le contexte de suspicion généralisée et d'hystérie collective qu'entretenaient certains agitateurs ressuscités, un tel défi était une gageure. L'Etat le savait et se taisait. Une manière d'entretenir, sans y toucher, la dégradation, le pourrissement.

Certes, j'avais déjà traversé une épreuve délicate face au personnel, lorsque j'avais accepté, le 13 mai, de venir m'expliquer devant une AG survoltée sur les contrats et les accusations avancées par certains journaux. Les responsables syndicaux avaient lancé un défi à la direction, mais ils ne voulaient d'aucun directeur. Le gant était jeté au président, qui, pensaient-ils, ne le saisirait pas. Renoncer ou affronter. Entre la honte et le courage, il n'y avait pas à choisir. Je décidai de relever le défi à la loyale, sans préparer d'allocution, en me prêtant au jeu des questions-réponses. J'avais le souvenir de telles AG, en 1981. Elles ne m'effrayaient pas. Curieusement, en 1996, je retrouvais, aussi intolérants, les mêmes leaders syndicaux face à moi.

Ce 13 mai 1996, j'avais choisi de m'exprimer seul face à l'AG : je traversai à pied la rue Jean Goujon pour entrer dans l'église italienne qui se trouve en face de France 2. Le personnel y était déjà rassemblé. Les délégués syndicaux y avaient aussi laissé entrer la presse, contrairement aux garanties données le matin même.

Je m'étais assis face à la salle. La température montait. J'avais enlevé ma veste pour me sentir plus à l'aise. Chacun jouait son rôle, sa partition, et souvent avec talent. Petit coq énervé, procureur satisfait de lui-même, Jean-Jacques Cordival de la CGC jouissait visiblement de mener cette confrontation, et de dépasser en brio ses confrères-adversaires des autres syndicats. François Deléglise, vieux de la vieille, responsable de la CGT, massif, habile, matois, se scandalisait de contrats dont il avait dit en comité d'entreprise, quelques mois auparavant, après le rapport Griotteray, qu'ils étaient légitimes. Ils avaient leur place, affirmait-il alors, dans la stratégie d'antenne de France 2, et ils renforçaient eux aussi le service public.

Louis Bériot, tendu, irrité, ne supportait pas l'arrogance neuve et inique de ces procureurs autoproclamés qui le désignaient, lui aussi, à la vindicte collective. Il quitta la salle, blessé par quelques expressions excessives, ou quelques sous-entendus insultants. Personnalisant trop ses attaques, cherchant à « faire son numéro », Jean-Jacques Cordival en particulier conduisit le débat sur un terrain glissant, où aucune discussion de fond n'était plus possible. Ainsi me demanda-t-il combien de fois les patrons américains avec lesquels j'avais signé des contrats m'avaient offert des billets pour les Etats-Unis ? Jamais !

Je n'étais pas là pour réussir un duel oratoire, mais pour donner aux salariés de France 2 des réponses précises à leurs interrogations, face à l'avalanche de critiques dont leur chaîne était l'objet. Les dirigeants syndicaux n'avaient pas choisi d'aborder le fond. Ils préféraient monter en épingle telle ou telle accusation, c'était le jeu et la tradition. Le vrai débat avorta.

Cet affrontement n'était pourtant pas totalement inutile. J'avais défendu une politique qui permettait à la fois d'augmenter les salaires et de créer des emplois à France 2, tout en rétablissant l'équilibre des comptes. Pouvaient-ils décemment reprocher à la direction de les avoir fait profiter des bons résultats de leur société ? Nous l'avions fait autant que la tutelle, l'administration, l'autorisaient. Avec effet sur des salaires et des primes d'intéressement, plus élevés sur France 3 que sur France 2.

Je parlai un moment avec un vieil adversaire, Marcel Trillat. Il m'avait déjà combattu en 81. Devant moi, le nouveau chef de la société des rédacteurs paraissait raisonnable et mesuré, alors qu'il entretenait la pression pour me pousser à la démission. La salle, pendant ces deux heures et demie, m'avait parue partagée, quelquefois inquiète, et jamais absolument hostile. Pourtant les déclarations des syndicats, répétées à loisir dans les radios, furent décevantes : « Le président a été courageux, mais il ne nous a pas convaincus. » Un gros effort de dialogue était ainsi ramené à un coup d'épée dans l'eau. Les manipulateurs patentés marquaient des points.

Depuis le 13 mai, les dispositions d'esprit des leaders syndicalistes ne s'étaient pas améliorées. Hervé Bourges connaissait personnellement beaucoup d'entre eux. Il s'apprêtait à recevoir une délégation en séance plénière du CSA, comme il l'avait fait pour les dirigeants de France Télévision. Roland Faure, Georges-François Hirsch, Philippe Labarde et Philippe-Olivier Rousseau y virent une manœuvre illégale. Ils s'y opposèrent et l'obligèrent à la prudence. Hervé Bourges finit par accueillir et écouter les syndicats, dans son propre bureau, avec moins de solennité, en présence de Georges-François Hirsch et de Roland Faure. Il les renvoya avec de bonnes paroles, en leur conseillant à demi-mot de régler leur problème tout seuls. Ne leur avait-il pas déjà donné la solution par ses déclarations ? Il ne leur restait plus qu'à déclencher un mouvement social qui seul permettrait au CSA d'intervenir, de démettre ou de révoquer leur président. Il le répétait au téléphone à tel ou tel, qui s'en vantait ensuite.

Le mardi 28 mai au matin, dans une atmosphère particulièrement lourde, je présentai aux syndicats les propositions que le CSA avait bien accueillies le vendredi précédent, puis les réponses détaillées aux trente-neuf questions qu'ils m'avaient posées par avance, enfin ce que j'avais le droit de dévoiler de la réorganisation projetée ! Pendant le comité d'entreprise, j'avais à mes côtés Germain Férec. Ce spécialiste des affaires sociales fut accablé, décontenancé par le niveau des discussions. Toutes les stratégies qu'il avait imaginées butaient sur des rancunes personnelles, de vieux contentieux entre les différentes formations syndicales. Ils ne s'expliquaient que si l'on connaissait les rapports entre leurs différents responsables, faits de rivalités, de jalousies, de blessures mal cicatrisées. Un jour, ils conduiront ces entreprises, sourdes et aveugles aux vrais enjeux, à la catastrophe. Il sera trop tard.

France 2 devenait l'épicentre d'un phénomène éruptif que la presse commentait et activait. Le comité d'entreprise, une instance dont les discussions restent en principe secrètes, fut relayé de demi-heure en demi-heure par des dépêches AFP, au fil des déclarations et des récits qu'en firent, par téléphone, certains dirigeants syndicaux. La division des différents syndicats n'aidait pas à manœuvrer. A midi, Jean Teff, pour la CGT, réclama la démission de tous les dirigeants de France 2, et la mienne. L'affaire parut aussitôt, pour les journalistes qui rôdaient dans les couloirs, plutôt mal engagée pour nous. Ce syndicaliste, qui entretenait avec moi des relations courtoises, et presque confraternelles, m'assena cette demande de démission, le regard glacé et vide. Un choc. Je ne bronchai pas et je continuai. La CFDT ne réclama pas mon départ. La demande resta isolée.

En début d'après-midi, je pris le parti d'esquisser devant le comité d'entreprise la réorganisation en préparation. Aussitôt les premières dépêches tombèrent : Raphaël Hadas-Lebel est écarté, Patrick Clément quitte le groupe, Louis Bériot perd son titre de conseiller spécial et reste directeur d'antenne de France 2. J'étais contraint de garder le silence sur les nominations à venir.

A l'issue du comité d'entreprise, je rejoignis Louis Bériot dans son bureau : « S'ils ne déposent pas de préavis de grève ce soir, dis-je, ça ira. » Il me fit signe de sortir : « Je ne suis plus conseiller spécial. Maintenant c'est chacun pour soi : je t'envoie mon avocat. » Il me fallut quelques secondes pour comprendre. Ce dernier coup me navrait. Quelques jours plus tôt, il m'avait conseillé de choisir un défenseur : « Moi, j'ai Me Varaut, m'avait-il dit, cinglant. Evidemment, tu ne peux pas le prendre : il défend Maurice Papon ! » Comment Louis Bériot n'avait-il pas compris que le salut de l'équipe passait par ces changements ? Il gardait la maîtrise de l'antenne, c'est-à-dire la plus importante responsabilité à France 2 ! Le soir même, Louis Bériot attaquait France 2 en justice pour « rupture abusive de contrat ». Son communiqué, repris en boucle sur France-Info, se faisait l'écho d'un président « sacrifiant ses amis ». En mai 96, Louis Bériot n'était en rien licencié. Il perdait son titre de conseiller spécial plus honorifique qu'opérationnel, car il fallait rendre structurellement France 2 plus indépendante de la présidence, mais Louis conservait tout son pouvoir, toute son influence, et toute ma confiance pour continuer. Ce 28 mai, je réaffirmai par écrit ses responsabilités de directeur d'antenne. Je répétai qu'il était chargé à ce titre de préparer les programmes de la rentrée 96. Je ne l'ai pas « viré ». Je n'aurais jamais pris une telle décision à son égard. Son licenciement n'interviendra qu'en juin. Il sera dû à mon successeur, non à moi-même.

Cette cascade de départs produisit un effet déplorable. La presse ne présenta pas la logique de cette réorganisation, ni les considérations objectives qui y conduisaient. Elle préféra accréditer l'idée d'un président aux abois « lâchant ses proches ». Ai-je abandonné ou sacrifié deux amis pour « sauver ma peau » ? Mon annonce en comité d'entreprise date du 28 mai après-midi et mon départ aura lieu le 31 mai. Nul ne savait, pas même moi, que la fin viendrait si rapidement. Je n'avais encore rien décidé. Continuer restait possible. De tous côtés fusaient des critiques sur les méthodes de Patrick Clément, ses emportements, son autoritarisme. Longtemps – peut-être trop longtemps – j'y suis resté insensible. Il était avec moi, différent. Les entreprises fonctionnaient avec efficacité. Il n'y était pas pour rien. Mais les dernières semaines, le ton montait, le climat s'aggravait. Personne n'hésitait plus à exprimer l'hostilité, l'impatience, le rejet à son égard. Une forme de violence grandissait. Le CSA, la presse, les syndicats, tous se rejoignaient pour dénoncer sa brutalité. France 3 encourageait France 2 à se libérer, comme elle l'avait fait elle-même un an et demi plus tôt, d'un Patrick Clément qui agissait à mon insu, mais « pour mon bien », en vice-président. Sans doute ne méritait-il pas autant de reproches. Mais sa présence devenait un élément de paralysie. En tant que chef d'entreprise, je pris une décision pour la sauvegarde de France 2. J'imaginais la réprobation qui m'attendait. Cependant l'intérêt de l'entreprise dictait ce choix douloureux. Oui, il m'en a coûté. De nombreuses voix sincères ou hypocrites s'élevèrent contre mes décisions. Si je ne les avais pas prises, elles auraient dénoncé mon aveuglement. Etais-je le seul patron qui réorganise son état-major ou son équipe ? Etais-je le seul patron qui déplace un directeur ou un collaborateur ? Il n'y avait pas une bande de janissaires autour du président de France Télévision. Je ne les ai ni privilégiés, ni immolés sur l'autel de mon salut, et seul Patrick Clément, qui faisait la quasi-unanimité du personnel contre lui, fut contraint par moi à abandonner son pouvoir.

Je lus le communiqué des organisations syndicales : elles votaient « la défiance à l'actuelle direction de France 2 ». Ce qui allait plutôt dans le sens de la réorganisation que j'avais projetée. Elles n'avaient pas déposé de préavis de grève. Pour tous ceux qui savent décoder le langage syndical, cela signifiait qu'il n'y aurait pas de grève. Les syndicats apportaient eux-mêmes un démenti aux menaces d'implosion sociale qu'Hervé Bourges répandait avec complaisance dans tout Paris. Peut-être les syndicats ne s'opposaient-ils donc pas à mes mesures, même s'ils restaient vigilants.

Malgré la fatigue et la tristesse, je croyais, ce soir du mardi 28 mai 1996, avoir assez de cartes pour reprendre en main les choses. Le mercredi 29, l'assemblée générale du personnel de France 2 se passa convenablement. Sans passion, les salariés se ralliaient à la position d'attente définie la veille par les syndicats. Désormais tout risque de grève semblait écarté. Je discutai dans la journée avec Roland Faure et le sénateur Cluzel. Ce dernier vint à Iéna m'inviter, au nom de plusieurs sénateurs, à ne pas céder, à continuer. « Vous n'avez pas démérité. La polémique se calmera », prévoyaient-ils, à condition toutefois que le Premier ministre me laissât convoquer les conseils d'administration au plus vite. France 2 ne pouvait pas rester sans hiérarchie, interminablement. A 16 h 15, je visitai les travaux du futur siège de France Télévision, où les deux chaînes devraient emménager en 1998... si tout se passait bien. Je me sentais apaisé, à l'idée que je laisserais, quoi qu'il arrivât, ce témoignage d'une ambition pour la télévision publique.

En fin d'après-midi, j'eus une nouvelle discussion avec Hervé Bourges. Il prétendait toujours chercher à m'aider, il agissait de son mieux pour que je pusse achever mon mandat. Je pensais qu'il aurait mieux valu qu'il arrêtât de me soutenir si c'était dans ces conditions !

A 19 h 30, je rencontrai, à sa demande, Roland Faure. Il venait de s'entretenir « franchement » avec le directeur de cabinet du Premier ministre : pour lui, les conseils d'administration ne pourraient pas se tenir. Il redoutait la grève, et les risques de contagion. Hervé Bourges avait prétendu à Matignon que la « motion de défiance » était la dernière étape avant le préavis de grève. Dans la journée, probablement en milieu d'après-midi, le Président Chirac reçut, avant son voyage à Quimper, le Premier ministre : le sort de France Télévision et de ses dirigeants fut réglé. Le Premier ministre, jusque-là neutre, patient, eut le dernier mot, écrit et inspiré par d'autres. Et Roland Faure me transmit, désolé, les paroles terribles, celles qui laissent entrevoir la fin : « Pour le gouvernement, vous n'êtes plus l'homme de la situation. » Pierre Mauroy avait dit la même chose à Maurice Ulrich en 1981 : « Il y a une nouvelle majorité dans le pays, vous ne correspondez pas à la nouvelle situation politique. » L'homme de la situation, c'est, en France, l'homme de la majorité. Et les dirigeants de l'audiovisuel public trépassent avec les majorités politiques, quelles que soient les astuces – CNCL, CSA de circonstance –, c'est à la fois drôle et pénible de le constater. Une fois encore à mes dépens, un an après l'élection présidentielle.

A la même époque, France Télécom était paralysée . La SNCF creusait son déficit, d'un montant de 12 milliards en 1996, ce qui représentait deux ans de ressources publiques de France Télévision. Air France, malgré les efforts de Christian Blanc, naviguait de tensions en conflits. France Télévision, elle, n'était pas en grève et ne se prononçait pas en faveur de la grève. Peut-être quelques-uns dans l'Etat et dans l'administration se laissèrent-ils convaincre du contraire et en profitèrent-ils pour m'éliminer ? Ils se donnèrent simplement les gants de faire exécuter le président de France Télévision, au milieu d'une campagne injuste, par les salariés de France 2 eux-mêmes, excités de l'extérieur. Qui est dupe ?

Cette crise de mai 96 révélait des erreurs certes, mais aussi des comportements, des tactiques à l'œuvre depuis des mois. Tous les acteurs intervenaient les uns après les autres, ou simultanément, sans lien entre eux, ou avec des interconnexions établies de longue date, unis dans le même but contre le président élu sous la cohabitation en décembre 1993.

Je n'espérais aucun soutien des dirigeants de

France 3. Je ne fus pas surpris. Sentant leur heure venue, ils se déployaient à travers Paris pour porter le coup fatal qui leur ouvrirait enfin la voie. Ils faisaient le tour des tutelles et des bureaux, y compris à Matignon, s'attardant là où ils savaient qu'on leur prêtait une oreille attentive. Ils ajoutaient quelques perfidies, tout heureux de pouvoir tirer profit de ce qu'ils considéraient comme une bonne aubaine pour eux. Ils ne se cachaient plus car ils s'estimaient libérés de leurs engagements. Eux, si prudents, ne se souciaient même plus des effets de leur manque de discrétion. Tout se savait au fur et à mesure. Leur activisme fébrile les aveuglait. Et j'en vins quelquefois à regretter d'avoir couvert quelques défaillances.

C'est Hervé Bourges qui fut un des militants les plus engagés dans cette agression. En fait, en janvier 1995 François Mitterrand avait commis l'erreur de le nommer. Humilié d'avoir eu à partir en 93, Hervé Bourges ne pouvait que surveiller, malmener celui auquel il avait dû passer le relais. Au cours d'un déjeuner, trois jours avant de choisir le président du CSA, François Mitterrand me demanda mon avis : il fut net et tranché. Désigner mon prédécesseur à la tête du CSA, c'était me condamner à terme. Il n'aurait de cesse de m'écorcher et de provoquer mon échec pour assurer sa victoire. François Mitterrand n'était pas d'accord. Le lundi de la nomination, le Président le dit à Hervé Bourges et il lui recommanda trois engagements qu'il jura de respecter : voir les choses de haut, défendre le pluralisme et aider le nouveau président de France Télévision. Chacun prit la peine de m'appeler pour me raconter sa version de l'entretien. L'un s'est trompé et fut trompé. L'autre s'est montré incapable de tenir sa parole. Peut-être les deux savaient-ils, François Mitterrand surtout, qu'ils se faisaient quelque illusion sur la nature humaine. On n'échappe ni à sa logique, ni à sa vocation.

Le jeudi 30 mai, j'espérais encore l'aval de mon nouvel organigramme. Il n'était pas encore temps de renoncer. Je m'accordai un ultime répit, pour m'informer sur l'attitude de la tutelle, et pour essayer de fixer en accord avec Matignon une date pour le conseil d'administration de France 2. Ce soir-là, je réfléchissais chez moi. Je reçus un appel de Jacques Pilhan, conseiller de Jacques Chirac. Tandis qu'il parlait, je compris très vite qu'il ne restait que deux solutions. Ou rester à mon poste, malgré l'Etat. Chaque jour j'aurais à affronter des obstructions, des restrictions et des insinuations perfides. Certains prédécesseurs, qui l'avaient tenté, avaient fini par céder, humiliés, usés. Je risquais en m'incrustant de « m'émietter ». Ou bien, arrêter. Comme par enchantement, beaucoup d'accusations s'effaceraient, les mensonges, les menaces proférés, se dissoudraient dans l'indifférence générale. La bataille avait été dure, mais elle avait été livrée. J'ai l'orgueil de le penser ! Fallait-il m'entêter contre l'Etat ? Comme si le bon droit tenait contre la raison d'Etat ! Un chef d'entreprise ne résiste pas à son actionnaire, a fortiori si cet actionnaire est l'Etat. Il aurait suffi pour retourner la situation à mon avantage, pour ramener le calme, d'une décision ou d'un mot de l'Etat. Il n'est pas venu. Il ne fut pas prononcé. Ce silence était voulu. Il avait donc une force et une dimension politiques.

Ma décision fut un long mûrissement. Une préparation, intime, secrète, du choix. Je savais mon départ inévitable. Juin ? Septembre ? Quelle importance ! En cinq semaines, j'avais eu de nombreuses occasions de présenter mon bilan, de le faire approuver. Ce n'était pas suffisant. Quand retrouverait-on une télévision publique conquérante, inventive, vivante, fofolle, désordonnée parfois, et plutôt indépendante ? Sans doute comprendra-t-on mieux notre projet, quand au cœur de Paris surgira, dans l'architecture du XXIe siècle, le bâtiment élégant de la maison France Télévision. Il sera, avec le bouquet numérique, la signature des bâtisseurs que nous voulions être. L'avenir seul était notre obsession et notre foi.

Quel sens y aurait-il eu à continuer, dans ces conditions impossibles, quelques semaines de plus ? Pourquoi, et pour qui s'acharner ? Je laissais les sociétés dans une santé insolente, avec des projets d'envergure, et une ligne d'action tracée pour longtemps, dans de multiples domaines. En posant le téléphone, j'avais pris ma décision : ce serait le lendemain. Je ressentis une émotion mêlée de soulagement et de tristesse. Etait-ce une défaite ? Une victoire ? C'était le moment de partir.

Je passai la soirée à peser chaque mot du discours que je voulais prononcer devant la presse en guise d'adieu à France Télévision. Il devait concentrer l'essentiel de mon projet, et aussi définir ce qui restait à accomplir.

« Imaginez ce que vous ressentiriez si l'on vous demandait d'abandonner une entreprise dans laquelle vous vous seriez investis tout entiers, que vous aimez, et où vous seriez en train de réussir... Je ne voudrais pas que l'attaque portée contre moi handicape le groupe France Télévision, ni que mes collaborateurs paient pour une politique que j'ai décidée et que j'assume...

« C'est pourquoi j'ai décidé de m'en aller... »

Par cette formule, j'annonçais ma décision. Je refusais le mot « démission ». Il n'était pas tout à fait juste. On me rendait la vie impossible, on s'efforçait de me décourager, mais je ne voulais pas non plus prétendre que l'on me contraignait à partir. Je refusais l'exécution lente, la mort à petit feu. On devait sentir que je restais jusqu'au bout un homme libre, libre de ses mouvements et de ses décisions, et qui les assumait entièrement. J'avais d'abord écrit : « C'est pourquoi je m'en vais. » J'hésitai, avant de corriger : « C'est pourquoi j'ai décidé de m'en aller. » Cette phrase courte résumerait tout. Elle annoncerait mon départ avec sobriété. Ce n'était qu'une phrase, mais elle devait exprimer de manière immédiate, indubitable, ce que je vivais. Et pour une fois, en la reprenant, personne ne pourrait l'interpréter autrement, la déformer. En travaillant ainsi à condenser l'émotion que je ressentais, je la maîtrisais. Ce dernier travail accompli, je passai une excellente nuit.

La fin de l'histoire

Mourir plusieurs fois de son vivant. Peut-être le faut-il pour mieux renaître, et revenir. Peut-être est-ce la condition pour vivre plusieurs vies? Il n'y a pas d'autre choix que d'accepter l'inéluctable, les ruptures et les recommencements. Je finis par aimer les recommencements. Ce sont de nouveaux départs, de nouveaux défis, avec à chaque fois des dangers inattendus. Des pages nouvelles qu'il faut écrire, sans déchirer les anciennes. Leur recueil compose une vie.

Avec le recul, je ne regrette rien. Surtout pas d'avoir incarné un moment de la télévision publique, de lui avoir consacré trois années, tout entier engagé dans cette passion, avec la volonté de la renforcer pour l'avenir, contre tous ceux qui veulent la confiner dans son passé. Que cette expérience se soit terminée dans la brutalité ou l'ingratitude ne lui enlève rien. L'aventure comportait ce danger : l'enthousiasme et le triomphe des débuts, la violence du rejet lors du départ. Les exemples offerts par mes prédécesseurs m'éclairaient, et je m'y étais préparé : tout est écrit, à qui sait lire, tout est dans la manière de traverser l'épreuve. Là, autant d'hommes différents, autant de styles. La pratique régulière du journalisme comporte des risques analogues. Pour y échapper, faut-il renoncer à ses convictions, à son indépendance, à ses rêves? Je ne le ferai jamais.

Saint-Simon raconte en détail, dans ses *Mémoires*, les intrigues qui entraînèrent la démission de Chamillart, secrétaire d'Etat à la guerre de Louis XIV, qui avait refusé de faire une exception pour le frère de la maîtresse du Grand Dauphin. Presque trois cents ans ont passé, mais la page entière mérite d'être reprise, en écho ironique à ce récit. Evidemment, Jacques Chirac n'est pas Louis XIV. Heureusement, je ne suis pas Chamillart. Et Mme de Maintenon n'existe pas. Autres temps, autres campagnes, autres médias, mais même puissance de la rumeur...

« Tous convenaient de (la) droiture (de Chamillart); mais un successeur, quel qu'il fût, ne leur paraissait pas moins nécessaire. (...) Sur la fin, on ne comprenait pas ni comment il avait pu être choisi, ni comment il était demeuré en place. Le Roi était bien puissant et bien absolu, et plus qu'aucun de ses prédécesseurs, mais il ne l'était pas assez pour soutenir Chamillart en place contre la multitude. Les choses les plus indifférentes lui étaient imputées à crime, ou à ridicule. On eût dit que (...) c'était une victime que le Roi ne pouvait plus refuser à l'aversion publique. Force gens s'en expliquaient tout nettement ainsi; et pas un qui pût énoncer une seule accusation particulière. »

Et il est amusant d'aller jusqu'aux conclusions de l'épisode.

« Le Roi (...) appela le duc de Beauvillier, le prit en particulier, et le chargea d'aller l'après-dînée dire à Chamillart qu'il était obligé (...) de lui demander la démission de sa charge. Le Roi lui dit qu'étant ami de Chamillart, il l'avait choisi exprès pour le ménager en toutes choses. Beauvillier lui exposa franchement sa peine, et finit par le prier de trouver bon au moins qu'il s'associât dans sa triste commission le duc de Chevreuse, ami comme lui de Chamillart, pour en partager le poids : à quoi le Roi consentit, et dont M. de Chevreuse fut fort affligé. Les deux beaux-frères s'acheminèrent, et furent annoncés à Chamillart, qui travaillait seul dans son cabinet. Ils entrèrent avec un air de consternation (...). A cet abord, le malheureux ministre sentit (...) qu'il y avait quelque chose d'extraordinaire, et sans leur donner le temps de parler : " Qu'y a-t-il donc, Messieurs? leur dit-il d'un visage tranquille et serein. Il y a longtemps que je suis préparé à tout. " Cette fermeté si douce les toucha encore davantage; à peine purent-ils lui dire ce qui les amenait. » Saint-Simon aurait-il inspiré le duc d'Ulrich et le duc de Pilhan ?

Que reste-t-il de ce dernier jour, où j'annonçai ma décision? Le souvenir du départ. C'est de bonne heure ce matin-là que je retrouvai Alain Duhamel dans notre habituel bistrot. C'est lui qui eut la primeur de ma décision. Il comprit tout de suite. Sa réaction fut pondérée : il respectait mon choix, et l'avait prévu. Il fut seul à lire à l'avance la déclaration que j'avais rédigée. Nous étions d'accord : sobriété et dignité. Pas d'écart de langage dont on s'emparerait pour détruire jusqu'à ma sortie.

Le même matin, je devais rencontrer, pour un rendez-vous pris depuis plusieurs semaines et qui m'avait été confirmé peu de jours avant, Dominique de Villepin, secrétaire général de l'Elysée. Au moment où nous en étions convenus, il s'agissait d'une de ces entrevues périodiques auxquelles se livrent le président-journaliste et le proche du Président de la République. Elles ne manquent ni d'intérêt, ni de charme. Les événements lui donnaient un relief inattendu. Je lui fis part immédiatement de ma décision. Il se montra plutôt surpris, il n'exerça aucune pression. Il ne me dissuada pas non plus. Peut-être croyait-il que je m'accrocherais, même si le tohu-bohu, l'agitation, l'environnement politique, ne me laissaient guère d'alternative. Et il fut frappé, déclara-t-il plus tard, par la sérénité de ma résolution. Elle était telle que j'entendais remplir, ce matin-là, comme si de rien n'était, l'exercice de ma fonction de président.

A 9 h 30, je participai comme prévu à une conférence de presse de Sport 2/3 sur le programme du Tour de France, avec à mes côtés Jean Réveillon et Jean-Claude Killy. J'avais voulu faire de 1996 une grande saison sportive sur nos chaînes : j'entendais assumer jusqu'au bout ce choix et soutenir nos équipes. Je confiai à Jean-Claude Killy, en me penchant discrètement vers lui : « C'est pour cet après-midi. » Il ne cilla pas, et me répondit, l'air détaché : « Tu n'as pas à rougir de ton action. On te rendra justice plus tard, après ces folies. Pars tranquille. »

Après cette rencontre avec la presse sportive, je demandai à mes plus proches collaborateurs d'organiser la conférence de presse que je souhaitais donner, à 16 heures, au pavillon Gabriel, en leur demandant de garder le secret sur le sens de ma déclaration. Allais-je proposer une réorganisation des chaînes ? Allais-je démissionner ? La rumeur commençait à le répéter. Il était trop tôt pour l'affirmer.

Je rejoignis en fin de matinée Roland-Garros, où France Télévision, partenaire du tournoi, avait des invités, que je devais accueillir. Je le fis, entouré de collaborateurs et d'amis qui pressentaient souvent l'imminence de l'annonce, mais ignoraient encore, pour la plupart, qu'elle aurait lieu quelques heures plus tard. Le président de France Télévision devait continuer à jouer son rôle, comme si ce jour-là était un jour comme les autres. Le « masque » ne devait rien trahir.

Pourtant j'étais là et j'étais ailleurs en même temps.

Déjà je vivais les mouvements autour de moi, mes paroles, mes actions, comme au passé. Sentiment étonnant : tout était en sursis. Je n'étais plus, à mes propres yeux, dans la situation où tous me voyaient encore. J'avais ainsi le sentiment d'observer celui que j'avais été, et que je ne serais plus. Je me dédoublais et je m'observais dans mon rôle, comme si j'étais sorti de scène un peu avant les autres. Il était encore possible de suspendre ma décision, de la remettre en cause, mais j'avais décidé. Se succédèrent à ma table, pour afficher leur sympathie, plusieurs collaborateurs et trois membres du CSA, dont la présence me surprit : Philippe-Olivier Rousseau, Philippe Labarde, Georges-François Hirsch. Ils avaient pu observer mon action dans la durée et se sentaient solidaires, en fait impuissants. En quittant Roland-Garros, je croisai Michel Bon, président de France Télécom. Il me parla de TPS, nous nous promîmes de nous revoir très vite, pour évoquer l'avenir du bouquet numérique francophone, et lui donner, avec Patrick Le Lay, un nouvel élan. Puis je me promenai dans Paris, avant d'affronter l'ultime moment.

A 16 heures, je pris la parole, dans un salon bondé du pavillon Gabriel. Toute la presse était là. J'avais voulu arriver de derrière la tribune, directement à mon pupitre. Mon texte durait douze minutes. Je n'eus pas besoin de le lire, je le portais en moi. Quelques collaborateurs de la première heure, qui avaient deviné au dernier moment, étaient venus, d'autres encore, de France 2, principalement. J'observai les visages, l'attention des journalistes, leur calme, l'impression de gravité qui en émanait, l'émotion qui montait, une forme de sympathie ou de compassion de quelques-uns, même parmi ceux qui m'avaient sans cesse combattu. « C'est pourquoi j'ai décidé de m'en aller. » J'eus, pour la première fois depuis le début de la crise, la certitude que tous mes confrères présents comprenaient, enfin. D'une certaine manière, ils tenaient leur victoire, la campagne menée contre moi avait atteint son but. Je fis quelques pas parmi eux après ma déclaration. Philippe Gavi vint vers moi : « Je suis triste », dit-il. Geneviève Jurgensen, qui m'avait souvent soutenu, me dit qu'elle regrettait « ce jour qui n'est pas bon pour France Télévision ».

Je ne voulus pas partir comme un perdant, caché dans une voiture noire qui démarrerait en trombe. Ce n'était pas un enterrement, mais je voulais y voir, dans l'épreuve, une nouvelle naissance. Je redevenais un homme libre. Je choisis de sortir par le jardin. De semer les photographes en marchant, tout simplement, à pied, le long de l'avenue Gabriel. Décision prise sur le vif, dans l'instant, besoin de me défouler, de donner un exutoire aussi à l'émotion. Très vite, notre petit groupe fut retrouvé. La meute des photographes et des journalistes fut là. C'était un peu une curée, la dernière, et je me sentais étonnamment soulagé, détendu. Devant le théâtre Marigny, je me souviens avoir parlé à Marc Pellerin, du *Parisien*, de Charles Quint et de Balzac. Pour dérouter ses questions. Puis Nathalie Coppinger et Anne Fleischl qui avaient récupéré ma voiture m'entraînèrent. La pièce était jouée.

Il faisait un temps superbe, j'avais un peu d'avance sur mon emploi du temps, et l'impression nouvelle de n'avoir plus vraiment d'obligations à remplir. Je fis faire un détour à la voiture pour acheter des glaces pour tout le monde. Dans l'île Saint-Louis, devant le glacier, nous fûmes encore rejoints par l'équipe de *Lignes de mire*, de France 3, qui voulait des déclarations exclusives. Ils eurent des images singulières, et le secret de mes préférences en matière de sorbets. J'avais dit ce que je voulais dire, je n'avais déjà ni rancune ni ressentiment. Et le reste, les explications, attendrait que les esprits soient reposés.

La pièce était jouée, restait le générique. Adieux, et passation de pouvoirs. Par égard pour tous ceux qui avaient travaillé avec moi, je réunis en fin d'après-midi les principaux cadres des deux chaînes à la présidence. Je les remerciai d'avoir traversé à mes côtés l'épreuve, en restant loyaux, jusqu'au bout, je les félicitai surtout du bon travail accompli, et du chemin que nous avions parcouru. J'eus quelques mots pour espérer que mon successeur saurait leur faire confiance à son tour. Xavier Gouyou Beauchamps, impavide, hiératique, tendu, probablement ému et un peu mal à l'aise, regardait au loin. Il avait tort d'être anxieux.

Je reçus le jour même, ou le lendemain, plusieurs appels de personnalités ou d'amis, qui voulaient me témoigner sur-le-champ leur solidarité. Certains me restent en mémoire. Le Premier ministre, Alain Juppé, m'appela, pour saluer « l'élégance » de mon départ et m'assurer qu'il avait toujours gardé une attitude de réserve pendant la crise. Fallait-il le croire ? Nous nous connaissons depuis longtemps. Il raconte lui-même notre relation dans *La Tentation de Venise*[1]. « Tu as tranché dans le vif. La solution chirurgicale était la seule possible. C'est la meilleure solution, pour toi, comme pour les chaînes. Pour ma part, je suis resté neutre, pour ne pas politiser l'affaire. » De la part du Premier ministre, ce message était un geste, qu'il pouvait aussi ne pas faire. Chacun jouait parfaitement son rôle (convenu) et le savait.

Autre étonnement : Jean-Jacques Cordival, syndicaliste enflammé qui avait orchestré l'agitation des assemblées générales de France 2 pendant un mois, m'envoya un billet, que je garde : « Il n'y a absolument aucune raison de se réjouir aujourd'hui. Nous nous sommes affrontés. Je ne pense pas que votre combat ait été différent du nôtre. Il est inévitable que nos routes se croisent à nou-

---

1. Alain Juppé, *La Tentation de Venise*, Grasset, 1993.

veau », écrivit-il le jour même. Hervé Bourges tint à me dire, et à me faire dire, qu'il ne se consolerait jamais de n'avoir pas réussi à me sauver.

Je fus davantage touché par des réactions qui vinrent de l'étranger : d'Allemagne, d'Angleterre, des Etats-Unis, où de grands professionnels, qui avaient pris l'habitude de travailler avec notre équipe, furent littéralement estomaqués par la campagne que nous avions subie, et par ses conséquences. Les dirigeants des télévisions publiques anglaises ou allemandes restent au minimum dix ans en place, parfois bien plus. Ils ont le temps de mettre sur pied une véritable stratégie d'entreprise, et de récolter, sur le long terme, les fruits d'une politique raisonnée et continue. La grande faiblesse des télévisions françaises tient en bonne partie à l'impossibilité d'une action régulière, planifiée sur plusieurs années, puisque leurs dirigeants valsent fréquemment. L'action que je menais depuis deux ans et demi à la tête de France Télévision avait souvent séduit ou intrigué nos partenaires étrangers. Ils y voyaient une sorte de renaissance de l'idée et de la fonction des chaînes publiques. « Votre action renforce la légitimité des télévisions publiques », m'avaient dit aussi bien Leo Kirch, Jan Mojto, Arnon Milchan, Laetitia Moratti, Jordi Garcia Candau. Tous furent un temps incrédules, après mon départ. « Décidément, nous ne comprendrons jamais les Français... » Arnon Milchan, qui avait lui-même été mis en cause de manière scandaleuse, gardait son humour : « Rassure-toi, tu repartiras ! » Il me confia peu de temps après les propos que Philippe Douste-Blazy m'avait dédiés en guise d'oraison : « L'action de Jean-Pierre est un succès. Dommage qu'il ait été aussi impatient ! » Mais, agir, c'est aussi ne pas accepter certains délais, fatals.

Au moment où l'aventure s'interrompt, puisqu'il le faut, parlons argent. Je ne suis pas, je n'ai jamais été un homme d'argent, attiré par le fric, gourmand, intéressé. Cela vient de loin. On peut même trouver une origine précise, chez moi, au rejet des « choses de l'argent » : l'enfance. Après la mort de mon père, la famille n'en a jamais eu. Elle ne fut ni moins heureuse, ni moins unie. Avec ma mère, mon frère et ma sœur, nous n'avions pas d'autre choix que l'austérité et l'économie, comme tant d'autres ! Nous n'en sommes pas morts. Chacun s'est mis au travail, avec le sens de la solidarité plus que celui des affaires. Et a choisi son métier pour le plaisir, en harmonie avec ses goûts et ses talents.

Qui veut s'enrichir ne choisit pas le journalisme. Il ne rapporte pas, sinon, à un certain niveau de responsabilités, des ennuis. Ma carrière a épousé les vicissitudes, les hauts et les bas de l'audiovisuel français, et elle ne m'a pas conduit à faire fortune. Il faut une dose exagérée d'arrogance pour réclamer d'un métier qu'il offre notoriété et fortune, sans l'ennui ni la répétition. Si, grâce à lui, s'imposaient la richesse et la gloire, pourquoi ne pas l'accepter et le reconnaître ? Ce n'est pas le cas. J'ai une vie pleine et passionnante à travers le journalisme : c'est déjà une chance.

Je veux être clair. M'engager dans l'aventure de France Télévision n'était pas pour moi « la ruée vers l'or ». Ce choix ne m'obligeait pas non plus, évidemment, à manger les lacets de mes chaussures, comme Charlie Chaplin. Je savais que mes revenus personnels seraient diminués de plus de la moitié, et qu'ils ne représenteraient que la moitié des rémunérations de certains journalistes prestigieux du service public. Et le quart ou le cinquième des salaires des présidents de chaînes privées. Peu m'importait. J'ai toujours privilégié l'intérêt de mon travail au profit que j'en retire. On a prétendu à voix basse dans quelques dîners parisiens, où pour tromper l'ennui on se plaît à assassiner, que j'avais un intérêt direct et personnel à certains contrats signés. Que je « touchais » ! Certains évoquaient le cheminement compliqué des sommes qui m'étaient illégalement versées. Que de comptes secrets devais-je avoir dans les coffres de͏ banques du Lichtenstein, de Panama, ou de Genève ! Ils n'existèrent jamais, et je mets au défi quiconque d'en trouver un seul, à mon nom ou à celui de ma femme. Ignominie et absurdité ! Pas seulement parce que de telles accusations sont évidemment indémontrables. Elles ne reposent que sur la méchanceté et l'ignorance. Elles ont été suggérées, distillées, répétées. Jamais écrites, et pour cause ! Jamais je n'ai retiré le moindre profit personnel de mes décisions professionnelles, ni pour moi, ni pour Nicole Avril, ma femme. Ecrivain, tout entière consacrée à la création et à son œuvre, elle n'a qu'indifférence et incompréhension à l'égard du milieu des médias. Elle en est loin. Elle préfère la solitude aux activités « mondaines ». Comme elle se voyait mal dans le rôle convenu d'épouse de président... Elle a su se préserver des obligations de son mari : je l'aidais dans ce sens.

Je n'ai jamais su travailler dans une entreprise et me faire payer simultanément par une autre, pour garder une place au chaud, pour préparer un « point de chute ». Je connais des habitués de ces pratiques. Ils peuvent aussi sauter d'une maison à une autre, sans scrupules, tant ils s'estiment indispensables. Ils appartiennent à la légion des donneurs de leçons. J'ai préféré l'engagement loyal et la rupture claire quand j'ai dû changer de statut et de groupe. En 1993, à ma nomination à la présidence de France Télévision, j'ai quitté Europe 1. Avec émotion, tendresse. Je m'en suis séparé, pour mener une action indépendante, et finalement trop idéaliste. Je n'en regrette rien. M'en aller fut une décision personnelle, face à des blocages multiples, et à un coup de folie des gens d'opinion. Mon départ ne fut pas négocié, et ne fit l'objet d'aucun marchandage. On m'appliqua les mêmes règles qu'à mes prédécesseurs et aux patrons d'entreprises publiques remerciés. Et sans indemnités particulières ou compensations. Je suis sorti de France Télévision tel que j'y étais rentré. Ni plus riche, ni plus pauvre. La seule richesse récoltée fut l'expérience acquise, et les joies partagées.

Restait, ultime étape, qui ne me concernait déjà plus : la succession. Plusieurs membres du CSA étaient persuadés qu'Hervé Bourges ouvrirait un appel à candidatures, et que les postulants auraient quelques jours pour présenter leur programme, faire valoir leurs arguments et leurs qualités. J'avais annoncé ma décision le vendredi à 16 heures. Le vendredi soir, Georges-François Hirsch m'annonça qu'Hervé Bourges voulait déjà révéler le nom de mon successeur, sans laisser le temps à d'autres candidats de se déclarer. La majorité des membres du CSA s'y opposèrent, et exigèrent d'y mettre au moins les formes. Le Conseil se réunit le samedi, pour examiner plusieurs hypothèses. Le dimanche matin, la décision fut officiellement prise. Elle l'avait été la veille à Matignon où le directeur de cabinet d'Alain Juppé recevait Xavier Gouyou Beauchamps seul à seul. La méthode n'avait rien de neuf. A 13 heures, Hervé Bourges déclarait aux journalistes que le CSA avait décidé, après consultation et accord de son actionnaire. C'est-à-dire de l'Etat. Or le CSA est censé être indépendant. Le soir même, à *Lignes de mire*, sur France 3, il rectifiait sa déclaration : « Sans même consulter l'actionnaire. » Palinodie dont il est coutumier, mais qui trahissait son embarras.

Dès la nomination de Xavier Gouyou Beauchamps, le 2 juin, la date et l'heure de la passation des pouvoirs fut fixée au mardi 4 juin. Peut-on être content de son successeur ? Je dois avouer que je fus plutôt satisfait du mien. On nommait pour me succéder celui qui avait été, et qui m'avait demandé d'être, l'un de mes collaborateurs les plus proches, directeur général de France 3, pendant tout mon mandat. C'est moi-même qui l'avait imposé à ce poste, malgré les interdits politiques. Comment aurais-je pu regretter ce choix du CSA? Associé à toutes les décisions stratégiques, qu'il avait toujours approuvées, et parfois publiquement soutenues, il paraissait au fait des réalités des entreprises et de leurs besoins. Il découvrirait pourtant, bien vite, que les responsabilités et les pressions ne sont pas les mêmes, quand on est directeur général de France 3, et quand on est président du groupe, en charge également de commander France 2, la passionnée, la vulnérable, l'incandescente.

Cette nomination inscrivait donc ce changement dans une certaine continuité. C'était le choix de la raison, et je m'en félicitais. Pourtant Xavier Gouyou Beauchamps, qui fut présenté comme le candidat naturel, avait bien failli voir ce fauteuil lui échapper. Hervé Bourges n'en voulait pas. Dès le vendredi matin, avant même l'annonce officielle de ma décision, il tenta désespérément de le disqualifier dans l'esprit de Matignon et de l'Elysée : nommer le directeur général de France 3 à la présidence du groupe allait provoquer, disait-il, un rejet immédiat de France 2, qui se mettrait en grève. « Ce sera, disait-il, la guerre sociale dans les chaînes publiques! » Il fit aussi une tentative pour chuchoter que, dans une telle crise, lui-même représentait un recours possible. Il était prêt à se dévouer, et à me remplacer au pied levé, pour sauver la boutique. Ceci suggéré, à droite, à gauche, plutôt qu'affirmé. Mais les pouvoirs publics lui épargnèrent ce sacrifice. Il proposa alors Michèle Cotta. Elle refusa. On suggéra le nom de Bernard Esambert, déjà candidat malheureux en 1993. Mais il n'était pas immédiatement disponible, et le CSA voulait quelqu'un qui puisse reprendre les sociétés en main sans tarder. En vérité, la candidature de Xavier

Gouyou Beauchamps, préparée de longue date par certains de ses proches, à l'intérieur et à l'extérieur, restait la seule possible, dans la mesure où il fallait combler de toute urgence la vacance. Il fut donc élu, sans la voix de Philippe Labarde qui s'abstint pour des raisons de « procédure ».

Le mardi 4 juin, il faisait très beau à Paris. La ville irradiait de soleil et de lumière. Après la passation des pouvoirs, quelques mots échangés dans ce bureau où nous avions si souvent travaillé ensemble. Cette fois, j'allais l'y laisser. Xavier Gouyou Beauchamps eut l'attention de me raccompagner. Il traversa avec moi l'avenue d'Iéna, jusqu'à ma voiture. Je me retournai. Je vis au balcon de quelques immeubles voisins, et au balcon de la présidence, des bras qui me saluaient. Je n'oublierai pas cette émotion-là.

Le lendemain et les jours suivants furent un peu plus difficiles. Je passais de dix-huit heures de travail par jour à l'oisiveté, presque sans transition. L'absence de contraintes ne devait pas aboutir à une interrogation sur ma propre utilité. Pendant trois ou quatre jours, désœuvré, je dus combattre cette forme de décompression, qu'ont dû connaître tous ceux qui quittèrent rapidement un poste de responsabilité, tous ceux qui furent vaincus lors d'une élection attendue, tous ceux qui ont soutenu avec conviction une bataille importante. Le pire n'était pas de perdre un titre... Mais d'être contraint d'abandonner une action en cours, et dont j'avais du mal, d'abord, c'est humain, à imaginer qu'un autre pourrait l'achever. Ces projets lancés, ce n'est plus moi qui les porterais.

Livré à moi-même, je gardais bien sûr des proches, des amis, des activités. La télévision avait beaucoup compté, mais elle n'était pas toute ma vie, j'avais déjà vécu sans elle pendant dix ans, et je m'en étais fort bien porté. J'ai beaucoup lu, j'ai fait du sport, j'ai marché dans Paris, retrouvant le plaisir estival des terrasses de café, j'ai voyagé, en France et à l'étranger. En quelques jours, je suis parvenu à moins penser à ces événements. L'élastique, qui s'était tendu au maximum, était relâché. Au bout d'une semaine, je repartis vers autre chose, prêt à recommencer avec la même ardeur. Et un peu plus d'expérience.

QUATRIÈME PARTIE

Et demain...

Le meilleur contre le pire

La chance de la télévision publique est de ne pas obéir à des intérêts mais à des principes. Pendant l'année électorale, pendant la grève générale des transports ou la campagne terroriste, elle montra qu'elle pouvait jouer son rôle en toute responsabilité, dans le respect du pluralisme. Elle doit être la télévision de tous.

Je ne prétendrai pas que, pendant deux ans et demi, elle a été parfaite. Certaines émissions furent critiquées, lors des grèves de décembre 95. La gauche nous accusait de favoriser l'expression des positions gouvernementales. La droite nous reprochait de ne donner la parole qu'aux seuls grévistes, sans faire parler les salariés opposés à la grève. Les deux critiques sont aussi vraies qu'injustes.

Traiter des grèves reste délicat. Les micros-trottoirs sont une solution de facilité et d'artifice. Quant aux syndicalistes, ils présentent des discours tout faits qui ne se discutent pas : c'est la vérité ! Comment donner la parole à des non-grévistes qui ont peur de s'exprimer ? Les gouvernements ont toujours tort : ils ne sont pas en grève... Le ministre peut se trouver sur le plateau, ou au contraire en duplex depuis son bureau. Dans les deux cas, on en fera la critique : « Il était protégé et avantagé. »

Habituons-nous aux nouvelles formes de prise de parole. La société change, la télévision doit le prendre en compte. Il n'est plus possible d'exclure une parole foisonnante, certes moins maîtrisable, moins sensée peut-être, mais plus authentique, plus directe. Le message délivré par la télévision n'est plus crédible, aujourd'hui, s'il exclut cette liberté. Méconnaissant cette règle, les télévisions perdent du crédit et de l'audience. Le rôle et la noblesse du service public, c'est justement d'offrir une tribune à tous les Français. Ce n'est pas simple. Au printemps 96, c'est sur France 2 et France 3 qu'entre 19 heures et 20 h 30 une large majorité des Français choisissait de s'informer. L'intérêt pour les journaux et les magazines d'information de France Télévision augmentait. Le journal télévisé de 20 heures de France 2 était de plus en plus regardé. L'information sur France Télévision avait su gagner la confiance des téléspectateurs. Moment étrange et privilégié où le gouvernant, l'opposant, le citoyen s'accordent et ne reprochent plus rien d'essentiel à l'écran public.

Nous ne tolérions pas la moindre complaisance, spectaculaire ou racoleuse, à l'égard de la violence. Les journalistes reçurent des consignes strictes pour qu'ils ne s'attardent pas sur des scènes de violences, dans des proportions qui dépassent la stricte explication. Ils évitaient de passer les images les plus choquantes que diffusaient pourtant à longueur de journée certaines chaînes câblées, et d'autres chaînes généralistes.

En matière d'événements exceptionnels, il n'était pas souhaitable de saturer l'antenne, en l'absence de faits nouveaux. Aux longues séquences de direct, condamnées à la redondance et à l'approximation, nous préférions les bulletins courts, qui résumaient et enrichissaient l'intervention première. Nous comprîmes qu'il ne fallait surtout pas servir de caisse de résonance au terrorisme.

Une campagne terroriste est toujours une tragédie. Un climat d'incertitude, de défiance, d'irrationalité, gagne la société entière et la paralyse. Comment faire taire la peur d'une mort qui plane et risque de s'abattre n'importe où, dans une rue, un parking, devant une école, sur un marché ? La France connut cela en 1986, de nouveau en 1995 et en 96.

Le terrorisme, par définition mal identifié, met en danger la cohésion d'une société où tous ceux qui vivent en marge deviennent suspects. L'opinion est alors fragile. Les médias ont une responsabilité, celle de ne pas en faire trop. D'éviter le répétitif et l'obsessionnel : les mêmes visages, les mêmes corps, les mêmes cris. En rediffusant sans arrêt les mêmes images sanglantes, les télévisions contribuent à créer ce climat de peur que souhaitent les terroristes. L'effet de résonance médiatique sert leurs intérêts. Involontairement. Mais pas inconsciemment. Et nous maîtrisions assez le fonctionnement des médias pour nous imposer une modération et des règles dans le traitement des attentats ou des actes terroristes. Jean-Luc Mano et Henri Sannier y prêtaient une attention permanente.

Au plus fort de la crise de l'été 1995, j'invitai l'ensemble des responsables de l'audiovisuel public et privé, ainsi que les dirigeants des grands médias, presse, radios, à une journée de réflexion commune pour rappeler les quelques règles déontologiques. Peu acceptèrent l'invitation. Elle fut alors reprise par Hervé Bourges. Il réclama à cor et à cri à chaque chaîne d'exposer sa conception de la déontologie dans l'enceinte du CSA. Je me suis bien volontiers prêté à l'exercice, fort de cette réflexion engagée au sein de nos équipes.

L'information impose d'abord une rapidité de décision, de gestion : diffuser, ne pas diffuser ? La vie d'une rédaction est faite de décisions brèves et sans appel, de ces choix rapides que les uns jugeront comme des erreurs, que d'autres approuveront. Ainsi, lors de la traque mouvementée de Khaled Kelkal, en pleine campagne, dans les monts du Lyonnais.

C'était un vendredi soir. Khaled Kelkal, progressivement cerné par toutes les gendarmeries de France, s'était caché dans un bois. Il y était repéré. L'enquête tournait au western, avec campement en forêt, cendres retrouvées tièdes, restes de nourriture. Quelques indices plus modernes : des batteries d'un téléphone portable abandonnées... Dans cette atmosphère d'angoisse provoquée par les attentats terroristes, le déploiement de tant de forces de l'ordre rassurait et inquiétait à la fois.

L'armée et la police acceptèrent d'être accompagnées sur le théâtre des opérations par des journalistes qui ainsi ne risqueraient pas d'être pris en otages par des terroristes cernés. Ils étaient protégés et encadrés. Je ne voulais pas que cette ultime battue apparaisse à l'antenne comme une chasse à l'homme. Hervé Bourges, à qui je faisais part de mon inquiétude, m'approuva : « Pas de chasse à l'Arabe ! » Je passai quelques minutes en conférence de rédaction à France 2, pour attirer l'attention de tous : « N'encouragez pas la chasse à l'homme, en mettant en cause l'efficacité des forces de l'ordre. Nous devons travailler à maintenir la paix civile, ne pas creuser les déchirures... »

Le soir même, Kelkal, acculé, affamé, traqué, sortait du bois. Il allait se placer au bord d'une route, à un arrêt d'autobus. Espérait-il qu'on ne le reconnaîtrait pas dans une campagne quadrillée ? Pensait-il passer entre les mailles du filet ? Avait-il renoncé à se battre ? Plusieurs journalistes se trouvaient, par hasard, avec la brigade de gendarmes qui le repéra. La tension était à son comble. Il fit un geste de trop, qui fut aussitôt interprété et précédé. La fusillade s'engagea, immédiate, brève. Il fut tué sur-le-champ.

L'excellente reporter Michèle Finnes, qui était sur les lieux, prévint tout de suite la rédaction. Elle avait tout vu. La fusillade, la mort de celui qui avait été identifié comme Khaled Kelkal. Elle en tremblait d'émotion. Elle avait les images. TF1 n'avait personne sur place. Fallait-il diffuser ou non ? Où s'arrêtait l'information ? Où commençait la sensation, le voyeurisme ? L'arbitrage devait être immédiat. Le journal télévisé allait commencer.

Une image surtout risquait de faire mal : un gendarme retournait du pied le corps du terroriste pour vérifier s'il était bien mort. Geste technique, froid, peut-être nécessaire, mais qui choquerait. D'un seul coup, celui qui était peut-être l'artisan des attentats meurtriers du RER Saint-Michel, de l'école de Villeurbanne, apparaîtrait comme une victime, pourquoi pas un martyr. Le pays se retournerait et se diviserait de nouveau, ceux qui diraient : « C'était pourtant un homme, lui aussi... » et ceux qui approuveraient : « Bien fait pour cet Arabe... »

Nous avons pourtant choisi de ne rien cacher, mais de tenter d'expliquer les événements. D'autres chaînes n'ont pas pris ce soin. Elles se contentèrent de répéter inlassablement les mêmes images dans leur brutalité. Mais la leçon ne fut pas inutile. On put le constater à l'occasion de l'attentat barbare de décembre 96.

Quel fait est-il suffisamment exceptionnel pour mériter de surgir soudainement sur l'écran, cassant le rythme des émissions habituelles ? Quel événement mérite d'être traité en profondeur ? Faut-il interrompre les programmes par un bulletin spécial ? Une heure après, il est trop tard. Une minute trop tôt, l'erreur ne sera pas pardonnée. Lors de l'assassinat de Yitzhak

Rabin, Jean-Luc Mano avait tout préparé, l'avion, les équipes, le matériel à emporter, tout était prêt. Mais pour un déplacement de cette importance, et d'un tel coût, il fallait mon feu vert. A minuit, l'avion décollait.

Le premier caractère de l'information, c'est la vigilance permanente, le besoin d'une capacité de réaction et de décision rapide. Partir à Jérusalem, après l'assassinat de Rabin, est un choix lourd, qui colore l'antenne : les journaux et les reportages seront réalisés sur place. Il faudra utiliser cet investissement pour nourrir des pages spéciales, et si possible retransmettre en direct les cérémonies en bouleversant les habitudes. Une fois la décision prise, ces conséquences doivent être immédiatement visibles : dès le lendemain matin, Daniel Bilalian était en direct de Tel-Aviv, et d'autres reporters parcouraient Jérusalem, Ramallah ou Gaza, aidés par un correspondant courageux et respecté, Charles Enderlin.

Une décision comme celle-ci m'avait-elle été dictée par des considérations personnelles ? Je ne crois pas. J'avais toujours été impressionné par Rabin, mais je ne nourrissais pas envers lui les sentiments de sympathie spontanée que m'inspire Shimon Pérès.

Yitzhak Rabin donnait à la fois une impression de force inébranlable, et d'extrême pudeur. Il rougissait à certaines questions. Je l'avais interrogé pour Europe 1 à l'hôtel Crillon, à l'occasion d'un de ses déplacements en France. Il répondait d'une voix grave, avec une éloquence précise, rigoureuse, derrière laquelle on devinait, bridées, beaucoup de passion et conviction. Il donnait l'impression de ne pas pouvoir mentir, de s'exprimer d'une seule masse, tout entier engagé dans ses paroles. Et on devinait aussi que ce même homme savait être inflexible, dans l'action. La sympathie que j'éprouvais pour lui venait de cette énergie qu'il dégageait, et qui imposait le respect. En abattant Yitzhak Rabin, les terroristes juifs d'extrême droite n'ont pas seulement tué un chef d'Etat : ils ont renversé un monument, un symbole, une force vive. Et retardé la paix nécessaire.

Lors de ma rencontre avec Shimon Pérès, j'avais éprouvé un sentiment très différent : celui d'une proximité immédiate, d'une connivence. Cette fois, la confiance était instantanée. Je comprenais parfaitement ses analyses sur la mort, le terrorisme, la réconciliation entre Israéliens et Palestiniens, la nécessité de construire un développement économique partagé pour toute cette région du monde. Je déplorais des décisions tragiques prises dans sa dernière campagne électorale. Mais j'ai pour Shimon Pérès une sincère affection, et les épreuves qu'il a traversées, au nom de son engagement courageux pour la paix, me le rendent plus proche.

Nos chaînes eurent aussi à couvrir les péripéties judiciaires de nombreuses personnalités du monde des affaires ou de la politique. Il y eut notamment le cas de Pierre Suard, alors président-directeur général d'Alcatel Alsthom. C'est un homme secret, qui n'avait jusque-là jamais parlé à la télévision. Son nom n'était pas sorti du milieu étroit des grands financiers et des grands patrons. Il fut en 1995 atteint par une polémique violente. Profondément affecté, lui qui se croyait inébranlable à la tête d'un empire industriel puissant, il voulut se défendre. Il accepta, au cours d'un déjeuner avec les principaux journalistes de la rédaction de France 2, de venir s'exprimer en direct dans le journal de 20 heures. Cette invitation suscita à l'intérieur de la rédaction des réactions hostiles. Fallait-il offrir une tribune à celui que toute la presse condamnait déjà ?

Pour ma part, je suis toujours resté fidèle au principe qui consiste à donner la parole à ceux que l'on attaque et à leur offrir une chance de s'expliquer. La présomption d'innocence s'applique d'abord dans notre métier. La défense que Pierre Suard présenta fut maladroite et peu convaincante malgré les questions trop timorées. Inviter quelqu'un au journal télévisé n'est pas toujours un service à lui rendre.

De même, Bernard Tapie et Alain Carignon, au moment où leurs mésaventures judiciaires défrayèrent la chronique, furent invités à témoigner. Trop longuement peut-être. La tentation était grande de profiter le plus longtemps possible de cette bête de scène qu'était Bernard Tapie. L'information devient spectacle quelques minutes et soudain le convenu fait place à la surprise permanente du direct. Comment va-t-il rebondir ? Sur qui la bête blessée va-t-elle foncer ? Nous étions à la fin d'une époque : celle du fric et de la gesticulation politique. Pour Bernard Tapie, le rideau du petit écran allait bientôt tomber. Sa nouvelle métamorphose s'accomplirait au cinéma.

L'information télévisée est confrontée à des défis d'un type nouveau : les images numériques, si simples à manipuler, avec un bon logiciel. Rien de plus facile que de reprendre les couleurs, le cadrage lors du montage. N'importe quel néophyte peut désormais transformer des images sur son ordinateur et les arranger. Gommer un élément gênant ou compromettant sur l'image elle-même ou au contraire introduire des trucages pour embellir ou changer la réalité.

Si demain n'importe qui peut effectuer un montage sur un banc numérique piloté à partir de son ordinateur, les métiers traditionnels de la télévision, la répartition des tâches entre journalistes, cameramen, monteurs, sont remis en question. Les chaînes généralistes traditionnelles doivent se préparer à une évolution des méthodes de travail et des routines. Cette adaptation sera douloureuse. Il faut l'engager d'ores et déjà pour la réussir sans brutalité et sans mauvaise surprise.

Déjà, dans de petites structures telle Euronews, les journalistes ont appris à mener leur travail depuis la conception du reportage, le montage, jusqu'à la sonorisation. Bientôt, certains filmeront eux-mêmes des images en numérique, réaliseront et enverront seuls leur enquête directement du lieu du reportage.

L'un des problèmes les plus graves créés par la généralisation des images numériques concernera la déontologie. Certes la manipulation des images n'est pas une nouveauté : c'est l'exemple fameux des charniers de Timisoara, le jugement et les derniers instants du couple Ceausescu.

Le numérique ouvre la voie à une falsification permanente des images. Le procédé Flame permet de faire évoluer un personnage dans un environnement totalement remodelé, à l'intérieur duquel il accomplit des actes qu'il n'a jamais accomplis dans la réalité. Ainsi Karl Zéro sur Canal Plus a-t-il déshabillé en public Mme Bernadette Chirac et se livre-t-il à des facéties drôles, quelquefois dangereuses. Son vrai-faux journal fut suspendu à la suite d'interventions de l'Elysée, puis du CSA, après qu'une de ses séquences truquées, « Peuple fiction », s'était amusée à assassiner MM. Chirac, Juppé et Debré pour promesses non tenues. Quand il n'abuse pas du mélange des genres, ses fantaisies passent. Le procédé plaît tellement qu'il est souvent utilisé. Y compris dans les divertissements. Sur France 3, Julien Lepers fit un soir de décembre 96 participer Thierry Le Luron, comme en direct, à son émission.

Le numérique ouvre aussi la porte aux images virtuelles. Entièrement composées sur ordinateur, elles ne reproduisent en aucune façon la réalité. Un seuil décisif de l'évolution audiovisuelle est franchi. En effet, les images numériques virtuelles sont d'un ordre différent des images photographiques, cinématographiques ou des images vidéo qui avaient cours jusque-là. Elles ne sont plus obtenues à partir de scènes ou d'éléments réels. Elles sont factices.

L'image analogique partait de la réalité pour éventuellement s'en écarter. L'image virtuelle part de l'imaginaire pour se rapprocher de la réalité et parfois lui ressembler. Le procédé est donc exactement contraire. La question de la réalité de ce qui est montré et vu est remplacée par celle de sa vraisemblance.

Comment éviter une défiance croissante vis-à-vis des images, comme vis-à-vis des discours et de ceux qui les tiennent ? La multiplication des sources d'images et d'information brouillera les références. Et portera un nouveau coup populiste contre l'*establishment*.

Toutes les théories de l'information, philosophiques, scientifiques, médiatiques, en arrivent à la même conclusion : la multiplication des messages transmis provoque un « bruit » et une confusion croissants. Les informations sont de plus en plus diluées dans un ensemble disparate et mal hiérarchisé. Enfin elles ne passent plus sans subir des altérations considérables.

Multiplication des sources d'images numériques, perte des références : ce double phénomène conduira à des engagements déontologiques tranchés. J'ai défendu avec force le principe que les télévisions publiques jouent un rôle de premier plan dans ce combat pour la transparence des images. Les premières, elles doivent garantir l'authenticité de ce qu'elles diffusent, s'interdire pour les programmes d'information les procédés d'altération ou de fabrication d'images par les outils technologiques numériques.

Le philosophe Karl Popper en était venu lui, penseur de la liberté, à envisager une forme de censure de la télévision. Elle devenait à ses yeux une école de démagogie et de violence, et non pas une école de tolérance et d'intelligence. Il abandonna l'idée de censure, au profit d'une responsabilisation des acteurs de la télévision. Ils doivent en effet éduquer à cette non-violence civile qui est le fondement de la démocratie et plus largement de la société humaine civilisée.

Ce n'est pas pour rien que la Cour de Karlsruhe a inscrit l'existence d'une télévision publique au cœur de la Loi Fondamentale de l'Allemagne. Le besoin d'une source d'images et d'informations garantissant à la fois l'origine des images et leur traitement impartial est devenu une exigence démocratique. La télévision joue un rôle essentiel dans le déroulement des débats publics. Elle est un auxiliaire indispensable de la vie civique, n'en déplaise à Alain Griotteray qui ne cesse de la soupçonner et de la condamner.

Il est tellement plus facile et plus discret de maîtriser et d'orienter un groupe de communication privé, dont les intérêts commerciaux et industriels priment. En France où l'économie est largement tributaire de l'Etat ! Le choix entre un groupe public conforté et un groupe affaibli se fera peut-être là. Parce qu'un gouvernement craindra qu'un outil de pouvoir ne lui échappe. Parce que sa rédaction aura mal revendiqué et mal utilisé sa liberté de parole, parce qu'elle se sera conduite avec partialité et arrogance, un jour France 2 sera mise en difficultés financières, avant d'être privatisée. Ce contre quoi nous avions lutté, d'autres le laisseront faire ou ne parviendront pas à l'empêcher. N'est-ce pas engagé ?

La réalisation d'un bâtiment unique, destiné à abriter toutes les sociétés qui composent le groupe France Télévision à commencer par France 2 et France 3, était un projet aussi nécessaire que difficile. C'est le moyen le plus sûr de consolider l'unité du groupe et d'en assurer la pérennité. Hervé Bourges en avait eu l'idée dès 1992. Il le fit avancer, sans parvenir à le mener à bien. Je m'y impliquai en suivant de très près les négociations, y compris avec les banques. Elles furent rondement menées, suivies de l'organisation et du déroulement des différents appels d'offres, pour le projet architectural, puis pour la maîtrise d'ouvrage déléguée.

Les coûts furent bien encadrés. Par exemple, nous

nous sommes prémunis contre d'éventuelles mauvaises surprises lors de l'aménagement du site et de la construction. Ainsi les surcoûts liés aux travaux d'étanchéité furent réglés par le vendeur du terrain, qui vit son prix diminué d'autant. La construction de la maison France Télévision coûtera exactement le prix sur lequel nous nous étions engagés et que nous avions annoncé. Ces travaux n'avaient encore connu aucune dérive financière au moment où j'ai quitté la télévision publique. Je ne vois pas comment ils pourraient en connaître une, s'ils sont réalisés dans les temps impartis et dans les conditions que j'avais définies.

Tous les salariés des chaînes comme ceux des filiales furent consultés. J'y tenais. Ils purent se rendre sur place pour visiter le terrain SNCF choisi, dès l'époque d'Hervé Bourges, en bord de Seine, près du parc André Citroën. Ils purent comparer les maquettes des différents projets proposés. De même les salariés eurent des représentants à la commission qui rendit finalement son avis, pour l'ultime décision. Je la pris après une ultime tentative pour rapprocher les visions des deux meilleurs architectes retenus : le cabinet Jean-Paul Viguier et le cabinet Valode et Pistre. Jean-Paul Viguier l'emporta. L'immeuble qu'il avait dessiné répondait parfaitement au cahier des charges qui lui avait été fixé. Il présentait une façade qui symboliserait à la fois la force du groupe et l'indépendance de ses deux chaînes. Par ailleurs, la sobre élégance du projet proposé avait séduit une bonne partie de ceux qui m'assistaient dans ce choix. La maison France Télévision incarnerait, en bord de Seine, notre confiance en une télévision publique moderne. Elle serait à la fois belle, pratique, première ébauche de l'esthétique architecturale parisienne du XXIᵉ siècle. L'œuvre de Jean-Paul Viguier grandit sous nos yeux, elle marquera sans ostentation la capitale.

Comme tous les dirigeants, Xavier Gouyou Beauchamps soutint ce projet dans toutes ses interventions publiques et au sein des conseils d'administration de France 3. Sa construction en effet répond à une exigence économique évidente : France 2 et France 3 sont mal logées, dans des bâtiments disparates et éparpillés à travers Paris. Comme ils ne leur appartiennent pas, les deux chaînes versent des loyers en hausse constante. France Télévision paye chaque année près de 110 millions de francs pour les seize loyers nécessaires à ses installations parisiennes. Les deux plus lourds étant bien sûr celui de l'avenue Montaigne, sur l'une des avenues les plus chères du monde, où la chaîne occupe depuis plus de vingt ans un immeuble mal adapté à ses besoins, et celui de la Maison de la Radio, où France 3 loue et occupe des bureaux dispersés de manière irrationnelle sur trois étages.

Le montage financier préparé pour la construction et l'achat du nouveau siège, type « crédit-bail », permet à la fois de répartir le coût de l'opération sur vingt ans, et de le circonscrire dans les limites, chaque année, du montant des loyers qui auraient dû être payés si France Télévision avait dû continuer à régler les seize loyers actuels. Ainsi, après avoir payé la même somme qu'elles auraient acquittée en restant locataires de leurs installations actuelles, bientôt obsolètes, France 2 et France 3 se retrouveront, dans quelques années, propriétaires d'un immeuble construit sur mesure pour leurs besoins, doté de toutes les facilités techniques et architecturales dont elles déplorent aujourd'hui l'absence. Dans ce siège commun, elles développperont de nouvelles synergies, et réaliseront ainsi des économies. Le scandale n'était pas de construire enfin un siège pour les chaînes publiques, mais de leur avoir fait flamber jusque-là, pendant près de vingt ans, tant de milliards en loyers, sans la moindre contrepartie. Construire le nouveau siège était un acte de bonne gestion, au service d'un avenir à moyen et à long terme. Les gouvernements successifs avaient tenté d'en priver la télévision publique, condamnée à ne jamais voir plus loin que le budget de l'année.

Quelques articles de mauvaise foi ont stigmatisé depuis une « dérive financière ». Or le prix du bâtiment (1,7 milliard de francs) n'a absolument pas varié depuis le début. Les frais de déménagement n'avaient pas été oubliés : ils ont même été provisionnés dans les budgets des deux chaînes. Et le coût total du crédit-bail, 3,4 milliards de francs sur vingt ans, a précisément été annoncé dès janvier 1996 aux conseils d'administration des chaînes et à l'Etat, qui l'avait approuvé. A quoi sert ce nouveau mensonge ? Quels intérêts sert-il ? Quelqu'un chercherait-il à empêcher que France 2 et France 3 habitent sous le même toit ? Et pourquoi, sinon que ce rapprochement rendrait probablement impossible toute privatisation de l'une ou de l'autre chaîne ? Les adversaires de France Télévision ont des idées fixes, et des manières claires. Ils savent ce qu'est une campagne de presse, et où trouver des relais dociles. A trop hésiter, à ne pas vouloir trancher, les gouvernants leur rendent la partie facile.

A l'automne 96, deux problèmes furent montés en épingle. Il manquerait 3 000 m^2 au projet pour y accueillir toutes les entreprises. Les 38 000 m^2 fonctionnels ne suffiraient plus. On avait vu trop petit. Jusque-là, quelques commentateurs inspirés par Yves Rolland, de Matignon, et par Alain Griotteray avaient dénoncé le « projet pharaonique ». Ainsi donc, le pharaon manquait d'ambition. En fait c'est parce que France 3 a procédé à un trop grand nombre d'embauches pour satisfaire les syndicats que les chaînes devront un peu se serrer demain.

On lança même l'idée saugrenue de délocaliser les

600 salariés et cadres de France 3, de les envoyer peut-être à Lyon, mais plus sûrement à Bordeaux. Idée absurde, insensée! Zèle qui a dû donner des cauchemars au Premier ministre Alain Juppé, maire de Bordeaux. Pourquoi ne pas imaginer France 3 itinérante, déplacée au gré de l'origine géographique des Premiers ministres, une fois à Epinal ou à Fréjus, une autre à Neuilly ou à Toulouse? Cette décision ne sera jamais prise, mais elle est typiquement de chez nous. Depuis la constitution de France 2 et France 3 distinctes, les disparités sociales entre les personnels, importantes, mais moins qu'on ne le répète, ne sont pas corrigées. J'avais commencé à les étudier et à rapprocher les statuts et les revenus. Les économies réalisées par l'installation de la future maison France Télévision y aideraient. On n'ose pas trancher, réviser une convention collective vieille de treize ans et inadaptée. Certains syndicats étaient pourtant disposés à un accord conditionnel après négociation. La méfiance à l'égard des personnels, la peur de conflits sociaux qui s'étendraient à d'autres secteurs, paralysent les décideurs et quelques parlementaires. Pour eux, il sera préférable de casser le groupe, de distinguer France 2 de France 3, de les éloigner l'une de l'autre. Le contraire de la politique voulue et menée depuis des années, et le contraire de ce qui convient. Eh bien tant pis! L'administration et quelques-uns de ses relais agiteront la menace du transfert ou de la délocalisation de France 3. D'où une nouvelle crise sociale, artificielle et fabriquée par manque de courage. Une fois encore, on crée un nouveau front, de nouvelles épreuves parce que personne n'ose prendre les véritables problèmes à bras le corps.

La maison France Télévision représente le meilleur gage des chances de la télévision publique en France. Avec la diffusion numérique, par satellite et par câble,

Et demain...

la réussite du siège commun signera l'entrée du service public dans le futur. Contre le déferlement des images et des programmes, ce groupe de télévision restera un pôle de référence, de foi et d'éthique.

L'offensive contre le repli : oser

Une page est tournée. La vie continue. Et cette crise, avec ses débordements, ses manipulations, ses injustices, avec les dégâts qu'elle a provoqués et les tourments personnels, appartient au passé. Personne ne réclame réparation, l'avenir y pourvoie tranquillement. Déjà nous sommes, les uns et les autres, ailleurs. En paix.

Les malentendus que la crise de mai 1996 prétendait résoudre ne font que s'amplifier. Rien ne change. Tout s'aggrave. Philippe Douste-Blazy, le CSA, le Parlement n'ont pas tenu leurs promesses. Ou les ont oubliées. La « petite » loi de février 97 est déjà insuffisante et inadaptée. Les maux qui rongent notre télévision continuent à faire des dégâts, et les remèdes, pourtant bien connus, sont refusés. Cette fois, Alain Griotteray se tait. Que cherche-t-on en affaiblissant le service public ? Son déclin ? Sa réforme ? Mais sait-on bien laquelle ? Et quand la proposer ?

Force est de constater que les leçons de la crise de mai 96 n'ont pas été retenues. Comme l'écrit le sénateur Jean Cluzel dans son rapport annuel : « On en a tiré des conséquences inverses. La vérité était que le montant élevé des contrats des animateurs-producteurs résultait d'une trop grande dépendance de France 2 à l'égard du marché publicitaire. Il aurait donc fallu augmenter la part des ressources publiques et baisser la part des ressources publicitaires. » On a fait le contraire. De plus, en exigeant de France 2 et de France 3 qu'elles augmentent fortement leurs recettes publicitaires à un moment où le marché est en crise, les budgets 97 se trouveraient de fait en situation de déficit : « Le déficit pourrait atteindre 350 à 390 millions de francs cette année, 150 pour France 2 et 200 à 240 pour France 3. » Avec des conséquences pour 1998 et 2000 : si les chaînes accumulent près d'un milliard de déficit, quel gouvernement prendra l'initiative de les remettre à flot ? Au prix de quel plan social ? Et n'arrivera-t-on pas à la conclusion que deux chaînes généralistes publiques, bientôt trois après la fusion d'Arte et la Cinquième, c'est trop ? Atteindra-t-on le nouveau millénaire dans cet équipage ?

Quel est alors le bilan des décisions engagées depuis la crise ? Les économies faites sur les grands contrats ont été presque entièrement absorbées par l'achat des programmes qui les ont remplacés : sur les 600 millions dénoncés, il n'a pas été possible de faire plus de 26 millions en 1996 qui arriveront peut-être à 69 millions d'économies en 1997. Or, dans le même temps, le tarif des écrans publicitaires de France Télévision a dû baisser de 15 % par mois. Ce qui se traduit immédiatement par plusieurs dizaines de millions de francs de recettes en moins. Pour ce qui concerne les écrans publicitaires directement liés aux émissions supprimées, les pertes seront supérieures aux 69 millions d'économies réalisées en 1997. Opération nulle ou même négative. On en a aujourd'hui la démonstration et la preuve. Les animateurs-producteurs coûtaient cher à France Télévision, mais ils rapportaient de l'argent aux chaînes qui y puisaient des ressources nouvelles pour investir dans les programmes. Aujourd'hui, on se satisfait de les remplacer par de moins bons, moins efficaces, qui en retour offrent moins. Des coupes sombres sont faites dans les budgets de programmes qui vont accentuer l'érosion de l'audience et la chute des recettes. Si vite, l'inquiétude croît. La vraie crise est prévisible.

Le miracle français, si l'on regarde la qualité des émissions proposées, c'est qu'une chaîne comme France 2, dont plus de la moitié des ressources provient désormais de la publicité, soit aussi peu « racoleuse », aussi riche de fictions et de documentaires fraîchement produits. Mais ce miracle n'est pas éternel ! En aggravant le déséquilibre entre les besoins de financements commerciaux et les exigences éditoriales, on prend les chaînes en tenaille. On écartèle ses dirigeants entre deux logiques, deux gestions contradictoires.

Première logique : le syndrome italien. En acculant la RAI à une concurrence de plus en plus sévère, nos voisins italiens l'ont obligée à se battre avec les mêmes armes que les télévisions privées, et sur leur propre terrain. D'où une chute de qualité. Si la pente est facile à dévaler, elle est plus difficile ensuite à remonter. Laetitia Moratti y parvenait peu à peu, Carlo Freccero, aujourd'hui directeur général de la RAI 2, s'y emploie de son mieux.

Deuxième logique : l'offensive. La qualité dépend du niveau d'investissements. En décidant de placer plus d'argent dans la fiction française, nous nous étions donné les moyens de faire des films mieux réalisés, avec de grands acteurs, de bons scénarios. Les chaînes les diffusent et les rediffuseront, l'adhésion des téléspectateurs leur restera. Avec moins d'argent, nous aurions produit des programmes médiocres.

Il faut éviter la victoire du renoncement, le glissement présenté comme inéluctable vers les déficits. La spirale de l'abandon et de l'échec, qui répond à l'indécision et à la faiblesse. Il faut encourager ceux qui refusent le déclin. Pendant des années, les chaînes publiques ont flirté avec des déficits. A partir de 1994, elles en sortaient. L'Etat tenait son rôle et sa parole. Nous avions adopté une gestion serrée. En 1995 et 1996, nous obtenions même des bénéfices, qui finançaient l'adaptation des chaînes aux technologies et aux marchés nouveaux. Pour 1997, tous les experts parlent froidement du retour des déficits. Et les dirigeants actuels n'y sont pas pour grand-chose. Et qu'en sera-t-il en 1998? Additionner des pertes est facile.

Il faut sortir de ce cercle vicieux. Le financement public doit être garanti et sur une base pluriannuelle. Comment conduire des investissements sur le long terme, le revolver budgétaire chaque année braqué sur l'entreprise, avec à l'horizon immédiat la fin du mandat présidentiel? Grâce à son nécessaire développement sur les marchés numériques, complétant la diffusion hertzienne, la télévision publique remplira mieux son devoir social et culturel, ainsi que sa mission d'information. Il faut cesser de regarder les dirigeants comme des condamnés en sursis et leur assurer un cadre d'action plus durable : le mandat des présidents de chaîne doit passer de trois à cinq ans, comme pour toutes les autres entreprises publiques. J'ai toujours été d'accord sur ce point avec Hervé Bourges, Philippe Douste-Blazy et Jean Cluzel, à la différence près qu'ils n'ont pas fait respecter les échéances.

Vue avec un certain recul, 1996 fut une année noire pour le CSA. Les hommes et les femmes ne sont pas en cause. J'ai de l'estime pour plusieurs de ses membres, et j'ai toujours tenu à associer cette instance aux décisions que je prenais et à la stratégie choisie pour France Télévision. Mais comment juger la suite de décisions pour le moins étonnantes qu'il a prises à partir du mois de juin 1996? Au mois de juillet, l'élargissement des espaces publicitaires des chaînes commerciales a permis à TF1, mathématiquement, de gagner plus de 700 millions de francs de plus par an, et d'assécher le marché, au détriment des chaînes publiques. Les représentants des radios et de la presse écrite ont protesté eux aussi contre une mesure qui accroît leurs difficultés financières. Les producteurs se sont élevés contre ces autorisations. Mais le CSA a persisté, à la surprise générale, dans une décision prise arbitrairement, sans concertation, et en catimini. Qui ne l'a ni renforcé, ni grandi.

Dans *L'Express,* Hervé Bourges déclarait en novembre 96 avec humour : « Je vais choquer ou surprendre, mais TF1 n'est pas l'incarnation du mal absolu. » C'est s'il avait dit le contraire qu'il aurait surpris ! Quand s'est-il montré impartial ? N'a-t-il pas toujours protégé TF1, dont il fut l'un des dirigeants, avant sa privatisation, et dont il conseilla ensuite quelque temps le président Francis Bouygues ? Il est resté le fidèle ami de la famille. Comment s'étonner, dès lors, que les concessions de TF1 et de M6 aient été reconduites presque sans débat, et sans examen d'éventuelles alternatives ? Mes interrogations ne visent pas TF1 qui est une des meilleures télévisions privées d'Europe.

En quelques mois, l'effet des principales décisions du CSA est évident. Il deviendra ravageur. Croissance reconnue des bénéfices de TF1 et de M6, freinage des ressources publicitaires de France 2 et de France 3. Déjà, la marge de manœuvre de France Télévision est réduite, au moment où les pouvoirs publics réclament d'elle un effort supplémentaire. Dans un marché publicitaire en baisse, elle commence à ressentir le contre-coup de ces mesures techniques. Et la presse écrite souffre aussi.

De mois en mois, le CSA perd à la fois en légitimité, en crédibilité et en autorité. S'il ne se ressaisit pas, il est condamné. Je l'écris sans esprit de revanche. Par souci de vérité. Pour faire œuvre utile dans un univers où se conjuguent jeux de rôle, autosatisfaction et conformisme hypocrites. J'ai vu fonctionner cette institution brouillonne, divisée myope, toujours déboussolée. N'étant pas assurés de trouver des raisons de me révoquer, certains de ses membres sollicitaient, empressés et zélés, des consignes du pouvoir, quitte à l'influencer pour les obtenir. La crainte de décider seul et de déplaire. Le CSA n'a pas réussi à s'imposer. Il combine connivence, complaisance, paralysie. Qui a entendu sa voix à l'occasion des vraies révolutions technologiques qui agitent l'univers de la communication ? Il s'est au contraire perdu dans des débats ou des querelles futiles. Il ne ressemblera jamais à ses modèles, le Conseil constitutionnel ou même le Conseil de la politique monétaire de la Banque de France. Il a gâché ses chances. Il se comporte comme une illusion, un miroir qui ne refléterait que l'Etat et les commanditaires du CSA. Pourtant, longtemps, les professionnels s'étaient battus pour ne pas perdre dans un face-à-face inégal avec le pouvoir politique. Aujourd'hui, les plus lucides ou les plus concernés réclament clarté et simplicité. Les autres, par leur indifférence, condamnent l'inaction ou l'inefficacité du CSA. Les prochaines années doivent permettre de refonder et de repenser cette institution. Trois nouveaux membres issus de l'actuelle majorité ou proches d'elle viennent d'être désignés. Ils appartiennent au sérail. Ils ne manquent pas d'expérience. Mais pourront-ils rester indépendants et libres ? Le collège broie ou affadit les fortes personnalités au lieu de s'en enrichir. A leur belle époque, les socialistes ne s'étaient pas gênés ! Comment concevoir qu'un organe de régulation soit ainsi à la merci des changements de majorité et dans la main du pouvoir politique ? Il n'en est que le relais et l'écho. Comment éviter, surtout, que son indépendance soit contestée, voire niée, si elle est aussi fragile ? Comment, enfin, croire au pouvoir de cette instance, dès lors qu'elle n'est pas consultée sur le budget des chaînes, seule véritable garantie de leur action et de leur avenir. Et qu'elle reste silencieuse quand la télévision publique est maltraitée.

Repenser le CSA, ce serait donner à cette administration de 250 personnes des missions plus larges et un fonctionnement plus clair. Peut-être en renforçant son rôle de contrôle sur les programmes et sur l'indépendance de l'information, et en lui donnant aussi des compétences en matière financière, en lui attribuant un rôle consultatif lors de la préparation des budgets des entreprises de l'audiovisuel public, qui ne seraient plus laissés à la discrétion de Bercy, en lui donnant un rôle d'expert sur les adaptations technologiques à engager et leurs conséquences prévisibles, en étendant enfin ses compétences de régulation sur l'ensemble des nouveaux marchés. Repenser le CSA, ce serait aussi probablement lui enlever la responsabilité de la nomination des présidents de l'audiovisuel public. L'Etat n'a pas besoin de faux nez. L'Etat est l'actionnaire unique. On le voit incertain, vindicatif, arrogant, tout sauf stratège. Pourtant, c'est lui qui décide en dernier ressort. Et c'est aussi à lui d'assumer son choix devant l'opinion. Il n'est pas certain que de lui rendre cette responsabilité ne soit pas plus démocratique que de la laisser entre les mains d'un « Conseil Supérieur » dont la fausse indépendance ne trompe personne.

Par conviction, je continue à croire aux chances du service public, et à sa fonction particulière. Il est faux de le prétendre ringard et obsolète. Que les politiques en finissent avec la suspicion ou la méfiance pour France 2 et France 3. Leur « productivité » bat tous les records, en audience ou en nombre d'heures produites, rapportées à leurs effectifs. Elles peuvent devenir les chaînes de l'invention, du non-conformisme, de la nouveauté, d'une indiscutable liberté de ton. Chez elles poussent les jeunes talents et s'épanouissent les frondeurs. Elles ont un effet d'entraînement sur l'ensemble de la production audiovisuelle grâce à des investissements consacrés aux auteurs et aux cinéastes.

A cause du tarissement de ses ressources, la télévision publique entre dans une période de repli : repli sur soi, repli face aux autres télévisions, le repli comme solution, et tactique. Resserrement des budgets, révision à la baisse des ambitions, des projets de développement, menace de plan social. Abandon des ambitions régionales et locales. Abandon quasi total de TPS que Patrick Le Lay conduit, lui, heureusement, avec détermination, abandon de France Supervision, d'Euronews, des projets importants de la chaîne Civique, de la chaîne des Régions, qui devait diffuser sur toute la France, toute la journée, tous les programmes régionaux de France 3. Report de l'accord prévu avec l'USPA pour l'aide à la création. Coup d'arrêt à la croissance des investissements dans la fiction. Les conséquences en seront dramatiques. Voici le triomphe d'une mentalité de victime assiégée et de gagne-petit cocardier. Il serait dangereux de s'y complaire : clamer que l'Etat s'en prend à votre vertu, l'indépendance, pour mieux couvrir ses propres défaillances, ses insuccès ou ses vaines promesses. C'est faire du mal à la cause que de travestir ses erreurs éditoriales, ou ses prévisibles échecs, en se défaussant sur l'héritage ou la malveillance des pouvoirs publics. Il n'y a jamais de moment idéal où l'Etat actionnaire ou le patron privé dépose près de la cheminée les sommes idéales dont nous avons besoin. Il faut les obtenir avec son invention et sa peine. Nous ne sommes plus des assistés. C'est aujourd'hui que se joue l'adaptation des généralistes au marché audiovisuel du XXIᵉ siècle. Si les chaînes publiques sont poussées sur cette pente, il ne restera pas grand-chose, en 2001, de nos prétentions à l'« exception culturelle » et de nos certitudes sur le « rayonnement francophone ». Puisque l'essentiel des programmes que l'on regardera en France sera d'origine anglo-saxonne ou asiatique !

Car un service public amoindri, cahotant, est un danger : que deviendra France 2, si son audience fléchit et si ses finances ne sont plus en équilibre ? Comment n'aboutirait-on pas, demain, à sa privatisation ? On l'y conduit à petits pas. La privatisation avance un peu plus à chaque budget. Peut-être est-ce la meilleure solution. Je ne le crois pas. Mais si on la veut, qu'on le dise. En 1997 plus de la moitié de ses ressources provient de la publicité : seuil symbolique ! Qu'en sera-t-il en 98 ? En l'an 2000 ? Et France 3, si à son tour elle est aspirée, cette année, dans la spirale de la pénurie et de l'instabilité ?

Ne pas oser trancher, attendre que d'autres le fassent, ou que les événements décident, c'est se condamner à arriver éternellement après les concurrents mondiaux et à gaspiller l'argent que l'on sera contraint finalement d'investir. Les erreurs accumulées se paient plus cher. Toutes les hésitations et les tergiversations aboutissent à des dépenses supplémentaires. La télévision publique ne prendra pas le tournant du numérique, changement d'ère, en réduisant sa voilure. Il est des économies de bouts de chandelle qui entraînent la récession et l'appauvrissement.

France Télévision a la chance de pouvoir s'appuyer sur ses deux chaînes complémentaires. Il serait erroné et périlleux de jouer l'une contre l'autre. Quelques-uns en ont la nostalgie ou la tentation. Déjà se font entendre les premiers craquements du groupe. Les destructeurs sont à l'œuvre. C'est pourquoi est plus que jamais nécessaire une vraie présidence commune assurée et reconnue, dotée d'une personnalité morale et des instruments juridiques et financiers.

Demain, la multiplication des réseaux, l'éparpillement des téléspectateurs risquent de rendre la télévision uniforme, de moins en moins lisible. La profusion crée la confusion et la banalité. Pour nourrir toutes ces nouvelles chaînes, il faudra des programmes bon marché. Par facilité, on les acquerra sur les marchés internationaux, en Asie, en Inde, au Brésil, en Amérique latine, en Australie, en Amérique du Nord, plutôt que de les produire en France, beaucoup plus cher, puisqu'il ne seront destinés qu'à notre propre marché...

Avec le développement des nouveaux réseaux, de type Internet, c'est une nouvelle ère qui s'ouvre. Mutation aussi fondamentale que l'ont été, en d'autres temps, l'imprimerie et le téléphone. Avec l'accès universel à tous les gisements d'informations et de connaissances, avec la chance donnée à tous de diffuser idées et textes et de dialoguer avec n'importe quel interlocuteur, en n'importe quel point de la planète, nous entrons dans un univers plus complexe, moins facile à dominer. Voici une sorte d'opinion publique humaine, garante de plus de libertés, et plus profondément démocratique. Jacques Attali a parlé de « cyberdémocratie » : demain les ordinateurs ne nous permettront pas de voter mais il sera impossible d'empêcher quelqu'un, où que ce soit, de voter sans qu'il ait en même temps la possibilité de protester contre cette oppression sur tous les écrans, partout autour de la terre. Ces réseaux de neurones électroniques tissent dans le monde entier une « conscience universelle ». Il nous faut donc inventer les modes d'emploi de ces libertés, les règles et les principes qui les organiseront. Afin que ce qui peut profiter à tous ne soit pas confisqué par quelques-uns, et que ce qui doit être un progrès ne puisse pas se traduire (même provisoirement) par une perte des références ou des valeurs auxquelles nous tenons. Le rôle des télévisions généralistes va donc devenir un défi essentiel pour accompagner l'adaptation de nos sociétés à cette communication multiforme et immédiate, de démocratie directe, d'expression généralisée. Chacun portera une responsabilité plus grande vis-à-vis de tous pour tout ce qu'il dira ou écrira.

La télévision numérique peut être la télévision de l'ouverture, de la diversité des cultures, de l'originalité, de la jeunesse. Elle peut être aussi la fin de tout cela dans notre pays, qui n'aurait qu'une télévision sans saveur, sans relief, sans originalité, parce que les chaînes publiques, qui ont la possibilité, donc la liberté, d'être hors normes et différentes, auraient perdu leur place. Les généralistes domineront longtemps audience et marché. Les offres numériques ne se substitueront pas à elles, comme le croient quelques farfelus ou incompétents, elles les compléteront et les enrichiront. Faut-il désespérer ? Evidemment non : il faut mobiliser tous les moyens dont nous disposons et placer la télévision publique, relégitimée, renforcée, au cœur de notre effort de création et de distribution de programmes. C'est son rôle, elle est seule à pouvoir s'en acquitter aussi bien. C'est sa mission et sa tradition. S'en priver, c'est s'affaiblir.

J'ai vécu une aventure exceptionnelle, conduite avec passion. Je n'oublie pas que toute foi est un combat permanent. Que toute idée noble se délite et retombe si elle n'est pas renouvelée au quotidien, comme un défi sans cesse relevé. La défense et l'illustration de la télévision publique au cœur de l'audiovisuel français passent par des choix et des actes concrets, par une affirmation permanente, qui informe et guide l'action. Je souhaite que mes successeurs déjà désenchantés reçoivent les moyens qu'ils réclament pour œuvrer efficacement dans la perspective des enjeux qu'ils affrontent. Ils méritent que les pouvoirs publics les aident à travailler dans de meilleures conditions. A leur tour, ils sont les garants de l'avenir du service public, et, au-delà, du dynamisme de notre industrie audiovisuelle. Dessein exaltant ! Qu'ils puissent le réaliser ! Il faut cesser de faire vivre les dirigeants des médias publics sous la menace d'une prochaine révocation, ou d'une campagne de dénigrements systématiques, ou d'une sanction budgétaire, à la discrétion de Pères Fouettard, planqués et irresponsables, de l'administration et de la politique. Ce climat les paralyse, les empêche de s'adapter. La peur inspire rarement l'innovation.

Si mon pays possède – je le crois sincèrement – l'une des meilleures télévisions du monde, elle le doit d'abord à l'équilibre rétabli, sur notre marché intérieur, entre les chaînes privées et les chaînes publiques. C'est-à-dire à tous ceux, personnels, techniciens, réalisateurs, administrateurs, qui les font vivre jour après jour, et les imposent. France 2 et France 3 ne sont pas parfaites (quelle âme est sans défaut ?). Mais elles ne doivent pas être culpabilisées, ni brimées, ni affaiblies, ni ruinées. En 1995, France 2 et France 3 étaient parmi les rares entreprises publiques à embaucher et à augmenter les salaires, tout en faisant de confortables bénéfices, qu'elles investissaient pour leur avenir. Le groupe commençait à remplir de mieux en mieux ses missions d'intérêt général, en coûtant de moins en moins cher au contribuable, et en faisant profiter ses personnels des succès remportés.

Aujourd'hui, on multiplie les tutelles. Elles n'ont jamais manqué, elles qui, trop souvent, transforment les entreprises publiques en grosses administrations. Messieurs les Gouvernants, libérez les initiatives, faites confiance aux créateurs, laissez le champ ouvert à leur inspiration et offrez-leur les moyens de réaliser ce en

quoi ils croient. Car l'homme de l'art se trompe rarement.

La télévision, c'est la vie. Les intérêts considérables
qui sont en jeu ne permettent plus d'hésiter, ni de tarder. Le progrès n'est jamais linéaire. Il y a des phases
d'hésitation, d'accélération, de repli. Et des sursauts.
J'en appelle à un sursaut en faveur de la télévision
publique que j'ai servie. Qu'on en finisse avec les
reproches stériles, les critiques, l'hypocrisie et l'incompétence prétentieuse. Qu'on donne à ses dirigeants
actuels, puisqu'ils sont censés disposer de l'assentiment
des pouvoirs publics qui les ont désignés, les armes
pour réussir ce qu'ils ont à faire, tout ce qu'ils ont à
faire, pour mener en toute confiance et en toute indépendance une action cohérente et continue. C'est à eux
de construire les écrans de demain. De leur succès
dépend pour une part le rayonnement économique et
culturel de notre pays, et peut-être sa vitalité démocratique. Tout retard est puni. Nous ne pouvons plus nous
permettre de tergiverser. Peut-être est-il encore temps !

TABLE